国家出版基金项目
NATIONAL PUBLICATION FOUNDATION

中国航天技术进展丛书
吴燕生　总主编

“十三五”国家重点出版物出版规划项目

航天分离设计

刘竹生　王小军　王国辉
张　智　朱学昌　王亚军　等　著

中国宇航出版社
·北京·

图书在版编目（CIP）数据

航天分离设计 / 刘竹生等著．-- 北京 ：中国宇航出版社，2017.4

ISBN 978-7-5159-1173-1

Ⅰ．①航… Ⅱ．①刘… Ⅲ．①航天器－分离－空气动力学 Ⅳ．①V411.4

中国版本图书馆 CIP 数据核字（2016）第 214836 号

责任编辑 侯丽平
责任校对 祝延萍　　封面设计 宇星文化

出版发行 中国宇航出版社

社址 北京市阜成路 8 号　邮编 100830
(010)60286808　(010)68768548
网址 www.caphbook.com
发行部 (010)60286888　(010)68371900
(010)60286887　(010)60286804(传真)
零售店 读者服务部
(010)68371105
承印 北京画中画印刷有限公司

版次 2017 年 4 月第 1 版
2017 年 4 月第 1 次印刷
规格 787×1092
开本 1/16
印张 12
字数 292 千字
书号 ISBN 978-7-5159-1173-1
定价 128.00 元

本书如有印装质量问题，可与发行部联系调换

《航天分离设计》
编 委 会

总 序

中国航天事业创建60年来，走出了一条具有中国特色的发展之路，实现了空间技术、空间应用和空间科学三大领域的快速发展，取得了“两弹一星”、载人航天、月球探测、北斗导航、高分辨率对地观测等辉煌成就。航天科技工业作为我国科技创新的代表，是我国综合实力特别是高科技发展实力的集中体现，在我国经济建设和社会发展中发挥着重要作用。

作为我国航天科技工业发展的主导力量，中国航天科技集团公司不仅在航天工程研制方面取得了辉煌成就，也在航天技术研究方面取得了巨大进展，对推进我国由航天大国向航天强国迈进起到了积极作用。在中国航天事业创建60周年之际，为了全面展示航天技术研究成果，系统梳理航天技术发展脉络，迎接新形势下在理论、技术和工程方面的严峻挑战，中国航天科技集团公司组织技术专家，编写了《中国航天技术进展丛书》。

这套丛书是完整概括中国航天技术进展、具有自主知识产权的精品书系，全面覆盖中国航天科技工业体系所涉及的主体专业，包括总体技术、推进技术、导航制导与控制技术、计算机技术、电子与通信技术、遥感技术、材料与制造技术、环境工程、测试技术、空气动力学、航天医学以及其他航天技术。丛书具有以下作用：总结航天技术成果，形成具有系统性、创新性、前瞻性的航天技术文献体系；优化航天技术架构，强化航天学科融合，促进航天学术交流；引领航天技术发展，为航天型号工程提供技术支撑。

雄关漫道真如铁，而今迈步从头越。“十三五”期间，中国航天事业迎来了更多的发展机遇。这套切合航天工程需求、覆盖关键技术领域的丛书，是中国航天人对航天技术发展脉络的总结提炼，对学科前沿发展趋势的探索思考，体现了中国航天人不忘初心、不断前行的执着追求。期望广大航天科技人员积极参与丛书编写、切实推进丛书应用，使之在中国航天事业发展中发挥应有的作用。

雷凡培

2016年12月

序

航天分离系统是航天飞行器一个重要的分系统，广泛存在于运载火箭和战略导弹等为代表的多级航天飞行器中。航天分离系统的主要功用是将飞行过程中已经完成预定工作且在继续飞行中无用的部分分离并抛掉，从而达到减轻航天飞行器的消极质量、提高航天飞行器运载能力的目的。典型的一次航天发射，存在助推器分离、级间分离、有效载荷整流罩分离、有效载荷分离等诸多分离系统和分离动作。随着航天飞行器任务的拓展，对航天分离的需求也越来越多，如在载人运载火箭中相对传统运载火箭，增加了逃逸塔分离、返回舱与轨道舱分离等分离系统动作。

航天分离形式和类型多种多样，按照硬件组成来看，一般包括信号转化装置、分离装置、分离能源以及相应的分离结构，按照实现的功能来看，一般是一个由若干个硬件系统构成的串联可靠性模型，各方面的设计必须保证其可靠性，若分离系统中任意一个环节出了问题，均会影响到航天飞行器任务的执行。在国外航天飞行器中，由于分离系统故障导致其飞行任务失败的例子屡见不鲜。在我国的航天发展史上，分离系统几十年的应用中，也曾在研制、试验，甚至在飞行中出现过一些问题，有些导致了任务失败，造成了严重的经济损失。

随着航天事业的发展和未来航天飞行器的需求，对航天分离设计的要求也越来越高，高可靠地完成航天分离任务是航天分离的基本要求，但在航天分离设计的同时，还需要考虑航天飞行器的特点、相关约束条件，如经费、进度等多种限制，因此航天分离设计也是一项复杂的系统工程。为完成好这项复杂的工作，急需一本指导航天分离设计的工程实践专业图书，以指导和规范航天分离设计活动，本书即是在这样的背景下编写完成的。

为了系统地指导航天分离设计，本书从中国航天几十年的实践出发，按照航天分离设计的环节，从航天分离设计的理论基础、分离系统方案设计、分离系统产品设计、分离仿真分析、分离试验设计等几个方面，逐一总结、提炼了设计内容、设计方法、设计准则等，并以翔实的工程实例进行了说明。

本书是我国第一部系统研究航天分离技术的专著，书中的理论推导和数值模型可以结合实际的研制工程经验，系统阐述了航天分离各环节设计的难点和重点，用于各类分离系统的仿真计算。本书提出的方法、要求和原则能直接指导分离设计和应用，对提升航天飞行器的分离技术发展水平和保证产品质量具有一定的理论意义和参考价值。

本书所有内容均源于实际工程研制，参与编写本书的编者均为该专业的专家和一线设计人员，全书技术水平高、内容全面、图文并茂、系统性强，是一本可供航天工程技术人员和高校相关专业研究生使用的较为权威和全面的参考书。

2016 年 10 月

前　言

分离系统是航天飞行器最重要的分系统之一，分离设计在航天飞行器设计中起着举足轻重的作用，该系统能否可靠工作将直接决定发射任务的成败。目前，航天分离系统种类较多，各类分离系统的设计特点和难点不同，因此编写一本航天分离设计方面的专著非常必要。分离系统中应用的火工装置，其内容已单独成册，见《航天火工装置》一书。

本书从策划到成稿历时近两年，在总结我国航天分离系统几十年研制经验的基础上，系统阐述了分离系统的理论基础、设计和试验方法，并通过典型分离系统设计、数学仿真分析及地面试验方法的介绍，将理论与实践进行了很好的结合，对规范设计手段和提高设计水平具有重要意义。第 1 章介绍了航天分离的定义、方式、分类及主要工作内容；第 2 章介绍了航天分离的理论基础——多体动力学理论；第 3 章介绍了航天分离系统共性的一般设计方法及每种分离系统专有的设计方法；第 4 章介绍了航天分离系统产品的设计要求和设计方法；第 5 章介绍了航天分离仿真的一般方法和具体案例；第 6 章介绍了航天分离系统验证性试验方法；第 7 章介绍了航天分离的发展历程及未来发展的方向；附录介绍了航天分离设计的相关标准。

本书编写人员均为航天一线设计人员，更注重工程应用及经验的凝结，能够充分结合工程实际，从系统工程的角度详细论述航天分离设计方法和注意事项，具有较强的工程适用性。可供从事航天分离设计的技术研究人员和高校从事相关领域研究的研究生参考使用。

在编写过程中，参考或引用了有关的设计文件、情报研究报告和论文著作，在此一并向相关作者表示感谢。限于作者水平，本书的内容难免有疏漏和不足之处，恳请读者予以批评指正。

作　者

目　录

第 1 章　概论

1.1　航天分离

现代意义的航天活动起源于第二次世界大战末期德国成功研制的 V－2 单级液体地地弹道导弹。二战结束后，美国、苏联都从仿制 V－2 导弹入手发展自己的弹道导弹。V－2 为单级单弹头导弹，最大射程只有 300～320 km[1]。为了提高射程和投掷能力，美、苏两国都开展了新导弹的研制。首先，通过加大单级导弹的规模，研制出中近程弹道导弹，如美国的雷神、丘比特，苏联的 SS－3、SS－4 和 SS－5。其次开展两级和多级导弹的研制，通过增加导弹的级数，研制出中远程和洲际弹道导弹，如美国的宇宙神、大力神，苏联的 SS－6、SS－7、SS－8、SS－9、SS－11 和 SS－13。之后，在《削减战略武器条约》的约束下，为提高自己的核威慑能力，两国又开展了集束式多弹头和分导式多弹头的研制，如美国的民兵 3、北极星、海神、三叉戟等，苏联的 SS－17、SS－18、SS－19、SS－N－8、SS－N－18 等。期间，战略弹道导弹的发射方式也由固定热发射向机动冷发射发展[2-6]。

在弹道导弹的运载能力提高到一定程度后，通过增加上面子级等措施，美、苏两国都将导弹改进成运载火箭，发射卫星和载人飞船。美国将雷神导弹改进成德尔它运载火箭，将宇宙神、大力神导弹改进成相应的宇宙神、大力神运载火箭。苏联将 SS－4、SS－5 分别改进成宇宙号 B 型、C 型运载火箭，将 SS－6 改进成卫星号运载火箭，并发射了人类第一颗人造地球卫星。在卫星号运载火箭的基础上增加一个三子级，研制成东方号运载火箭，并发射了东方号飞船，首次将人类送入太空。在卫星号运载火箭的基础上增加两个子级，形成四级火箭——闪电号，后来又利用闪电号火箭前三级组合形成了联盟号运载火箭[6]。

中国的航天活动，起始于仿制苏联提供的 P－2 地地弹道导弹。仿制成功后即是东风一号近程弹道导弹，该导弹为一级液体弹道导弹。之后，在东风一号的基础上增大导弹规模，增加推进剂量，提高射程，设计出了中近程弹道导弹东风二号和东风二号甲。为了进一步增大射程，通过增加发动机的数量和推力，加大导弹规模，研制出了中程弹道导弹东风三号。在东风三号的基础上，通过增加级数，研制了两级中远程弹道导弹东风四号，并以东方四号为基础增加一级固体发动机，研制了长征一号运载火箭，发射了我国第一颗人造地球卫星东方红一号[7]。此后，为了把更大的航天器（卫星、飞船、探测器等）送入太空，研制了更大直径的长征二号系列两级运载火箭、长征三号系列三级运载火箭。近几年，又研制了长征五号、长征六号和长征七号新型无毒无污染运载火箭。火箭运载能力、可靠性等性能的提高，促进了载人飞船的研制和空间站的建立。

航天分离是航天飞行器（导弹、火箭、航天器）在飞行或在轨运行中，把相互连接在一起的部段或结构件分开的动作过程。航天分离起源于导弹的弹头和弹体分离，并随着导弹、火箭、飞船等的需要发展起来。最初的 V－2 导弹是整体发射、飞行和落地的，从起飞到落地整个过程中没有分离动作。之后，为了减小导弹被火炮拦截的概率，弹头与弹体实现分离。导弹分离技术是导弹发展史上一个质的飞跃[5]。美、苏两国早期的导弹，如雷神、P－2 等，在发动机关机、速度达到要求后，用爆炸螺栓、弹簧和铰链实现弹头和弹体的分离。由于多级导弹和火箭分离的需求，又出现了级间分离和助推器分离，如东风四号的一、二级分离，SS－6 的芯级与助推器（级）分离，长征二号 E 火箭 4 个助推器分离。运送多弹头和发射卫星时，需要对导弹和火箭增加整流罩，以改善飞行中的气动外形，并保护整流罩内产品免受气动力、气动热影响，飞出大气层后，需要抛掉整流罩，由此，整流罩分离也出现了，如东方号运载火箭的锥形整流罩在飞出大气层后分成两半分离掉[2]。导弹发射方式采用机动冷发射后，一些导弹的尾部增加了防护尾罩，催生了尾罩分离。将人类送入太空的载人航天活动，对安全性的要求很高，为此在火箭上专门设计了逃逸系统，确保在发射和飞行出现故障时，能将航天员送到安全地点，由此逃逸分离也应运而生。随着战略导弹、运载火箭、空间站等的发展，航天分离也越来越复杂，一次发射任务中会包含多种、多次航天分离，对发射任务成败的影响越来越大，航天分离的重要性越来越受到关注，由此，逐渐形成了一个子系统——航天分离系统。

航天分离系统是用于实现航天分离的子系统，它是按照分离时序，实现预定分离功能的机构、结构和装置的总称。航天分离系统广泛存在于以运载火箭和导弹武器等为代表的多级航天飞行器中，它的高可靠工作是确保飞行试验任务获得圆满成功至关重要的条件，是航天飞行器设计的重要内容。

以我国载人运载火箭 CZ－2F 典型飞行程序为例，如图 1－1 所示，航天分离按飞行时间顺序，有逃逸塔分离、助推器分离、级间分离、整流罩分离、船箭分离等分离动作。

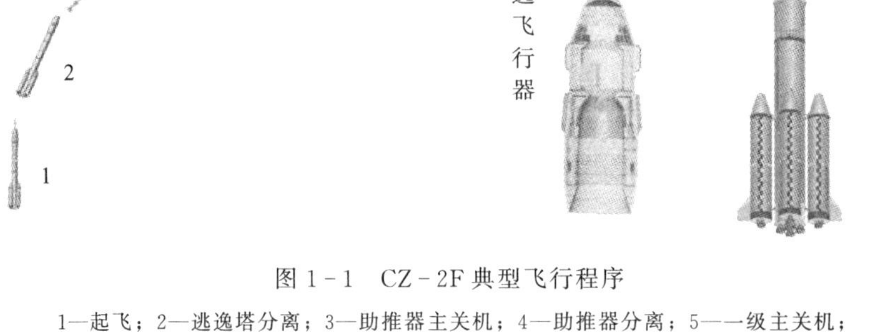

图 1－1　CZ－2F 典型飞行程序

1—起飞；2—逃逸塔分离；3—助推器主关机；4—助推器分离；5——一级主关机；
6——一二级分离；7—整流罩分离；8—二级主级、游机关机；9—船箭分离航天分离一般包括以下步骤：接收分离信号→相互连接在一起的各部段（或结构件）解除连接关系→在分离动力作用下各部段（或结构件）相对运动→在规定的时间内，各部段（或结构件）间的距离达到规定的安全距离。例如，运载火箭典型的一二级分离，即火箭飞行中在一级发动机工作结束后，接收到分离信号，一子级与二级解锁，解除连接关系；然后一子级在与飞行方向相反的作用力（如反推火箭推力）的推动下，与二级产生相对运动，并在规定的时间内，两者的距离达到设计安全距离，分离结束，如图 1-2 所示。又如，运载火箭整流罩平抛分离示意图如图 1-3 所示。

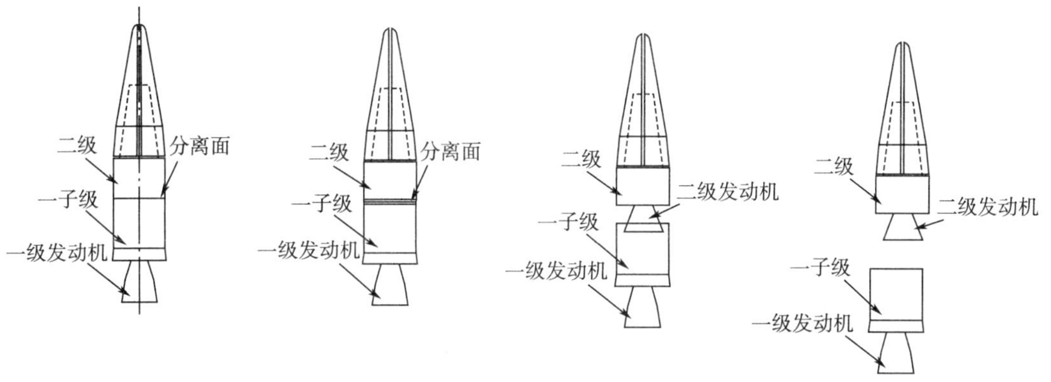

图 1-2　运载火箭一二级分离示意图

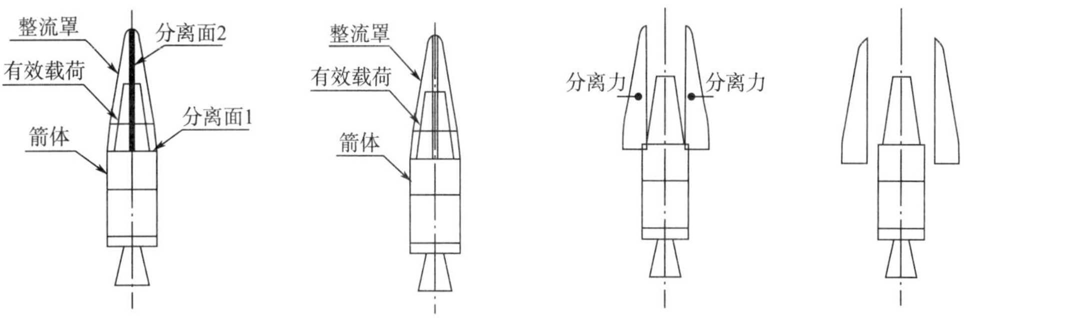

图 1-3　运载火箭整流罩平抛分离示意图

航天分离系统一般包括信号转化装置、分离装置、分离能源以及相应的分离结构，如图 1-4 所示。

信号转化装置是指接收到控制系统发出的分离信号（如分离脉冲电流、分离激光束），并将该信号转换成特定的输出（如输出爆轰波、电机转矩等）的装置，典型的信号转化装置有电起爆器、激光起爆器、电机等。

分离装置是指在接收信号转化装置的输出前，将需分离的部段（或结构件）连接在一起；接收到信号转化装置的输出后，将相互连接在一起的各部段（或结构件）解除连接关系（也称解锁）的装置，也称为连接解锁装置，如爆炸螺栓、切割索分离装置、铰链锁等。

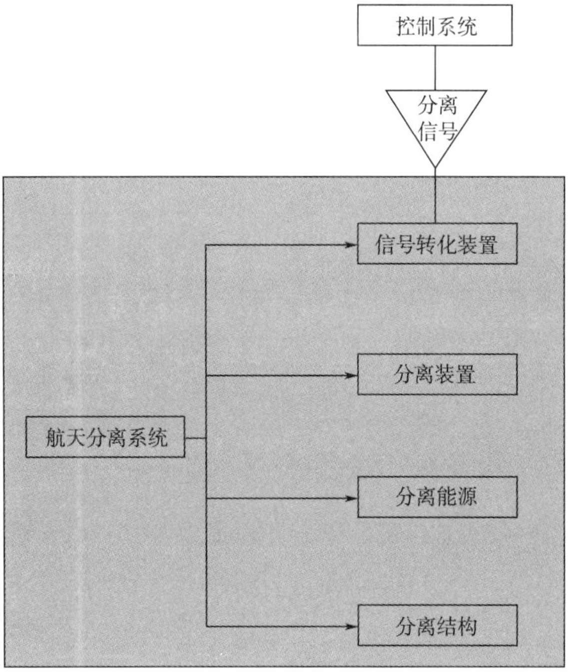

图 1-4　航天分离系统组成示意图

分离能源用于给解锁后各部段（或结构件）提供分离能量，以产生相对运动。根据分离方案，分离能源可以独立设置，称为分离推力装置，如膨胀气囊、小型固体发动机（通常称为固体小火箭）、弹簧组件等；也可以借用其他力进行分离，无需设置专门的分离推力装置，如一二级级间热分离可以借用二级工作发动机产生的推力和喷流力使两体产生相互运动，低空分离时可以利用气动力作分离运动的作用力。

分离结构是指为实现分离要求而设置的结构或机构，如分离壳体、对接框等。

1.2　航天分离的作用和意义

航天分离广泛应用于航天飞行中，其作用归纳起来主要有以下两个方面：

1）减小消极质量，提高运载能力。大型导弹和火箭，为了提高射程或运载能力，都是采用多级方案，前一级工作完后，在后一级飞行中，要把前一级完成了工作任务的部分分离并抛掉，减轻后一级飞行时的消极质量，以提高射程和运载能力。例如，液体火箭在二级飞行时，要把完成了工作任务的一子级分离并抛掉（组成一子级的发动机、贮箱、仪器、壳体等）；火箭飞行到一定的高度，气动力热环境达到要求时，要把整流罩分离并抛掉；捆绑式火箭，在助推器工作结束后，也要把助推器分离并抛掉。这些分离都是为了减轻飞行中的消极质量，提高运载能力。

2）完成特定任务。对于单级导弹，在发动机工作结束后，一般采取头体分离措施，使弹头与弹体分离，弹头单独飞行并攻击目标。由于弹头比导弹小很多，且有特殊的设计外形，采用头体分离，一方面可减少弹头被探测的概率，提高突防能力，另一方面还可减少再入时的落点偏差，提高命中精度。为了提高突防能力，一些导弹还采用了诱饵装置，用以欺骗或干扰敌方雷达等探测设备，在达到合适的飞行高度后，将诱饵分离释放出去，以提高弹头的突防概率。对于发射卫星或飞船的火箭，将卫星或飞船送到预定的轨道后，需要进行火箭与卫星或飞船的分离，以便于卫星或飞船开展后续的工作（如变轨、调整姿态等）。对于发射载人飞船的火箭，还设置了逃逸分离，目的是在火箭出现故障时，通过逃逸分离将载有航天员的飞船与火箭分离，并把飞船送到安全的位置，确保航天员的生命安全。对于飞船，在完成预定的任务后，要把航天员送回地面，就需要把载人的返回舱与轨道舱（或空间站）分离。这些航天分离都是为了完成特定的任务。

航天分离在航天活动中的重要意义体现在三个方面。

1）航天分离是航天飞行中不可缺少的内容。提高运载能力是火箭和导弹持续追求的目标，将完成工作任务的部分分离并抛掉，是提高运载能力合理而有效的措施。通过分离完成特定的任务，也是航天飞行器必须实现的目标。

2）航天分离的成败直接影响航天任务的成败。航天分离在导弹和火箭发射、飞船返回等任务中都是关键的环节，任何一个分离环节失败，都有可能导致整个任务的失败。航天发展史上因分离失败导致飞行失败的案例不少。如，2009 年，美国轨道科学公司的金牛座 XL 火箭发射卫星，因为整流罩分离失败而导致任务失败[8]；2011 年 3 月 4 日，同样的原因导致第二次失败[9]。2009 年 8 月 25 日，韩国的罗老 1 号（KSLV－1）火箭第一次发射失败，8 月 26 日韩国教育科学与技术部公布的原因是卫星整流罩两片中的一片没有脱落。

3）航天分离设计是总体设计中的重要工作内容。航天分离设计与弹道、姿态控制、气动、环境、结构、火工等多专业密切相关，高度耦合，影响设计的因素较多。设计出的分离方案难以通过地面试验进行全面考核和验证，而在飞行中又要确保分离成功，因此对航天分离设计的要求很高。从型号开始研制到飞行试验，航天分离设计贯穿于导弹、火箭和飞船的整个研制过程，是总体设计中的重要工作内容。

总之，航天分离在航天飞行任务中发挥着巨大的作用，并具有重要的意义。

1.3　航天分离的方式和分类

航天分离目前没有严格的分类，本书按照分离物体（简称分离体，一般为壳体或结构件）的数量、分离体运动方式和分离实现的功能进行归类。

按照分离体的数量，可以分两体分离与多体分离。两体分离是指两个分离体之间的分离，如一子级与二级的分离、整体拔罩式整流罩与火箭的分离、单个弹头与弹体间的分离。多体分离是指两个以上分离体之间的分离，如多个助推器与运载火箭的分离、分瓣式整流罩与导弹（火箭）的分离、集束式多弹头与弹体的分离。

按照分离运动方式，可分为纵向分离、横向分离和旋转分离。航天飞行器一般都是旋成体或面对称体，有对称的纵向轴（纵轴）。纵向分离是指分离解锁后，各分离体的相对运动方向在飞行器的纵轴上，或与纵轴平行，如级间分离、弹头与弹体轴向分离。横向分离是指分离解锁后，各分离体的相对运动方向与飞行器的纵轴垂直，运动远离纵轴，如整流罩分瓣平推分离、助推器平推分离等。旋转分离是指分离解锁后，分离体的相对运动方向既不在飞行器纵轴方向，又不与纵轴垂直，而是先绕着一根旋转轴旋转，转至一定角度、获得一定转速后脱离，彻底解除分离体间的连接，之后相互远离实现分离，如带铰链的头罩分瓣旋转分离。在实际应用中，也有同时用几种方式组合的，如整流罩整体拔罩分离就是先做纵向分离，然后再做横向运动分离；尾罩旋转分离先用旋转分离，然后再做横向运动实现分离。

按照分离实现的功能，可分为尾罩分离、助推器分离、级间分离、整流罩分离、有效载荷分离、头体分离等，对于发射载人飞船，还有逃逸分离、返回舱分离等。尾罩分离主要用在冷发射的火箭上，尾罩用于将火箭发射筒内的高压气体与火箭隔离，火箭出筒后，将尾罩分离掉。助推器分离用在捆绑式火箭上，助推器工作结束后，将助推器与火箭芯级分离并抛掉。级间分离用在多级导弹和火箭上，前一级工作结束后，在后一级工作前（或工作初期)，将已完成工作任务的发动机、壳体、仪器设备等分离并抛掉。整流罩分离用于头部带气动整流罩的导弹和火箭，当飞行到一定高度，气动力、气动热减小到满足要求时，将整流罩分离并抛掉。有效载荷分离是指运载火箭与其上面的有效载荷（如卫星、飞船等）的分离。头体分离其实也是一种有效载荷分离，是针对导弹使用的，是弹头与导弹弹体的分离，有单弹头分离，也有多弹头分离。逃逸分离是发射载人飞船特有的航天分离，为保障载人运载火箭上升段飞行过程中航天员的生命安全，在火箭出现故障时，将载人飞船与故障火箭分离，并将飞船送到安全的位置。返回舱分离是指载人飞船的返回舱与轨道舱分离。

1.4 航天分离设计的主要工作内容

航天分离设计是一项复杂的系统工程，涉及多专业的合作与大量的参数优化，主要工作内容包括：分离方案设计、分离产品设计、分离仿真分析以及分离试验设计。

分离方案设计。根据分离实现的功能、分离环境以及飞行器的结构形式等，选择合适的分离方式、设计分离主要参数并确定分离系统的方案。如进行整流罩分离设计时，需要根据分离时导弹和火箭的飞行高度、速度、飞行过载、在整流罩部位是否有倒锥等情况，确定采取两体分离、多体分离、纵向分离、横向分离和旋转分离。对于分离高度高、空气动压小、过载小的情况，可采用横向平抛式分离和旋转分离方式。对于分离高度较低、飞行过载较大且没有倒锥的小型整流罩，一般可以采用纵向整体拔罩分离方式。设计分离主要参数，包括分离距离、运动间隙、分离时序、各分离壳段（或结构件）运动到安全距离的速度、分离动力及作用时间等。确定分离系统方案是根据分离主要参数，确定分离系统的方案，包括选择分离信号接收转化装置类型、确定数量和主要性能参数；选择分离解锁装置类型、确定主要性能参数；选择分离能源类型、确定分离推力装置数量和主要性能参数；确定分离结构形式等。

分离产品设计。根据分离系统方案，明确分离系统中各装置和结构的功能、性能要求，开展分离系统各装置和结构的设计。这期间需要协调、调整各装置和结构的部分参数，以实现方案中确定的参数。

分离仿真分析。围绕分离实现的功能，分析各分离体的弹性变形对分离的影响大小，确定采用刚体动力学模型还是柔体动力学模型，然后建立一组分离动力学方程。根据分离系统各装置和结构的主要性能参数，利用运动、结构分析等软件，充分考虑分离环境、分离结构、分离装置等各项系统偏差和产品性能偏差，组合成多个极限状态，进行分离运动仿真，以期发现分离过程中存在的不协调、不覆盖问题。分离仿真分析贯穿于分离系统方案设计、产品设计和试验验证的工作过程中。

分离试验设计。根据分离方案以及分离系统产品实际达到的指标，设计分离试验，考核在各种偏差和干扰情况下航天分离的可行性，验证分离方案设计的正确性及分离系统工作的协调性和匹配性，要求尽可能模拟飞行状况。一般分为单机试验和系统级试验。

航天分离设计要素如图1-5所示，主要包括分离方案设计、连接解锁方式设计、分离能源类型确定、分离时序设计、分离系统产品设计（包括信号转化装置设计、分离装置设计、分离推力装置设计、分离结构设计）、分离仿真分析、分离试验设计与验证等。

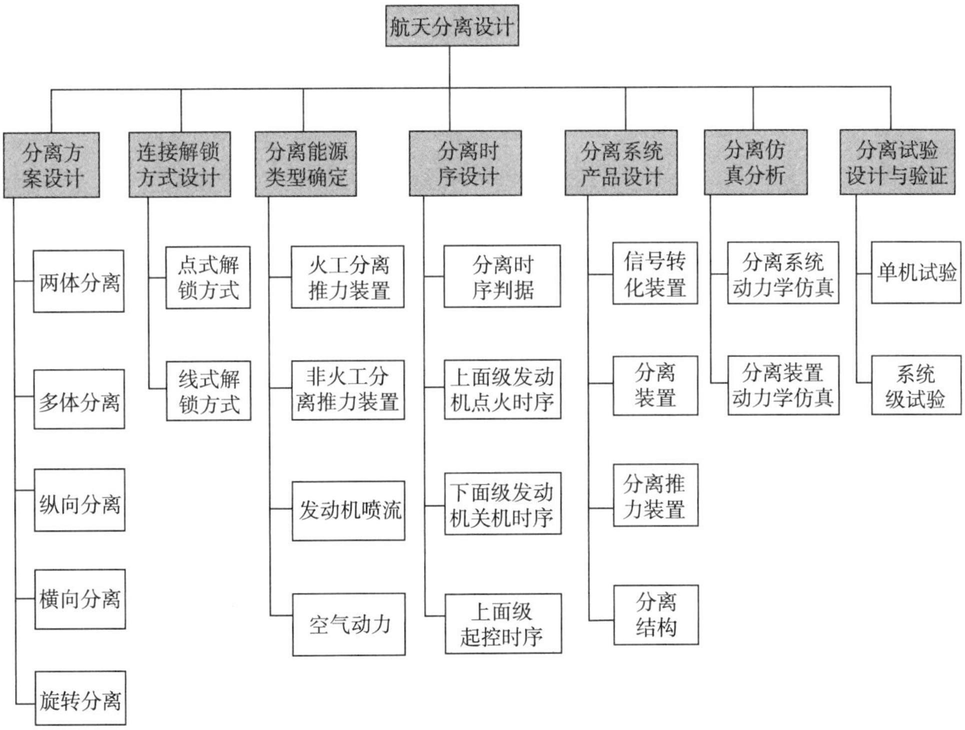

图1-5 航天分离设计要素示意图

航天分离设计依据飞行器的总体方案开展，一般需要遵循如下原则和要求：

1）分得开：在预定的时间约束条件下，各部段或结构件能够正常分离，分离后不产生相互追击碰撞。

2）不干涉：分离间隙应留有一定的裕度，确保在分离过程中分离体之间不发生干涉。

3）不失控：分离过程对航天飞行器造成的干扰在姿控系统的控制能力范围内，不产生失稳现象。

4）继承性：在满足功能要求的前提下，尽量采用成熟技术，以缩短研制周期、降低研制风险。

5）可靠性：分离系统的关键环节应采用冗余设计，以保障系统可靠性，对于影响任务成功和安全性的关键部件避免存在单点失效模式。

6）产品化：分离系统产品应贯彻通用化、系列化、组合化的要求，优先选用通用产品。

7）协调性：分离设计时要综合考虑弹道、姿态、环境等因素，尽量降低对相关系统的影响和需求，如分离系统设计必须选用合适的系统方案，降低分离过程伴随的振动、冲击、高温燃气喷流、局部弹性（或塑性）变形、破裂和碎片、气体污染、电磁干扰等分离引起的环境条件对其他系统的危害和影响。

8）试验充分性：在飞行试验前，分离系统需开展充分的仿真分析和地面试验，对分离方案、产品的性能和可靠性进行验证，分离试验应尽可能模拟真实的飞行环境条件，减少天地环境差别造成的影响。

在进行航天分离设计时，各设计要素之间是相互关联的，需要多轮的迭代设计，才能形成最终的设计方案，一般设计流程如图 1－6 所示。

1.5　小结

航天分离在航天飞行中已被广泛应用，本章追溯了航天分离的起源，明确了航天分离的定义，介绍了航天分离系统的组成及功能，阐述了航天分离的作用和意义，并按照分离体数量、分离体运动方式和分离实现的功能对分离进行了分类。

航天分离设计是一项复杂的系统工程，按照航天分离设计工作环节，对航天分离设计的工作内容、设计要素和设计流程进行了系统梳理，作为本书后续章节内容的索引和指导。

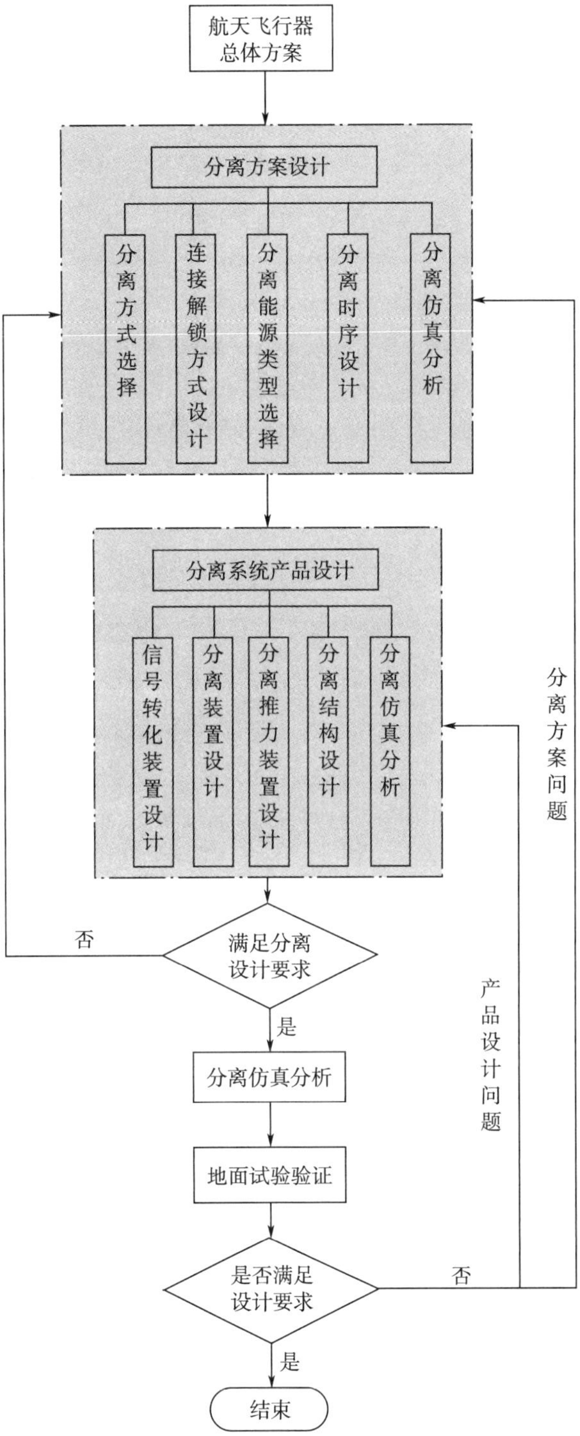

图 1-6　航天分离设计流程

参 考 文 献

[1] 王芳．苏联对纳粹德国火箭技术的争夺（1944～1945）．自然科学史研究，2013，32（4）：101－115.

[2] 邸荣焕．苏联导弹的发展．士兵与技术，1982，1：1－7.

[3] 刘振凯，编译．苏联海军的战略力量．Navy International，1983，10：10－17.

[4] 肖京．导弹发展的回顾．现代军事，1999，(3)：13－19.

[5] 王进举，汪流才．大器晚成的世纪霸主——导弹．现代舰船，2001，(3)：29－32.

[6] 李吉，李要建，等．美俄核战略及战略导弹武器装备技术发展综述．战术导弹技术，2015，(5)：4－18.

[7] 刘纪原．中国航天事业发展的哲学思想．北京：北京大学出版社，2013.

[8] 文清．美国"轨道碳观测卫星"发射失败．国际太空，2009，(4)：32－33.

[9] 刘豪．2011 年国外航天故障综述．国际太空，2011，(2)：48－55.

第 2 章　航天分离多体动力学

2.1　概述

航天飞行器的分离过程是一个典型的多体动力学问题，分离后的各活动部件均可称为分离体，可以利用多体动力学理论进行分离体的运动分析，本章将对多体动力学理论基础进行系统的阐述。

多体动力学是研究由若干个物体通过约束相互连接而组成系统运动规律的科学。多体动力学的研究始于 20 世纪 60 年代，一直到 20 世纪 80 年代，多体动力学侧重于多刚体系统的研究，认为系统中的物体均满足刚体假设，物体在运动过程中可以忽略弹性变形，研究方向主要集中在多刚体系统的建模和数值求解两个方面；在 20 世纪 80 年代后，多体动力学开始偏重于多柔体动力学的研究，研究物体在运动过程中会出现大范围的运动与弹性变形的耦合问题。多体动力学以经典力学为基础，与现代计算机技术紧密相关，目前已在汽车、操作机械臂、机器人以及航空航天飞行器领域中获得了广泛的应用。

2.2　分离动力学坐标系及其转换关系

在航天飞行器的分离过程中，为了描述飞行器复杂的运动规律，需要建立各种坐标系，这样使外力描述变得简单，相应的动力学和运动学方程得到简化，有的情况下还可能实现方程的解耦。本节将介绍分离动力学中常见的坐标系和各坐标系之间的转换关系。

2.2.1　基本坐标系

分离动力学常用的基本坐标系主要有：发射坐标系、发射惯性坐标系、箭体坐标系、速度坐标系和弹性坐标系，以下分别进行简要介绍。

(1) 发射坐标系 $O-XYZ$

坐标系原点与发射点 O 固连；OX 轴在发射点水平面内，指向发射瞄准方向；OY 轴垂直于发射点水平面指向上方；OZ 轴与 OXY 平面垂直并构成右手坐标系。由于发射点 O 随地球一起自转，所以发射坐标系为一动坐标系。

(2) 发射惯性坐标系 $O-X_AY_AZ_A$

在导弹和火箭起飞瞬时，发射惯性坐标系原点及各轴与发射坐标系原点及各轴相应重合，弹体和火箭起飞后发射惯性坐标系在惯性空间定位定向，不随地球自转。因此不考虑地球自转时，发射惯性坐标系和发射坐标系重合。

（3）箭体坐标系 $O_1-X_1Y_1Z_1$，记为 B（Body Coordinate）

箭体坐标系原点 O_1 位于整体火箭瞬时质心上；O_1X_1 为芯级箭体外壳对称轴，指向箭体头部；O_1Y_1 位于火箭纵向对称面内且与 O_1X_1 轴垂直，指向上为正；O_1Z_1 轴垂直于 $O_1X_1Y_1$ 平面，方向按右手直角坐标系确定。

对于分离后的各分离体来说，分别存在各自的箭体坐标系，其坐标原点位于分离体的瞬时质心上。

（4）速度坐标系 $O_1-X_VY_VZ_V$，记为 V（Velocity Coordinate）

原点 O_1 位于整体火箭瞬时质心上；O_1X_V 轴与箭体质心的速度矢量 **V** 重合；O_1Y_V 轴位于 $O_1X_VY_1$ 平面内且与 O_1X_V 轴垂直，指向上为正；O_1Z_V 轴垂直于 $O_1X_VY_V$ 平面，其方向按右手直角坐标系确定。

（5）弹性坐标系 $O_E-X_EY_EZ_E$，记为 E（Elasticity Coordinate）

弹性坐标系主要用来描述箭体整体弹性变形，与有限元建模过程中的参照坐标系一致。弹性坐标系原点 O_E 取在芯级火箭未变形时（等效刚体）理论尖端点，O_EX_E 轴沿无变形轴指向箭体头部，O_EY_E 轴在火箭纵向对称面内与对应箭体坐标系 O_1Y_1 轴同向，O_EZ_E 轴与其他两轴垂直并构成右手坐标系。

2.2.2 初等变换

直角坐标系间矢量转换基于以下矩阵。

绕 X 轴转 γ 角

$$\boldsymbol{T}_1(\gamma)=\begin{bmatrix}1 & 0 & 0\\ 0 & \cos\gamma & \sin\gamma\\ 0 & -\sin\gamma & \cos\gamma\end{bmatrix} \tag{2-1}$$

绕 Y 轴转 ψ 角

$$\boldsymbol{T}_2(\psi)=\begin{bmatrix}\cos\psi & 0 & -\sin\psi\\ 0 & 1 & 0\\ \sin\psi & 0 & \cos\psi\end{bmatrix} \tag{2-2}$$

绕 Z 轴转 φ 角：

$$\boldsymbol{T}_3(\varphi)=\begin{bmatrix}\cos\varphi & \sin\varphi & 0\\ -\sin\varphi & \cos\varphi & 0\\ 0 & 0 & 1\end{bmatrix} \tag{2-3}$$

2.2.3 各坐标系间转换关系

（1）发射惯性坐标系与箭体坐标系的转换关系

发射惯性坐标系和箭体坐标系之间俯仰—偏航—滚转（简称“3-2-1”）的顺序转化定义俯仰角 φ，偏航角 ψ 和滚动角 γ，相应的转动角速度分别为 ω_z，ω_y 和 ω_x，如图 2-1 所示，箭头所示方向分别为 φ，ψ 和 γ 的正向。

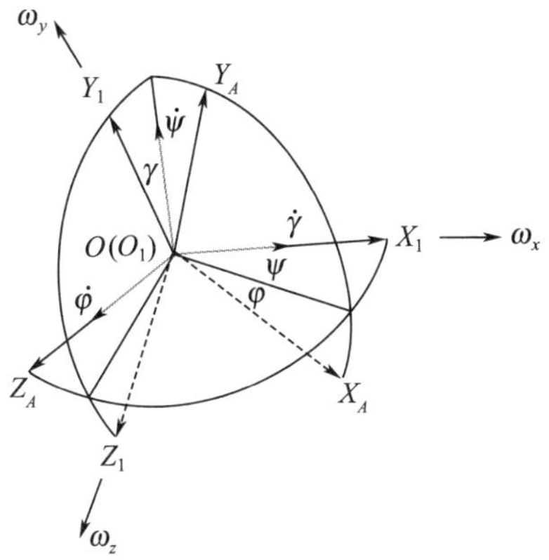

图 2-1　发射惯性坐标系和箭体坐标系之间欧拉角示意

则发射惯性坐标系到箭体坐标系的转换矩阵为

$$\begin{aligned}\boldsymbol{B}_{\mathrm{A}} &= \boldsymbol{T}_1(\gamma)\cdot\boldsymbol{T}_2(\psi)\cdot\boldsymbol{T}_3(\varphi)\\ &=\begin{bmatrix}\cos\varphi\cos\psi & \sin\varphi\cos\psi & -\sin\psi\\ \cos\varphi\sin\psi\sin\gamma-\sin\varphi\cos\gamma & \sin\varphi\sin\psi\sin\gamma+\cos\varphi\cos\gamma & \cos\psi\sin\gamma\\ \cos\varphi\sin\psi\cos\gamma+\sin\varphi\sin\gamma & \sin\varphi\sin\psi\cos\gamma-\cos\varphi\sin\gamma & \cos\psi\cos\gamma\end{bmatrix}\end{aligned} \tag{2-4}$$

箭体坐标系相对于发射坐标系的姿态角速度可表示为

$$\begin{cases}\dot{\varphi}=(\omega_y\sin\gamma+\omega_z\cos\gamma)/\cos\psi\\ \dot{\psi}=\omega_y\cos\gamma-\omega_z\sin\gamma\\ \dot{\gamma}=\omega_x+\tan\psi(\omega_y\sin\gamma+\omega_z\cos\gamma)\end{cases} \tag{2-5}$$

若用四元数表示一子级相对发射惯性坐标系的姿态，则姿态角与四元数之间的关系如下

$$\begin{Bmatrix}q_0\\ q_1\\ q_2\\ q_3\end{Bmatrix}=\frac{1}{2}\begin{bmatrix}-q_0 & q_1 & q_2 & q_3\\ -q_1 & -q_0 & q_3 & q_2\\ -q_2 & q_3 & -q_0 & q_1\\ -q_3 & q_2 & q_1 & -q_0\end{bmatrix}\begin{Bmatrix}0\\ \omega_x\\ \omega_y\\ \omega_z\end{Bmatrix} \tag{2-6}$$

$$\begin{cases}q_0=\cos\dfrac{\varphi}{2}\cos\dfrac{\psi}{2}\cos\dfrac{\gamma}{2}+\sin\dfrac{\varphi}{2}\sin\dfrac{\psi}{2}\sin\dfrac{\gamma}{2}\\ q_1=\sin\dfrac{\varphi}{2}\sin\dfrac{\psi}{2}\cos\dfrac{\gamma}{2}-\cos\dfrac{\varphi}{2}\cos\dfrac{\psi}{2}\sin\dfrac{\gamma}{2}\\ q_2=-\cos\dfrac{\varphi}{2}\sin\dfrac{\psi}{2}\cos\dfrac{\gamma}{2}-\sin\dfrac{\varphi}{2}\cos\dfrac{\psi}{2}\sin\dfrac{\gamma}{2}\\ q_3=\cos\dfrac{\varphi}{2}\sin\dfrac{\psi}{2}\sin\dfrac{\gamma}{2}-\sin\dfrac{\varphi}{2}\cos\dfrac{\psi}{2}\cos\dfrac{\gamma}{2}\end{cases} \tag{2-7}$$

$$
\begin{cases}
\varphi = \dfrac{2(q_1 q_2 - q_0 q_3)}{q_0^2 + q_1^2 + q_2^2 + q_3^2} \\
\psi = -2(q_1 q_3 + q_0 q_2) \\
\gamma = \dfrac{2(q_2 q_3 - q_0 q_1)}{q_0^2 - q_1^2 - q_2^2 + q_3^2}
\end{cases}
\tag{2-8}
$$

（2）发射惯性坐标系与速度坐标系的转换关系

发射惯性坐标系和速度坐标系之间按“3－2－1”的顺序定义速度倾角 θ（也称弹道倾角）、航迹偏航角 σ（也称弹道偏角，航向角）和倾侧角 ν（也称速度倾斜角）。相应的转动面速度分别为 $\omega_{X_V}, \omega_{Y_V}, \omega_{Z_V}$ 。如图 2－2 所示，箭头所指方向为 θ ，σ ，ν 的正向。

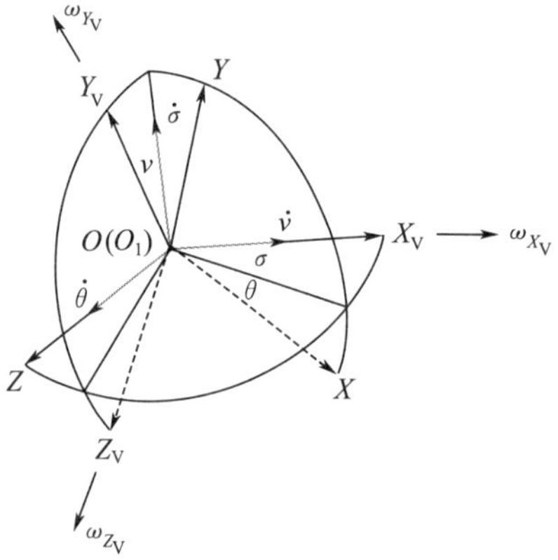

图 2－2　发射惯性坐标系和速度坐标系之间欧拉角示意

则发射惯性坐标系到速度坐标系的转换矩阵记为

$$
\begin{aligned}
\boldsymbol{V}_A &= \boldsymbol{T}_1(\nu) \cdot \boldsymbol{T}_2(\sigma) \cdot \boldsymbol{T}_3(\theta) \\
&= \begin{bmatrix}
\cos\theta\cos\sigma & \sin\theta\cos\sigma & -\sin\sigma \\
\cos\theta\sin\sigma\sin\nu - \sin\theta\cos\nu & \sin\theta\sin\sigma\sin\nu + \cos\theta\cos\nu & \cos\sigma\sin\nu \\
\cos\theta\sin\sigma\cos\nu + \sin\theta\sin\nu & \sin\theta\sin\sigma\cos\nu - \cos\theta\sin\nu & \cos\sigma\cos\nu
\end{bmatrix}
\end{aligned}
\tag{2-9}
$$

（3）速度坐标系与箭体坐标系的转换关系

速度坐标系和箭体坐标系之间按“3－2”的顺序转动定义攻角 α 和侧滑角 β [1]。如图 2－3 所示，攻角 α ：火箭速度和 $O_1Y_1Z_1$ 平面的夹角，在 $O_1Y_1Z_1$ 平面下方为正；侧滑角 β ：速度在 $O_1Y_1Z_1$ 平面的投影与 O_1X_1 轴的夹角，在 O_1X_1 轴右端为正。

则速度坐标系到箭体坐标系的转换矩阵为

$$
\boldsymbol{B}_V = \boldsymbol{T}_1(\beta) \cdot \boldsymbol{T}_2(\alpha) = \begin{bmatrix}
\cos\alpha\cos\beta & \sin\alpha\cos\beta & -\sin\beta \\
-\sin\alpha & \cos\alpha & 0 \\
\cos\alpha\sin\beta & \sin\alpha\sin\beta & \cos\beta
\end{bmatrix}
\tag{2-10}
$$

下面以运载火箭助推器分离多体动力计算模型为例，进一步阐述多刚体系统动力学在航天飞行器分离设计中的应用。

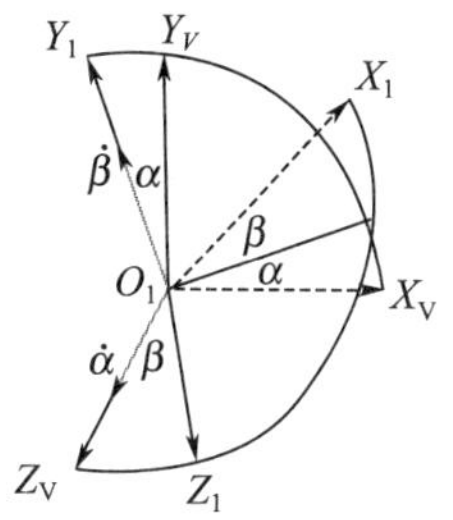

图 2-3　速度坐标系和箭体坐标系之间欧拉角示意

(1) 坐标系定义

惯性坐标系（S_i）：原点为分离开始瞬间，分离面的中心点为 A；X_i 轴为分离开始瞬间箭体纵轴，指向理论顶点；Y_i 轴平行于分离开始瞬间Ⅰ-Ⅲ象限的轴线，指向为Ⅰ象限至Ⅲ象限；Z_i 轴平行于分离开始瞬间Ⅱ-Ⅳ象限的轴线，指向为Ⅱ象限至Ⅳ象限。

芯级体坐标系（S_c）：该坐标系固连于芯一级。原点为芯一级质心 O_c；X_c 轴平行于芯一级箭体纵轴，指向理论顶点；Y_c 轴平行于Ⅰ-Ⅲ象限的轴线，指向为Ⅰ象限至Ⅲ象限；Z_c 轴平行于Ⅱ-Ⅳ象限的轴线，指向为Ⅱ象限至Ⅳ象限。

助推器体坐标系（S_b）：该坐标系固连于助推器。原点为助推器质心 O_b；X_b 轴平行于助推器箭体纵轴，指向理论顶点；Y_b 轴平行于Ⅰ-Ⅲ象限的轴线，指向为Ⅰ象限至Ⅲ象限；Z_b 轴平行于Ⅱ-Ⅳ象限的轴线，指向为Ⅱ象限至Ⅳ象限，如图 2-4 所示。

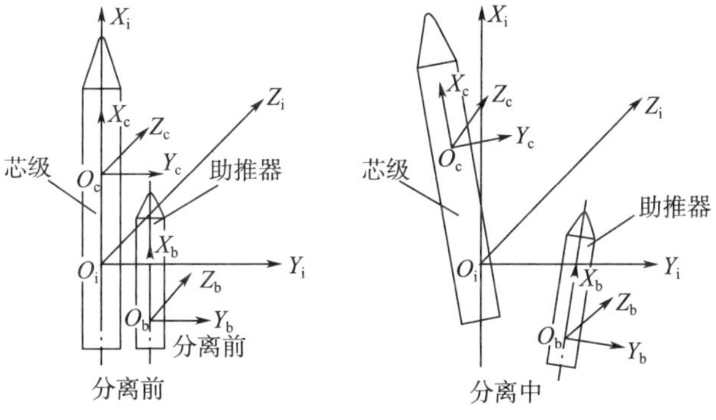

图 2-4　助推器体坐标系定义示意图

(2) 坐标系之间的转移关系

坐标系 S_b 到坐标系 S_i 的转移矩阵为

$$\boldsymbol{T}_{bi}=\begin{bmatrix}\cos\psi_b\cos\theta_b & \cos\psi_b\sin\theta_b & -\sin\psi_b\\ -\cos\gamma_b\sin\theta_b+\sin\gamma_b\sin\psi_b\cos\theta_b & \cos\gamma_b\cos\theta_b+\sin\gamma_b\sin\psi_b\sin\theta_b & \sin\gamma_b\cos\psi_b\\ \sin\gamma_b\sin\theta_b+\cos\gamma_b\sin\psi_b\cos\theta_b & -\sin\gamma_b\cos\theta_b+\cos\gamma_b\sin\psi_b\sin\theta_b & \cos\gamma_b\cos\psi_b\end{bmatrix}$$

式中　$\gamma_b,\theta_b,\gamma_b$——从助推器体坐标系（$S_b$）按照 3-2-1 顺序转化为惯性坐标系（$S_i$）的偏航角、俯仰角和滚动角。

坐标系 S_c 到坐标系 S_i 的转移矩阵为

$$
\boldsymbol{T}_{ci}=\begin{bmatrix} \cos\psi_c\cos\theta_c & \cos\psi_b\sin\theta_h & -\sin\psi_c \\ -\cos\gamma_c\sin\theta_c+\sin\gamma_c\sin\psi_c\cos\theta_c & \cos\gamma_c\cos\theta_c+\sin\gamma_c\sin\psi_c\sin\theta_c & \sin\gamma_c\cos\psi_c \\ \sin\gamma_c\sin\theta_c+\cos\gamma_c\sin\psi_c\cos\theta_c & -\sin\gamma_c\cos\theta_c+\cos\gamma_c\sin\psi_c\sin\theta_c & \cos\gamma_c\cos\psi_c \end{bmatrix}
$$

式中　ψ_c，θ_c，γ_c ——从芯级坐标系（S_c）按 3－2－1 顺序转化为惯性坐标系（S_i）的偏航角、俯仰角和滚动角。

（3）在惯性坐标系中助推器和芯级质心的动力学方程

助推器质心在其体坐标系中的动力学方程为

$$m_b\left(\frac{dv_{xb}}{dt}-v_{yb}\omega_{zb}+v_{zb}\omega_{yb}\right)=F_{xb}$$

$$m_b\left(\frac{dv_{yb}}{dt}-v_{zb}\omega_{xb}+v_{xb}\omega_{zb}\right)=F_{yb}$$

$$m_b\left(\frac{dv_{zb}}{dt}-v_{xb}\omega_{yb}+v_{yb}\omega_{xb}\right)=F_{zb}$$

式中　m_b ——助推器质量；

v_{xb}，v_{yb}，v_{zb} ——助推器沿其体坐标系的角速度；

F_{xb}，F_{yb}，F_{zb} ——助推器沿其体坐标系的外力。

芯级质心在惯性坐标系中的动力学方程为

$$m_c\left(\frac{dv_{xc}}{dt}-v_{yc}\omega_{zc}+v_{zc}\omega_{yc}\right)=F_{xc}$$

$$m_c\left(\frac{dv_{yc}}{dt}-v_{zc}\omega_{xc}+v_{xc}\omega_{zc}\right)=F_{yc}$$

$$m_c\left(\frac{dv_{zc}}{dt}-v_{xc}\omega_{yc}+v_{yc}\omega_{xc}\right)=F_{zc}$$

（4）助推器和芯级绕质心转动的动力学方程

助推器在各其体坐标系下绕其质心转动的动力学方程

$$I_{xxb}\frac{d\omega_{xb}}{dt}-(I_{yy_b}-I_{zz_b})\omega_{y_b}\omega_{z_b}=M_{xb}$$

$$I_{yyb}\frac{d\omega_{yb}}{dt}-(I_{zz_b}-I_{xx_b})\omega_{z_b}\omega_{x_b}=M_{yb}$$

$$I_{zzb}\frac{d\omega_{zb}}{dt}-(I_{xx_b}-I_{yy_b})\omega_{x_b}\omega_{y_b}=M_{zb}$$

式中　I_{xxb}，I_{yyb}，I_{zzb} ——助推器在其体坐标系下的转动惯量；

M_{xb}，M_{yb}，M_{zb} ——助推器沿其体坐标系下的外力矩。

芯级在各其体坐标系下绕其质心转动的动力学方程

$$I_{xxc}\frac{d\omega_{xc}}{dt}-(I_{yy_c}-I_{zz_c})\omega_{y_c}\omega_{z_c}=M_{xc}$$

$$I_{yyc}\frac{d\omega_{yc}}{dt}-(I_{zz_c}-I_{xx_c})\omega_{z_c}\omega_{x_c}=M_{yc}$$

$$I_{zzc}\frac{d\omega_{zc}}{dt}-(I_{xx_c}-I_{yy_c})\omega_{x_c}\omega_{y_c}=M_{zc}$$

（5）飞行器在惯性坐标系下的姿态角方程

助推器在惯性坐标系中的姿态角方程如下所示

$$\frac{d\gamma_b}{dt}=\omega_{xb}+\tan\psi_b(\omega_{yb}\sin\gamma_b+\omega_{zb}\cos\gamma_b)$$

$$\frac{d\psi_b}{dt}=\omega_{yb}\cos\gamma_b-\omega_{zb}\sin\gamma_b$$

$$\frac{d\theta_b}{dt}=\frac{1}{\cos\psi_b}(\omega_{yb}\sin\gamma_b+\omega_{zb}\cos\gamma_b)$$

芯级在惯性坐标系中的姿态角方程如下所示

$$\frac{d\gamma_c}{dt}=\omega_{xc}+\tan\psi_c(\omega_{yc}\sin\gamma_c+\omega_{zc}\cos\gamma_c)$$

$$\frac{d\psi_c}{dt}=\omega_{yc}\cos\gamma_c-\omega_{zc}\sin\gamma_c$$

$$\frac{d\theta_c}{dt}=\frac{1}{\cos\psi_c}(\omega_{yc}\sin\gamma_c+\omega_{zc}\cos\gamma_c)$$

（6）危险点在惯性坐标系中的位移

定义两分离体在分离过程中最小间隙的位置为危险点，于不同的分离方式，可以参考使用，在使用过程中需要注意坐标系的不同。例如助推器危险点在惯性坐标系中的位移如下所示

$$\begin{pmatrix}X_{sib}\\Y_{sib}\\Z_{sib}\end{pmatrix}=\boldsymbol{T}_{bi}\begin{pmatrix}X_{sb}\\Y_{sb}\\Z_{sb}\end{pmatrix}$$

式中　下标 sb——在助推体坐标系下的最小间隙；

sib——在惯性坐标系下的助推最小位移。

芯级危险点在惯性坐标系中的位移如下所示

$$\begin{pmatrix}X_{sic}\\Y_{sic}\\Z_{sic}\end{pmatrix}=\boldsymbol{T}_{ci}\begin{pmatrix}X_{sc}\\Y_{sc}\\Z_{sc}\end{pmatrix}$$

2.3　多刚体系统动力学简介

在航天飞行器的每个分离过程中，都涉及到多个分离体之间的相对运动，例如助推器分离的多个助推器和芯级、级间分离的上面级和基础级、整流罩分离的火箭基础级和分多瓣的整流罩等。这类复杂的运动学和动力学分析涉及：系统各部件的大位移运动和空间相对位移的非线性关系，以及大量的代数和微分动力学计算。随着多体动力学的出现和迅速发展，这类问题获得了有效的解决方法。根据分析对象不同的结构特点，多体动力学又分

为多刚体动力学[2]和多柔体动力学[3]两类。

多刚体动力学是由多个刚体以各类连接形式组成的力学系统。根据力学原理的不同，多刚体动力学的建模方法可分为三类，分别是矢量力学法、分析力学法和变分法。其中矢量力学法是依靠动量定理和动量矩定理建立牛顿—欧拉（Newton—Eular）动力学方程，将物体运动的坐标及约束内力均作为方程的未知量，该方法的优点是具有较强的物理直观性；分析力学法是运用达朗贝尔原理，通过对系统的功、能等标量的处理，对多体问题进行广义坐标下的力学解析，该方法更适用于处理受约束的多体系统，代表性的方法包括拉格朗日（Lagrange）方程、哈密顿（Hamelton）原理、虚位移原理和虚速度原理等；变分法是基于高斯（Gauss）原理等具有极小值性质的极值原理，将运动微分方程转化为最优化计算方法，从而进行动力学分析。目前，矢量力学法和分析力学法应用更为广泛，两种方法的比较见表 2-1。

表 2-1　多刚体动力学分析方法比较

	矢量力学法	分析力学法
研究对象	将系统拆成单个刚体（及质点）分别考虑	将系统作为整体看待
分析方法	处理的是力、加速度等矢量	处理的是功、势能、动能等标量
未知量	未知量包括描述运动的直角坐标及连接处的内力	未知量只描述运动的广义坐标
方程形式	所得方程为微分代数方程（DAE）	所得方程为常微分方程（ODE）
方程个数	所得方程个数等于各刚体直角坐标数与系统内力数之和，是“最大方程数”方法	所得方程的个数等于系统自由度数，是“最小方程数”方法
推导难度	推导过程简洁，各项物理概念清楚	需要对动能 T 进行两次求导，推导过程较为繁冗
方程特点	方程较短	微分方程较长
可拓展性	当刚体数增加时，未知量及方程数大幅增加，求解困难	当刚体数及自由度数增加时，推导过程困难大幅增加

对于航天飞行器的分离过程来说，由于涉及的刚体数量较少，另外由于矢量力学能够基于总体参考坐标系来定义物体的绝对运动状态，因此本章将基于矢量力学法进行分析。

2.3.1　多刚体系统的组成

多个刚体通过各种形式的联接器连接组成了多刚体系统，连接两个刚体的联接器称为广义上的铰链，它能够包含任何性质的运动学约束（定常、非定常、完整、非完整）和相应的约束反力。

固定在惯性空间或在惯性空间中按已知规律运动的物体称为零刚体，记为 B_0，通常可以作为运动的矢量基［记为 $\boldsymbol{e}^{(0)}$］。按照多刚体系统是否与零刚体相连，可以分为有根和无根多刚体系统，在轨飞行的航天飞行器就是典型的无根多刚体系统。为了确定无根多刚体系统的运动，需要选定一个虚拟的零刚体，并通过虚铰链与系统中任意选定的刚体相连，这样就可将无根多刚体系统转换为有根多刚体系统。

2.3.2　笛卡尔广义坐标下刚体运动学

对于由 n 个刚体 $B_i(i=1,2,\cdots n)$ 组成的多刚体系统，定义每个刚体连体基 $\boldsymbol{e}^{(i)}(i=1,2,\cdots n)$ 的原点与刚体质心 C_i 重合，惯性参考基 $\boldsymbol{e}^{(0)}$ 与 $\boldsymbol{e}^{(i)}(i=1,2,\cdots n)$ 之间的位置关系如图 2－5 所示。

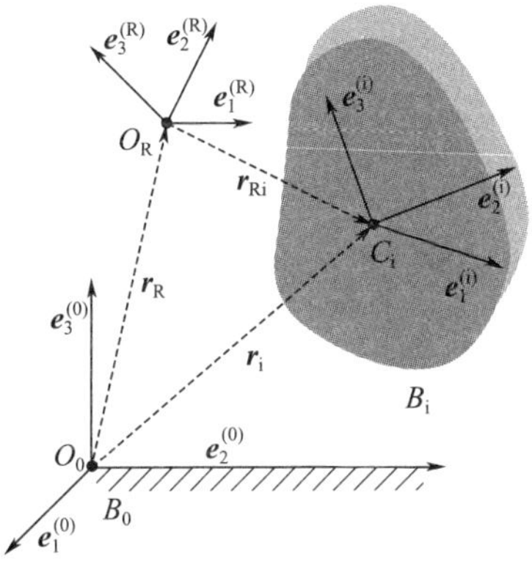

图 2－5　刚体 B_i 连体基、惯性基、动参考基示意图

刚体 B_i 相对于惯性基的位置可由其质心位置矢径 $\boldsymbol{r}_i$ 的三个分量 $(x,y,z)_i$ 来确定，相对于惯性基的转角方位 $\boldsymbol{\Theta}_i$ 由 $\boldsymbol{e}^{(i)}$ 的三个欧拉角 $(\psi,\theta,\varphi)_i$ 来确定，以上 6 个坐标构成笛卡尔广义坐标

$$\boldsymbol{x}_i=[x\quad y\quad z\quad \psi\quad \theta\quad \varphi]_i^{\mathrm{T}}(i=1,2,\cdots,n) \tag{2-11}$$

则刚体 B_i 转角相对于 $\boldsymbol{e}^{(0)}$ 的坐标变换矩阵为 $\boldsymbol{A}_i$，满足关系式

$$\boldsymbol{e}^{(0)}=\boldsymbol{A}_i\boldsymbol{e}^{(i)} \tag{2-12}$$

刚体 B_i 的质心速度和加速度分别为

$$\boldsymbol{v}_i=\dot{\boldsymbol{r}}_i=\sum_{j=1}^{6n}\frac{\partial \boldsymbol{r}_i}{\partial x_j}\dot{x}_j=\frac{\partial \boldsymbol{r}_i}{\partial \boldsymbol{x}}\dot{\boldsymbol{x}}=H_{T_i}\dot{\boldsymbol{x}} \tag{2-13}$$

$$a_i=\ddot{\boldsymbol{r}}_i=\sum_{j=1}^{6n}\frac{\partial \boldsymbol{r}_i}{\partial x_j}\ddot{x}_j+\sum_{k=1}^{6n}\sum_{\substack{j=1\\ j\neq k}}^{6n}\frac{\partial^2 \boldsymbol{r}_i}{\partial x_j\partial x_k}\dot{x}_j\dot{x}_k=H_{T_i}\ddot{\boldsymbol{x}}+\frac{\partial v_i}{\partial \boldsymbol{x}}\dot{\boldsymbol{x}} \tag{2-14}$$

其中

$$H_{T_i}=\frac{\partial \boldsymbol{r}_i}{\partial \boldsymbol{x}}=\frac{\partial \boldsymbol{v}_i}{\partial \dot{\boldsymbol{x}}} \tag{2-15}$$

在惯性基 $\boldsymbol{e}^{(0)}$ 中的角速度矩阵与方向余弦之间满足

$$\tilde{\boldsymbol{\omega}}_i=\begin{bmatrix}0 & -\omega_{i3} & \omega_{i2}\\ \omega_{i3} & 0 & -\omega_{i1}\\ -\omega_{i2} & \omega_{i1} & 0\end{bmatrix}=\dot{\boldsymbol{A}}_i\boldsymbol{A}_i^{\mathrm{T}} \tag{2-16}$$

定义

$$H_{R_i}=\frac{\partial \boldsymbol{\omega}_i}{\partial \dot{\boldsymbol{x}}} \tag{2-17}$$

则刚体 B_i 的角速度和角加速度分别为

$$\boldsymbol{\omega}_i = H_{R_i}\dot{\boldsymbol{x}} \tag{2-18}$$

$$\dot{\boldsymbol{\omega}}_i = H_{R_i}\ddot{\boldsymbol{x}} + \frac{\partial \boldsymbol{\omega}}{\partial \boldsymbol{x}}\dot{\boldsymbol{x}} \tag{2-19}$$

（1）完整约束系统

完整约束是指约束方程仅是位形和时间的函数，且其微分约束可积，又称为几何约束。对于 n 个刚体的系统受到 m 个完整约束，其约束方程可以表示为：

$$\Phi_s(x,t)=0,(s=1,2,\cdots,m) \tag{2-20}$$

系统的自由度数目为 $k=6n-m$ ，设系统独立的广义坐标为 $\boldsymbol{q}$ ，则所有笛卡尔广义坐标均可表示为 $\boldsymbol{q}$ 和时间 t 的函数，即

$$\boldsymbol{x}=\boldsymbol{x}(\boldsymbol{q},t) \tag{2-21}$$

两边同时对时间求导，可得

$$\dot{\boldsymbol{x}}=\frac{\partial \boldsymbol{x}}{\partial \boldsymbol{q}}\dot{\boldsymbol{q}}+\frac{\partial \boldsymbol{x}}{\partial t}=\boldsymbol{F}\dot{\boldsymbol{q}}+\frac{\partial \boldsymbol{x}}{\partial t} \tag{2-22}$$

其中

$$\boldsymbol{F}=\frac{\partial \boldsymbol{x}}{\partial \boldsymbol{q}}=\frac{\partial \dot{\boldsymbol{x}}}{\partial \dot{\boldsymbol{q}}}$$

式中 $\boldsymbol{F}$——笛卡尔广义坐标对独立广义坐标的偏导数构成的雅可比矩阵。

同样，广义坐标下的速度、加速度变换式为

$$\boldsymbol{v}_i=\boldsymbol{J}_{Ti}(\boldsymbol{q},t)\dot{\boldsymbol{q}}+\frac{\partial \boldsymbol{r}_i}{\partial t} \tag{2-23}$$

$$\boldsymbol{\omega}_i=\boldsymbol{J}_{Ri}(\boldsymbol{q},t)\dot{\boldsymbol{q}}+\frac{\partial \boldsymbol{\Theta}_i}{\partial t} \tag{2-24}$$

$$\boldsymbol{a}_i=\boldsymbol{J}_{Ti}(\boldsymbol{q},t)\ddot{\boldsymbol{q}}+\frac{\partial \boldsymbol{v}_i}{\partial \boldsymbol{q}}\dot{\boldsymbol{q}}+\frac{\partial \boldsymbol{v}_i}{\partial t} \tag{2-25}$$

$$\dot{\boldsymbol{\omega}}_i=\boldsymbol{J}_{Ri}(\boldsymbol{q},t)\ddot{\boldsymbol{q}}+\frac{\partial \boldsymbol{\omega}_i}{\partial \boldsymbol{q}}\dot{\boldsymbol{q}}+\frac{\partial \boldsymbol{\omega}_i}{\partial t} \tag{2-26}$$

其中

$$\begin{cases}\boldsymbol{J}_{Ti}(\boldsymbol{q},t)=\dfrac{\partial \boldsymbol{v}_i}{\partial \dot{\boldsymbol{q}}}=H_{Ti}F\\[2ex]\boldsymbol{J}_{Ri}(\boldsymbol{q},t)=\dfrac{\partial \boldsymbol{\omega}_i}{\partial \dot{\boldsymbol{q}}}=H_{Ri}F\end{cases} \tag{2-27}$$

式中 $\boldsymbol{J}_{Ti}$，$\boldsymbol{J}_{Ri}$——几何雅可比矩阵。

（2）非完整约束系统

非完整约束是指含有不可积分的约束。对于含有 m_1 个完整约束和 m_2 个非完整约束的 n 个刚体系统，系统自由度数为广义速度的数目 $k=6n-m_1-m_2$，约束方程为

$$\begin{cases}\Phi_a(\boldsymbol{x},t)=0\,(a=1,2,\cdots,m_1)\\ \psi_b(\boldsymbol{q},\dot{\boldsymbol{q}},t)=0\,(b=1,2,\cdots,m_2)\end{cases} \tag{2-28}$$

选取 k 个独立的广义速度为 $\boldsymbol{u}$，$6n-m_1$ 个独立的广义坐标为 $\boldsymbol{q}$，定义 $G=\dfrac{\partial \dot{\boldsymbol{q}}}{\partial \boldsymbol{u}}$，则系统的速度和加速度表达式为

$$\boldsymbol{v}_i=\boldsymbol{v}_i(\boldsymbol{q},\boldsymbol{u},t) \tag{2-29}$$

$$\boldsymbol{\omega}_i=\boldsymbol{\omega}_i(\boldsymbol{q},\boldsymbol{u},t) \tag{2-30}$$

$$\boldsymbol{a}_i=\boldsymbol{L}_{Ti}(\boldsymbol{q},\boldsymbol{u},t)\dot{\boldsymbol{u}}+\frac{\partial \boldsymbol{v}_i}{\partial \boldsymbol{q}}\dot{\boldsymbol{q}}+\frac{\partial \boldsymbol{v}_i}{\partial t} \tag{2-31}$$

$$\dot{\boldsymbol{\omega}}_i=\boldsymbol{L}_{Ri}(\boldsymbol{q},\boldsymbol{u},t)\dot{\boldsymbol{u}}+\frac{\partial \boldsymbol{\omega}_i}{\partial \boldsymbol{q}}\dot{\boldsymbol{q}}+\frac{\partial \boldsymbol{\omega}_i}{\partial t} \tag{2-32}$$

其中

$$\begin{cases}\boldsymbol{L}_{Ti}(\boldsymbol{q},\boldsymbol{u},t)=\dfrac{\partial \boldsymbol{v}_i}{\partial \boldsymbol{u}}=H_{Ti}FG \\ \boldsymbol{L}_{Ri}(\boldsymbol{q},\boldsymbol{u},t)=\dfrac{\partial \boldsymbol{\omega}_i}{\partial \boldsymbol{u}}=H_{Ri}FG\end{cases} \tag{2-33}$$

式中　$\boldsymbol{L}_{Ti}$，$\boldsymbol{L}_{Ri}$ ——运动学雅可比矩阵。

2.3.3　多刚体系统的动力学[4]

2.3.3.1　牛顿—欧拉动力学方程

取多刚体系统中的刚体 B_i 为研究对象，主动力和约束反力的主矢分别为 $\boldsymbol{F}_i^a$、$\boldsymbol{F}_i^C$，相对质心 C_i 的主动力主矩和约束反力主矩分别为 $\boldsymbol{L}_i^a$ 和 $\boldsymbol{L}_i^C$，牛顿-欧拉动力学方程为

$$m_i a_i=\boldsymbol{F}_i^a+\boldsymbol{F}_i^C \tag{2-34}$$

$$J_i\dot{\boldsymbol{\omega}}_i+\tilde{\boldsymbol{\omega}}_i J_i\boldsymbol{\omega}_i=\boldsymbol{L}_i^a+\boldsymbol{L}_i^C \tag{2-35}$$

为了简化方程，引入下列矩阵

$$\begin{cases}\boldsymbol{M}=\mathrm{diag}[m_1E \quad \cdots \quad m_nE \quad J_1 \quad \cdots \quad J_n]^{\mathrm{T}} \\ \boldsymbol{J}=[J_{T1}^{\mathrm{T}} \quad \cdots \quad J_{Tn}^{\mathrm{T}} \quad J_{R1}^{\mathrm{T}} \quad \cdots \quad J_{Rn}^{\mathrm{T}}]^{\mathrm{T}} \\ \boldsymbol{L}=[L_{T1}^{\mathrm{T}} \quad \cdots \quad L_{Tn}^{\mathrm{T}} \quad L_{R1}^{\mathrm{T}} \quad \cdots \quad L_{Rn}^{\mathrm{T}}]^{\mathrm{T}} \\ \boldsymbol{Q}=[F_1^{\mathrm{T}} \quad \cdots \quad F_n^{\mathrm{T}} \quad L_1^{\mathrm{T}} \quad \cdots \quad L_n^{\mathrm{T}}]^{\mathrm{T}}\end{cases} \tag{2-36}$$

则对于完整约束系统，多刚体动力学方程为

$$\boldsymbol{MJ}\ddot{\boldsymbol{q}}+\boldsymbol{K}(\boldsymbol{q},\dot{\boldsymbol{q}},t)=\boldsymbol{Q}^a(\boldsymbol{q},\dot{\boldsymbol{q}},t)+\boldsymbol{Q}^C(\boldsymbol{q},\dot{\boldsymbol{q}},t) \tag{2-37}$$

式中　$\boldsymbol{K}$ ——离心力和陀螺力列阵；

$\boldsymbol{Q}^a$，$\boldsymbol{Q}^C$ ——分别为主动力列阵和约束反力列阵。

对于非完整系统，多刚体动力学方程为

$$\boldsymbol{MJ}\dot{\boldsymbol{u}}+\boldsymbol{K}(\boldsymbol{q},\boldsymbol{u},t)=\boldsymbol{Q}^a(\boldsymbol{q},\boldsymbol{u},t)+\boldsymbol{Q}^C(\boldsymbol{q},\boldsymbol{u},t) \tag{2-38}$$

2.3.3.2　消除约束反力的方法

无论完整约束系统还是非完整约束系统，在动力学方程中均含有约束反力 $\boldsymbol{Q}^C(\boldsymbol{q},\dot{\boldsymbol{q}},t)$ 和 $\boldsymbol{Q}^C(\boldsymbol{q},\boldsymbol{u},t)$，在求解过程中需要将其消除。

由达朗贝尔原理可知，理想约束的约束反力在系统虚位移上所作的虚功之和为零，即

$$\int_m \delta \boldsymbol{r} \cdot \delta \boldsymbol{F}^C = 0 \tag{2-39}$$

其中质量微元的矢径 $\boldsymbol{r}$ 为质心矢径 $\boldsymbol{r}_C$ 和微元与质心之间的矢径 $\boldsymbol{\rho}_u$ 之和，即

$$\boldsymbol{r} = \boldsymbol{r}_C + \boldsymbol{\rho}_u \tag{2-40}$$

分别定义刚体质心的虚位移和虚转角分别为 $\delta \boldsymbol{r}_C$ 和 $\delta \boldsymbol{\Theta}$，则有

$$\delta \boldsymbol{r} = \delta \boldsymbol{r}_C + \delta \boldsymbol{\rho}_u = \delta \boldsymbol{r}_C + \delta \boldsymbol{\Theta} \times \boldsymbol{\rho}_u \tag{2-41}$$

$\delta \boldsymbol{F}^C$ 为作用在质量微元上的外力，带入虚功方程中

$$\begin{aligned} \int_m (\delta \boldsymbol{r}_C + \delta \boldsymbol{\Theta} \times \boldsymbol{\rho}_u) \delta \boldsymbol{F}^C &= \delta \boldsymbol{r}_C \cdot \int_m \delta \boldsymbol{F}^C + \delta \boldsymbol{\Theta} \cdot \int_m \boldsymbol{\rho}_u \times \delta \boldsymbol{F}^C \\ &= \delta \boldsymbol{r}_C \boldsymbol{F}^C + \delta \boldsymbol{\Theta} \boldsymbol{L}_C^C \\ &= 0 \end{aligned} \tag{2-42}$$

式中 $\boldsymbol{F}^C$，$\boldsymbol{L}_C^C$ ——分别为刚体约束反力对质心的主矢和主矩。

式（2-42）即为刚体的约束反力理想性条件。

根据茹尔当（*Jourdain*）原理，约束的理想性表现为约束反力在系统的虚速度上所作的虚功率之和为零[5]，即

$$\delta \dot{\boldsymbol{r}}_C \cdot \boldsymbol{F}^C + \delta \boldsymbol{\omega} \cdot \boldsymbol{L}_C^C = 0 \tag{2-43}$$

（1）完整约束系统

对于完整约束系统，刚体 B_i 的虚位移表达式为

$$\begin{cases} \delta \boldsymbol{r}_i = J_{Ti} \delta \boldsymbol{q} \\ \delta \boldsymbol{\Theta}_i = J_{Ri} \delta \boldsymbol{q} \end{cases} \tag{2-44}$$

由于完整约束系统中，广义坐标的变分 $\delta \boldsymbol{q}$ 是独立的，因此

$$\boldsymbol{J}^{\mathrm{T}} \boldsymbol{Q}^C = 0 \tag{2-45}$$

于是，在完整约束系统的动力学方程中左乘 $\boldsymbol{J}^{\mathrm{T}}$，可将约束反力消除，得到动力学方程为

$$\boldsymbol{J}^{\mathrm{T}} \boldsymbol{M} \boldsymbol{J} \ddot{\boldsymbol{q}} + \boldsymbol{J}^{\mathrm{T}} \boldsymbol{K}(\boldsymbol{q}, \dot{\boldsymbol{q}}, t) = \boldsymbol{J}^{\mathrm{T}} \boldsymbol{Q}^a (\boldsymbol{q}, \dot{\boldsymbol{q}}, t) \tag{2-46}$$

式中 $\boldsymbol{J}^{\mathrm{T}} \boldsymbol{M} \boldsymbol{J}$ ——对称正定的广义质量；

$\boldsymbol{J}^{\mathrm{T}} \boldsymbol{Q}^a$ ——广义主动力。

式（2-46）可将原系统的动力学方程个数由 $6n$ 减少到完整约束系统的自由度数目。若分离体的质量比在分离过程中消耗的质量大，可以不考虑变质量的情况；反之，若分离过程中消耗的质量与分离体的质量量级相当，则需要在分析过程中考虑变质量的问题。在本文中，均不考虑分离过程中的质量变化问题。

（2）非完整约束系统

对于非完整约束系统，虚速度的表达式为

$$\begin{cases} \delta \boldsymbol{v}_i = \boldsymbol{L}_{Ti} \delta \boldsymbol{u} \\ \delta \boldsymbol{\omega}_i = \boldsymbol{L}_{Ri} \delta \boldsymbol{u} \end{cases} \tag{2-47}$$

代入茹尔当原理的约束理想性条件可得

$$\delta \boldsymbol{u}^{\mathrm{T}} \boldsymbol{L}^{\mathrm{T}} \boldsymbol{Q}^{C}=0 \tag{2-48}$$

由广义速度的独立性可知

$$\boldsymbol{L}^{\mathrm{T}} \boldsymbol{Q}^{C}=0 \tag{2-49}$$

同理，在非完整约束系统的动力学方程中左乘 $\boldsymbol{L}^{\mathrm{T}}$ ，可得到消除约束反力的非完整约束系统动力学方程

$$\boldsymbol{L}^{\mathrm{T}} \boldsymbol{M} \boldsymbol{L} \dot{\boldsymbol{u}}+\boldsymbol{L}^{\mathrm{T}} \mathbf{K}(\boldsymbol{q}, \boldsymbol{u}, t)=\boldsymbol{L}^{\mathrm{T}} \boldsymbol{Q}^{a}(\boldsymbol{q}, \boldsymbol{u}, t) \tag{2-50}$$

该方程的数目与系统的自由度数相同，即具有最少数目的动力学方程。

2.3.4　分离过程中多体动力学方程

为了描述两刚体之间或刚体与某参考坐标系之间的运动，引入动参考基 $\boldsymbol{e}^{(R)}$ 。航天飞行器的分离过程是典型的无根多刚体系统[6]，引入动参考基 $\boldsymbol{e}^{(R)}$ ，如图 2－6 所示。选取继续飞行的芯级为基本刚体，记为 B_1，并以 B_1 的连体基为系统的动参考基，原点 O_R 与质心 C_1 重合，即 $\boldsymbol{e}^{(1)}=\boldsymbol{e}^{(R)}$ 。

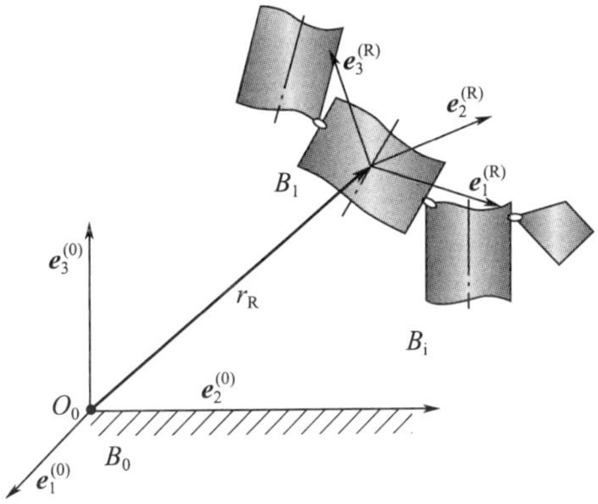

图 2－6　分离多体系统

分离过程开始前，完整约束系统的广义坐标由轨道运动 $\boldsymbol{r}_R^T$ 和姿态运动 $\boldsymbol{\Theta}_R^T$ 组成，即

$$\boldsymbol{q}=[\boldsymbol{r}_R^{\mathrm{T}} \quad \boldsymbol{\Theta}_R^{\mathrm{T}}]^{\mathrm{T}} \tag{2-51}$$

这样，刚体 B_i 的绝对运动可以看成由随动参考基的运动和相对动参考基的运动两部分组成。系统的质量对角阵可对应地改写为如下所示的分块矩阵

$$\boldsymbol{M}=\begin{bmatrix} \mathbf{M}_T & \vdots & 0 \\ \cdots & \vdots & \cdots \\ 0 & \vdots & \mathbf{M}_R \end{bmatrix} \tag{2-52}$$

同理，系统的几何雅可比矩阵对应为

$$\boldsymbol{J}=\begin{bmatrix} \boldsymbol{E} & \vdots & \boldsymbol{J}_{RT} \\ \cdots & \vdots & \cdots \\ 0 & \vdots & \boldsymbol{J}_{RR} \end{bmatrix} \tag{2-53}$$

由于 $\boldsymbol{E}\boldsymbol{M}_T\boldsymbol{E}=\sum_{i=1}^{n} m_i \boldsymbol{E}=m$ ，为系统的总质量，因此由动力学方程可推出

$$m\ddot{\boldsymbol{r}}_R + \boldsymbol{E}\boldsymbol{M}_R\boldsymbol{J}_{RT}\ddot{\boldsymbol{q}}_R + \boldsymbol{K}_r = \boldsymbol{Q}_r \tag{2-54}$$

$$(\boldsymbol{J}_{RT}^{\mathrm{T}}\boldsymbol{M}_T\boldsymbol{J}_{RT} + \boldsymbol{J}_{RR}^{\mathrm{T}}\boldsymbol{M}_R\boldsymbol{J}_{RR})\ddot{\boldsymbol{q}}_R + \boldsymbol{J}_{RT}^{\mathrm{T}}\boldsymbol{E}\ddot{\boldsymbol{r}}_R + \boldsymbol{K}_q = \boldsymbol{Q}_q \tag{2-55}$$

由式（2-54）可以获得系统轨道运动状态 $\boldsymbol{r}_R$ ，将结果代入式（2-55）可得到分离体之间的姿态动力学方程。

2.4 多柔体系统动力学简介

多刚体系统动力学中由于将系统内各部件均假想为刚体，给计算带来了很多方便，但部件刚性的假设将影响计算的精度，对于整流罩分离等结构刚度较低的分离过程来说，多刚体动力学分析的精度难以保证设计要求。多柔体系统动力学是在多刚体系统多力学的基础上，交叉融合了连续介质力学和结构动力学、分析力学等，构成的一门交叉性学科，从而将柔性的概念引入分析系统中，进行含有柔性部件的刚柔耦合分析[7]。

多柔体动力学侧重物体变形与整体刚性运动的相互作用和耦合，以及这种耦合导致的动力学效应，这也是多柔体动力学的核心特征。由于多柔体在自身变形的同时，又在空间中进行大的刚性平移和转动，并与弹性变形相互影响，构成一个无穷维、时变和高度非线性的复杂系统，因此系统的逆运动学通常是不确定的。

多柔体系统的运动描述方式按选取参考系的不同可以分为绝对描述和相对描述两种类型。绝对描述是指在惯性参考系下确定系统中每个物体在每一时刻的位形；相对描述是对每个物体都选定一个连体基，从而确定物体相对于自身连体基的位形。其中相对描述方法适用于由小变形物体所组成的系统，从而可以按线性方法处理变形，如模态展开和截断等。将描述变形的弹性坐标和描述刚体运动的参数相结合，作为系统的广义坐标，就可以按照离散系统分析动力学的方法建立动力学方程。

多柔体系统的动力学方程是强耦合、强非线性的方程，目前只能通过计算机用数值方法进行求解。

2.4.1 柔性体运动学方程

由于结构的弹性变形，柔性体上任意两点都可能有相对位移，该位移相对于刚体坐标描述的物体大位移来说很小，可以使用弹性体坐标描述。

在图 2-7 中，定义柔性体 B_i 未变形前的某点（不妨设为质心 C_i ）为原点并建立浮动坐标系 $\boldsymbol{e}^{(i)}$ ，这样柔性体的位移可由浮动坐标系相对于全局坐标系的位移来描述，柔性体的弹性变形由弹性坐标来描述。设柔性体上 P 点在未变形前在浮动坐标系中的位置为 $\boldsymbol{u}_0$，弹性变形后 P 点运动到 P' 点，变形矢量为 $\boldsymbol{u}_f$ ，弹性坐标为 q_f^i 。柔性体 B_i 的广义坐标可以表示为

$$\boldsymbol{q}_i = [x_i \quad \boldsymbol{q}_f^i] = [x \quad y \quad z \quad \psi \quad \theta \quad \varphi \quad \boldsymbol{q}_f^i]_i^{\mathrm{T}} \tag{2-56}$$

在全局坐标系 $\boldsymbol{e}^{(0)}$ 中，柔性体 B_i 上 P 点的位置可以表示为

$$\boldsymbol{r}_i = \boldsymbol{R}_i + \boldsymbol{A}_i(\boldsymbol{u}_0 + \boldsymbol{u}_f) = \boldsymbol{R}_i + \boldsymbol{A}_i(\boldsymbol{u}_0 + \boldsymbol{N}^i\boldsymbol{q}_f^i) \tag{2-57}$$

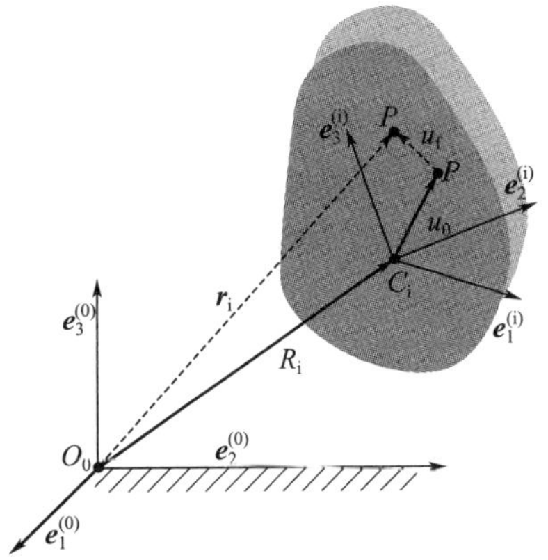

图 2-7　柔性多体坐标系示意图

式中　$\boldsymbol{A}^i$ —— $\boldsymbol{e}^{(i)}$ 到 $\boldsymbol{e}^{(0)}$ 的坐标转换矩阵；

$\boldsymbol{N}^i$ ——弹性体的插值基函数。

将式（2-57）对时间 t 求导，得到 P 点在 $\boldsymbol{e}^{(0)}$ 坐标系中的速度和加速度表达式分别为

$$\dot{\boldsymbol{r}}_i=\dot{\boldsymbol{R}}_i+\dot{\boldsymbol{A}}_i(\boldsymbol{u}_0+\boldsymbol{u}_f)+\boldsymbol{A}_iN^i\dot{\boldsymbol{q}}_f^i \tag{2-58}$$

$$\ddot{\boldsymbol{r}}_i=\ddot{\boldsymbol{R}}_i+\ddot{\boldsymbol{A}}_i(\boldsymbol{u}_0+\boldsymbol{u}_f)+2\dot{\boldsymbol{A}}_i\boldsymbol{N}^i\dot{\boldsymbol{q}}_f^i+\boldsymbol{A}_i\boldsymbol{N}^i\ddot{\boldsymbol{q}}_f^i \tag{2-59}$$

由于坐标转换矩阵具有正交性，即

$$\boldsymbol{A}_i\boldsymbol{A}_i^{\mathrm{T}}=\boldsymbol{I} \tag{2-60}$$

因此，对于 $\dot{\boldsymbol{A}}\boldsymbol{A}_i^{\mathrm{T}}=\tilde{\boldsymbol{\omega}}_i$ 可写成

$$\dot{\boldsymbol{A}}_i=\tilde{\boldsymbol{\omega}}_i\boldsymbol{A}_i \tag{2-61}$$

对上式两边分别对时间求导，可得

$$\ddot{\boldsymbol{A}}_i=\widetilde{\dot{\boldsymbol{\omega}}}_i\boldsymbol{A}_i+\tilde{\boldsymbol{\omega}}_i\tilde{\boldsymbol{\omega}}_i\boldsymbol{A}_i \tag{2-62}$$

因此，式（2-59）可写成

$$\ddot{\boldsymbol{r}}_i=\ddot{\boldsymbol{R}}_i+(\widetilde{\dot{\boldsymbol{\omega}}}_i\boldsymbol{A}_i+\tilde{\boldsymbol{\omega}}_i\tilde{\boldsymbol{\omega}}_i\boldsymbol{A}_i)(\boldsymbol{u}_0+\boldsymbol{u}_f)+2\tilde{\boldsymbol{\omega}}_i\boldsymbol{A}_i\boldsymbol{N}^i\dot{\boldsymbol{q}}_f^i+\boldsymbol{A}_i\boldsymbol{N}^i\ddot{\boldsymbol{q}}_f^i \tag{2-63}$$

其中，等式右边的后两项分别表示 P 点的科氏加速度和相对变形加速度。显然，当物体为刚体时，后两项为零，式（2-63）退化为刚体运动学的表达式。

为了简化速度的表达式，可选用欧拉四元数来描述柔性体方位时，B_i 的广义坐标可表示为

$$\boldsymbol{q}_i=[x_i\quad \boldsymbol{q}_f^i]=[x\quad y\quad z\quad q_{E0}\quad q_{E1}\quad q_{E2}\quad q_{E3}\quad \boldsymbol{q}_f^i]_i^{\mathrm{T}} \tag{2-64}$$

则坐标转换矩阵的导数项可表示为：

$$\dot{\boldsymbol{A}}_i(\boldsymbol{u}_0+\boldsymbol{u}_f)=\sum_{k=0}^{3}\frac{\partial}{\partial q_{Ek}}[\boldsymbol{A}_i(\boldsymbol{u}_0+\boldsymbol{u}_f)]\dot{q}_{Ek}\triangleq \boldsymbol{B}\dot{\boldsymbol{Q}}_E \tag{2-65}$$

式中　$\boldsymbol{Q}_E$ ——欧拉四元数对时间的导数；

$\boldsymbol{B}$ —— $\boldsymbol{e}^{(0)}$ 下 P 点变形量对欧拉四元数的偏导数。

$$\boldsymbol{B}=\begin{bmatrix}\dfrac{\partial}{\partial q_{E0}} & \dfrac{\partial}{\partial q_{E1}} & \dfrac{\partial}{\partial q_{E2}} & \dfrac{\partial}{\partial q_{E3}}\end{bmatrix}[\boldsymbol{A}_i(\boldsymbol{u}_0+\boldsymbol{u}_f)] \tag{2-66}$$

因此，柔性体 B_i 的速度表达式可写为

$$\dot{\boldsymbol{r}}_i = \dot{\boldsymbol{R}}_i + \boldsymbol{B}\dot{\boldsymbol{Q}}_E + \boldsymbol{A}_i\boldsymbol{N}^i\dot{\boldsymbol{q}}_f^i = [\boldsymbol{I} \quad \boldsymbol{B} \quad \boldsymbol{A}_i\boldsymbol{N}^i]\begin{bmatrix}\dot{\boldsymbol{R}}_i \\ \dot{\boldsymbol{Q}}_E \\ \dot{\boldsymbol{q}}_f^i\end{bmatrix} \tag{2-67}$$

2.4.2 柔体系统的动能

柔性体 B_i 的动能可表示为

$$T_i = \frac{1}{2}\int_{V_i} \rho_i \dot{\boldsymbol{r}}_i^{\mathrm{T}} \dot{\boldsymbol{r}}_i \,\mathrm{d}V \tag{2-68}$$

式中 ρ_i ——柔性体 B_i 的密度；

V_i —— B_i 的体积。

将式（2-67）代入式（2-68）可得

$$\begin{aligned} T_i &= \frac{1}{2}[\dot{\boldsymbol{R}}_i^{\mathrm{T}} \quad \dot{\boldsymbol{Q}}_E^{\mathrm{T}} \quad \dot{\boldsymbol{q}}_f^{i\mathrm{T}}]\int_{V_i}\rho_i\begin{bmatrix}\boldsymbol{I} \\ \boldsymbol{B}^{\mathrm{T}} \\ \boldsymbol{N}^{i\mathrm{T}}\boldsymbol{A}_i^{\mathrm{T}}\end{bmatrix}[\boldsymbol{I} \quad \boldsymbol{B} \quad \boldsymbol{A}_i\boldsymbol{N}^i]\,\mathrm{d}V\begin{bmatrix}\dot{\boldsymbol{R}}_i \\ \dot{\boldsymbol{Q}}_E \\ \dot{\boldsymbol{q}}_f^i\end{bmatrix} \\ &\triangleq \frac{1}{2}[\dot{R}_i^{\mathrm{T}} \quad \dot{\boldsymbol{Q}}_E^{\mathrm{T}} \quad \dot{\boldsymbol{q}}_f^{i\mathrm{T}}]\boldsymbol{M}_i\begin{bmatrix}\dot{\boldsymbol{R}}_i \\ \dot{\boldsymbol{Q}}_E \\ \dot{\boldsymbol{q}}_f^i\end{bmatrix} \end{aligned} \tag{2-69}$$

式中 $\boldsymbol{M}_i$ —— B_i 的质量矩阵，为对称矩阵。

$\boldsymbol{M}_i$ 表达式为

$$\boldsymbol{M}_i = \int_{V_i}\rho_i\begin{bmatrix}\boldsymbol{I} \\ \boldsymbol{B}^{\mathrm{T}} \\ \boldsymbol{N}^{i\mathrm{T}}\boldsymbol{A}_i^{\mathrm{T}}\end{bmatrix}[\boldsymbol{I} \quad \boldsymbol{B} \quad \boldsymbol{A}_i\boldsymbol{N}^i]\,\mathrm{d}V = \begin{bmatrix}\boldsymbol{m}_{RR}^i & \boldsymbol{m}_{RQ}^i & \boldsymbol{m}_{Rf}^i \\ & \boldsymbol{m}_{QQ}^i & \boldsymbol{m}_{Qf}^i \\ sym & & \boldsymbol{m}_{ff}^i\end{bmatrix} \tag{2-70}$$

其中，各分块质量阵的表达式和意义分别如下。

（1）$\boldsymbol{m}_{RR}^i$

$$\boldsymbol{m}_{RR}^i = \int_{V_i}\rho_i\boldsymbol{I}\,\mathrm{d}V = \begin{bmatrix}m & 0 & 0 \\ 0 & m & 0 \\ 0 & 0 & m\end{bmatrix} \tag{2-71}$$

式中 m ——柔性体 B_i 的总质量，与柔性体的运动和变形无关。

当柔性体确定后，$\boldsymbol{m}_{RR}^i$ 为不变量。

（2）$\boldsymbol{m}_{RQ}^i$

$$\boldsymbol{m}_{RQ}^i = \int_{V_i}\rho_i\boldsymbol{B}\,\mathrm{d}V \tag{2-72}$$

$\boldsymbol{m}_{RQ}^i$ 表征了物体移动和转动的惯性耦合，对于刚体来说，当动坐标系的原点选在物体

质心上时，刚体移动和转动的惯性耦合为零。

（3）$\boldsymbol{m}_{Rf}^{i}$

$$\boldsymbol{m}_{Rf}^{i}=\int_{V_i}\rho_i\boldsymbol{A}_i\boldsymbol{N}^i\,\mathrm{d}V \tag{2-73}$$

$\boldsymbol{m}_{Rf}^{i}$ 表征了物体移动和变形的惯性耦合，其值随连体基 $\boldsymbol{e}^{(i)}$ 方位角的变化而发生改变。

（4）$\boldsymbol{m}_{QQ}^{i}$

$$\boldsymbol{m}_{QQ}^{i}=\int_{V_i}\rho_i\boldsymbol{B}^{\mathrm{T}}\boldsymbol{B}\,\mathrm{d}V \tag{2-74}$$

$\boldsymbol{m}_{QQ}^{i}$ 表征了物体转动部分的惯性张量。

5）$\boldsymbol{m}_{Qf}^{i}$

$$\boldsymbol{m}_{Qf}^{i}=\int_{V_i}\rho_i\boldsymbol{B}^{\mathrm{T}}\boldsymbol{A}_i\boldsymbol{N}^i\,\mathrm{d}V \tag{2-75}$$

$\boldsymbol{m}_{Qf}^{i}$ 表征了 A 物体转动和变形的惯性耦合。

（6）$\boldsymbol{m}_{ff}^{i}$

$$\boldsymbol{m}_{ff}^{i}=\int_{V_i}\rho_i\boldsymbol{N}^{i\mathrm{T}}\boldsymbol{N}^i\,\mathrm{d}V \tag{2-76}$$

$\boldsymbol{m}_{ff}^{i}$ 表征了只与柔性体弹性变形相关的质量矩阵，对于各向同性物体来说，其值仅与选取的形函数有关。

可以看出，在所有质量阵中，除了对应笛卡尔坐标的 $\boldsymbol{m}_{RR}^{i}$ 和对应弹性坐标的 $\boldsymbol{m}_{ff}^{i}$ 为不变量之外，其余矩阵均为广义坐标的函数。

2.4.3　柔体系统的弹性势能

对于柔性体 B_i 来说，其弹性力的虚功可表示为

$$\delta\boldsymbol{W}_e^i=-\int_{V_i}\boldsymbol{\sigma}_i^{\mathrm{T}}\delta\boldsymbol{\varepsilon}_i\,\mathrm{d}V \tag{2-77}$$

式中　$\boldsymbol{\sigma}_i$，$\boldsymbol{\varepsilon}_i$ ——分别表示 P 点所在单元的应力和应变矢量。

由有限元方法知识可知，单元应变和位移的关系式为

$$\boldsymbol{\varepsilon}_i=\boldsymbol{B}_F^i\boldsymbol{u}_f=\boldsymbol{B}_F^i\boldsymbol{N}^i\boldsymbol{q}_f^i \tag{2-78}$$

其中，$\boldsymbol{B}_F^i$ 为一个微分算子，其表达式为

$$\boldsymbol{B}_F^i=\frac{1}{2}\begin{bmatrix}\dfrac{2\partial}{\partial x^i} & & \\ & \dfrac{2\partial}{\partial y^i} & \\ & & \dfrac{2\partial}{\partial z^i} \\ \dfrac{\partial}{\partial y^i} & \dfrac{\partial}{\partial x^i} & \\ \dfrac{\partial}{\partial z^i} & & \dfrac{\partial}{\partial x^i} \\ & \dfrac{\partial}{\partial z^i} & \dfrac{\partial}{\partial y^i}\end{bmatrix} \tag{2-79}$$

对于各向同性材料来说，应力和应变的本构关系可表示为

$$\boldsymbol{\sigma}_i = \boldsymbol{D}^i \boldsymbol{\varepsilon}_i \tag{2-80}$$

式中　$\boldsymbol{D}^i$ ——柔性体 B_i 的弹性矩阵。

将式（2－79）和式（2－81）带入弹性力的虚功方程中可得

$$\begin{aligned}\delta \boldsymbol{W}_e^i &= -\int_{V_i} (\boldsymbol{B}_F^i \boldsymbol{u}_f)^{\mathrm{T}} \boldsymbol{D}^i \boldsymbol{B}_F^i \delta \boldsymbol{u}_f \mathrm{d}V \\ &= -\boldsymbol{q}_f^i \int_{V_i} (\boldsymbol{B}_F^i \boldsymbol{N}^i)^{\mathrm{T}} \boldsymbol{D}^i (\boldsymbol{B}_F^i \boldsymbol{N}^i) \mathrm{d}V \delta \boldsymbol{q}_f^i \\ &= -\boldsymbol{q}_f^i \boldsymbol{K}_f^i \delta \boldsymbol{q}_f^i\end{aligned} \tag{2-81}$$

式中　$\boldsymbol{K}_f^i$ ——柔性体 B_i 的刚度矩阵，其形式为正定的。

将虚功方程写成矩阵形式为

$$\begin{aligned}\delta \boldsymbol{W}_e^i &= -\left[\dot{\boldsymbol{R}}_i^{\mathrm{T}} \quad \dot{\boldsymbol{Q}}_E^{\mathrm{T}} \quad \dot{\boldsymbol{q}}_f^{i\mathrm{T}}\right] \begin{bmatrix} 0 & 0 & 0 \\ 0 & 0 & 0 \\ 0 & 0 & \boldsymbol{K}_f^i \end{bmatrix} \begin{bmatrix} \delta \dot{\boldsymbol{R}}_i \\ \delta \dot{\boldsymbol{Q}}_E \\ \delta \dot{\boldsymbol{q}}_f^i \end{bmatrix} \\ &\triangleq -\left[\dot{\boldsymbol{R}}_i^{\mathrm{T}} \quad \dot{\boldsymbol{Q}}_E^{\mathrm{T}} \quad \dot{\boldsymbol{q}}_f^{i\mathrm{T}}\right] \boldsymbol{K}^i \begin{bmatrix} \delta \dot{\boldsymbol{R}}_i \\ \delta \dot{\boldsymbol{Q}}_E \\ \delta \dot{\boldsymbol{q}}_f^i \end{bmatrix}\end{aligned} \tag{2-82}$$

2.4.4 广义主动力的虚功

设广义主动力作用于 $\boldsymbol{F}_i$ 柔性体 P 点，则主动力所作的虚功为

$$\delta \boldsymbol{W}_F^i = \boldsymbol{F}_i^{\mathrm{T}} \delta \boldsymbol{r}_i = \boldsymbol{F}_i^{\mathrm{T}} [\boldsymbol{I} \quad \boldsymbol{B} \quad \boldsymbol{A}_i \boldsymbol{N}^i] \begin{bmatrix} \delta \boldsymbol{R}_i \\ \delta \boldsymbol{Q}_E \\ \delta \boldsymbol{q}_f^i \end{bmatrix} \tag{2-83}$$

分别定义

$$\begin{cases} \boldsymbol{F}_i^{\mathrm{T}} = \boldsymbol{Q}_R^{\mathrm{T}} \\ \boldsymbol{F}_i^{\mathrm{T}} \boldsymbol{B} = \boldsymbol{Q}_Q^{\mathrm{T}} \\ \boldsymbol{F}_i^{\mathrm{T}} \boldsymbol{A}_i \boldsymbol{N}^i = \boldsymbol{Q}_f^{\mathrm{T}} \end{cases} \tag{2-84}$$

$$\boldsymbol{Q}_F^{\mathrm{T}} = [\boldsymbol{Q}_R^{\mathrm{T}} \quad \boldsymbol{Q}_Q^{\mathrm{T}} \quad \boldsymbol{Q}_f^{\mathrm{T}}]$$

则广义主动力所作的虚功可以统一表示为如下简洁的形式

$$\delta \boldsymbol{W}_F^i = \boldsymbol{Q}_F^{\mathrm{T}} \delta \boldsymbol{q}_i \tag{2-85}$$

2.4.5 多柔性体的动力学方程

由 n 个柔性体组成的系统，每个柔性体满足的拉格朗日方程为

$$\frac{\mathrm{d}}{\mathrm{d}t}\left(\frac{\partial \boldsymbol{T}_i}{\partial \dot{\boldsymbol{q}}_i}\right) - \frac{\partial \boldsymbol{T}_i}{\partial \boldsymbol{q}_i} + \boldsymbol{C}_q^{\mathrm{T}} \lambda = \boldsymbol{Q} \tag{2-86}$$

$\boldsymbol{Q}$ 为作用于柔性体 B_i 上的广义力，是主动力 (Q_F) 与弹性力 ($-K^i \boldsymbol{q}_i$) 之和，$\boldsymbol{C}_q$ 表示约束的雅可比矩阵，λ 为拉格朗日乘子。将动能表达式代入式（2-86)，可将方程左边改写为

$$\frac{\mathrm{d}}{\mathrm{d}t}\left(\frac{\partial \boldsymbol{T}_i}{\partial \dot{\boldsymbol{q}}_i}\right)-\frac{\partial \boldsymbol{T}_i}{\partial \boldsymbol{q}_i}=\boldsymbol{M}_i\ddot{\boldsymbol{q}}_i+\dot{\boldsymbol{M}}_i\dot{\boldsymbol{q}}_i-\frac{\partial \boldsymbol{T}_i}{\partial \boldsymbol{q}_i} \tag{2-87}$$

式（2-88）中后两项均为与广义速度的二次方有关的项，记 $\boldsymbol{Q}_v$ 为

$$\boldsymbol{Q}_v=-\dot{\boldsymbol{M}}_i\dot{\boldsymbol{q}}_i+\frac{\partial \boldsymbol{T}_i}{\partial \boldsymbol{q}_i} \tag{2-88}$$

因此，柔性体 B_i 的动力学方程可以写为

$$\boldsymbol{M}_i\ddot{\boldsymbol{q}}_i+\boldsymbol{K}^i\boldsymbol{q}_i+\boldsymbol{C}_q^{\mathrm{T}}\lambda=\boldsymbol{Q}_F+\boldsymbol{Q}_v \tag{2-89}$$

写成分块矩阵的形式

$$\begin{bmatrix}\boldsymbol{m}_{RR}^i & \boldsymbol{m}_{RQ}^i & \boldsymbol{m}_{Rf}^i\\ & \boldsymbol{m}_{QQ}^i & \boldsymbol{m}_{Qf}^i\\ sym & & \boldsymbol{m}_{ff}^i\end{bmatrix}\begin{bmatrix}\ddot{\boldsymbol{R}}_i\\ \ddot{\boldsymbol{Q}}_E\\ \ddot{\boldsymbol{q}}_f^i\end{bmatrix}+\begin{bmatrix}0 & 0 & 0\\ 0 & 0 & 0\\ 0 & 0 & \boldsymbol{K}_f^i\end{bmatrix}\begin{bmatrix}\boldsymbol{R}_i\\ \boldsymbol{Q}_E\\ \boldsymbol{q}_f^i\end{bmatrix}+\begin{bmatrix}\boldsymbol{C}_{1q}^{\mathrm{T}} & \boldsymbol{C}_{2q}^{\mathrm{T}} & \cdots & \boldsymbol{C}_{m1q}^{\mathrm{T}}\end{bmatrix}\begin{bmatrix}\lambda_1\\ \lambda_2\\ \vdots\\ \lambda_{m1}\end{bmatrix}=\begin{bmatrix}\boldsymbol{Q}_R^{\mathrm{T}}\\ \boldsymbol{Q}_Q^{\mathrm{T}}\\ \boldsymbol{Q}_f^{\mathrm{T}}\end{bmatrix}+\begin{bmatrix}\boldsymbol{Q}_{vR}^{\mathrm{T}}\\ \boldsymbol{Q}_{vQ}^{\mathrm{T}}\\ \boldsymbol{Q}_{vf}^{\mathrm{T}}\end{bmatrix} \tag{2-90}$$

式中　m_1——约束方程的个数。

2.4.6 多柔体系统的求解方法

对于刚柔耦合的多体系统动力学来说，相对惯性基的刚性大位移以及相对弹性坐标系的弹性变形之间相互耦合和高度非线性，通常得不到响应的解析解，必须通过数值方法来解决。由于刚性位移的速度比弹性变形的慢，因此将造成微分方程组中的分量以不同的速度趋于各自的稳定值，从而带来数值求解的刚性（*Stiff*）问题，给方程的求解带来一定的困难。从数值的观点来看，为获得变形响应的快变分量，应用较小的时间步长进行积分，而若积分区间较大，过小的时间步长往往是不现实的；另外，当快变分量趋于稳定时，应该采用较大的时间步长积分。但理论和实践均说明，很多方法的步长放大会出现数值不稳定和误差急剧增加的现象，例如显式方法。

2.4.6.1 模态叠加法

为了完整地描述一个物体的柔性特征，通常需要将其分割成若干个小块，过多的小块将造成柔性体动力学方程的规模巨大，积分速度较慢，或不易收敛。目前，模态综合法是基于理论可行性和提高仿真效率的有效方法，其基本假设基于 *Craig-Bampton* 理论，通过数目较少的模态自由度来表示数目较大的柔性体点自由度，从而大大缩小动力学方程的规模，自由度缩减的过程称为模态截断，用如下矩阵方式来表示

$$\boldsymbol{u}=\boldsymbol{\Phi}\boldsymbol{p}_f \tag{2-91}$$

式中　$\boldsymbol{u}$——柔性体的全部节点坐标；

$\boldsymbol{\Phi}$——模态矩阵，包含所有的模态矢量 $\boldsymbol{\Phi}_i$；

$\boldsymbol{p}_f$——模态坐标矢量。

由于选取的模态坐标数远小于柔性体的节点坐标数，因此模态坐标描述的构型与节点坐标描述的并不完全符合，这就需要选取合适的模态坐标，从而保证更加真实地逼近实际构型。由于柔性体边界点是研究过程中较为关心的点，为保证边界点的正确性和有效性，将边界节点坐标和内部节点坐标分开考虑。

通过固定界面模态综合法，将柔性体节点坐标进行转换，可得

$$\boldsymbol{u}=\begin{bmatrix}\boldsymbol{u}_B\\ \boldsymbol{u}_I\end{bmatrix}=\begin{bmatrix}\boldsymbol{I} & 0\\ \boldsymbol{\Phi}_{IC} & \boldsymbol{\Phi}_{IN}\end{bmatrix}\begin{bmatrix}\boldsymbol{q}_C\\ \boldsymbol{q}_N\end{bmatrix}\triangleq\widetilde{\boldsymbol{\Phi}}\widetilde{\boldsymbol{q}} \tag{2-92}$$

式中 $\boldsymbol{u}_B$，$\boldsymbol{u}_I$ ——分别表示柔性体边界和内部的节点坐标；

$\boldsymbol{\Phi}_{IC}$，$\boldsymbol{\Phi}_{IN}$ ——分别表示自由边界主模态和内部模态；

$\boldsymbol{q}_C$，$\boldsymbol{q}_N$ ——分别表示约束模态和固定边界模态的模态坐标。

对应地，将柔性体的质量矩阵和刚度矩阵也进行相应的分块，即

$$\begin{cases}\boldsymbol{K}=\begin{bmatrix}\boldsymbol{K}_{BB} & \boldsymbol{K}_{BI}\\ \boldsymbol{K}_{IB} & \boldsymbol{K}_{II}\end{bmatrix}\\ \boldsymbol{M}=\begin{bmatrix}\boldsymbol{M}_{BB} & \boldsymbol{M}_{BI}\\ \boldsymbol{M}_{IB} & \boldsymbol{M}_{II}\end{bmatrix}\end{cases} \tag{2-93}$$

根据结构有限元理论，柔性体无阻尼自由振动方程可以描述为

$$\begin{bmatrix}\boldsymbol{M}_{BB} & \boldsymbol{M}_{BI}\\ \boldsymbol{M}_{IB} & \boldsymbol{M}_{II}\end{bmatrix}\begin{bmatrix}\ddot{\boldsymbol{u}}_B\\ \ddot{\boldsymbol{u}}_I\end{bmatrix}+\begin{bmatrix}\boldsymbol{K}_{BB} & \boldsymbol{K}_{BI}\\ \boldsymbol{K}_{IB} & \boldsymbol{K}_{II}\end{bmatrix}\begin{bmatrix}\boldsymbol{u}_B\\ \boldsymbol{u}_I\end{bmatrix}=\begin{bmatrix}\boldsymbol{F}_B\\ 0\end{bmatrix} \tag{2-94}$$

(1) 约束模态

约束模态是一种静态模态（即忽略惯性力项），它通过依次给定边界点中每个边界自由度单位位移，而其他所有边界自由度保持不变来实现，因此，自由振动方程变为

$$\begin{bmatrix}\boldsymbol{K}_{BB} & \boldsymbol{K}_{BI}\\ \boldsymbol{K}_{IB} & \boldsymbol{K}_{II}\end{bmatrix}\begin{bmatrix}\boldsymbol{I}_B\\ \boldsymbol{\Phi}_{IC}\end{bmatrix}=\begin{bmatrix}\boldsymbol{F}_B\\ 0\end{bmatrix} \tag{2-95}$$

因此，可得

$$\boldsymbol{\Phi}_{IC}=-\boldsymbol{K}_{II}^{-1}\boldsymbol{K}_{IB} \tag{2-96}$$

约束模态为

$$\begin{bmatrix}\boldsymbol{I}_B\\ \boldsymbol{\Phi}_{IC}\end{bmatrix}=\begin{bmatrix}\boldsymbol{F}_B\\ -\boldsymbol{K}_{II}^{-1}\boldsymbol{K}_{IB}\end{bmatrix} \tag{2-97}$$

(2) 固定界面主模态

固定边界点满足 $\boldsymbol{u}_B=0$，则柔性体内部满足的自由振动方程为

$$\boldsymbol{M}_{II}\ddot{\boldsymbol{u}}_I+\boldsymbol{K}_{II}\boldsymbol{u}_I=0 \tag{2-98}$$

特征方程为

$$[\boldsymbol{K}_{II}-\zeta^2\boldsymbol{M}_{II}]\boldsymbol{\Phi}_{IN}=0 \tag{2-99}$$

通过选取式 (2-99) 中低阶特征值以及对应的特征矢量，从而得到相应的内部模态矩阵 $\boldsymbol{\Phi}_{IN}$ 。

通过模态坐标转换可以获得总的刚度阵和质量阵

$$\begin{bmatrix} \boldsymbol{I} & 0 \\ \boldsymbol{\Phi}_{IC} & \boldsymbol{\Phi}_{IN} \end{bmatrix}^{\mathrm{T}} \begin{bmatrix} \boldsymbol{M}_{BB} & \boldsymbol{M}_{BI} \\ \boldsymbol{M}_{IB} & \boldsymbol{M}_{II} \end{bmatrix} \begin{bmatrix} \boldsymbol{I} & 0 \\ \boldsymbol{\Phi}_{IC} & \boldsymbol{\Phi}_{IN} \end{bmatrix} = \begin{bmatrix} \hat{\boldsymbol{M}}_{CC} & \hat{\boldsymbol{M}}_{CN} \\ \hat{\boldsymbol{M}}_{NC} & \hat{\boldsymbol{M}}_{NN} \end{bmatrix} \triangleq \hat{\boldsymbol{M}} \tag{2-100}$$

$$\begin{bmatrix} \boldsymbol{I} & 0 \\ \boldsymbol{\Phi}_{IC} & \boldsymbol{\Phi}_{IN} \end{bmatrix}^{\mathrm{T}} \begin{bmatrix} \boldsymbol{K}_{BB} & \boldsymbol{K}_{BI} \\ \boldsymbol{K}_{IB} & \boldsymbol{K}_{II} \end{bmatrix} \begin{bmatrix} \boldsymbol{I} & 0 \\ \boldsymbol{\Phi}_{IC} & \boldsymbol{\Phi}_{IN} \end{bmatrix} = \begin{bmatrix} \hat{\boldsymbol{K}}_{CC} & 0 \\ 0 & \hat{\boldsymbol{K}}_{NN} \end{bmatrix} \triangleq \hat{\boldsymbol{K}} \tag{2-101}$$

式中　$\hat{\boldsymbol{M}}_{NN}$，$\hat{\boldsymbol{K}}_{NN}$ ——对角阵；

$\hat{\boldsymbol{M}}$，$\hat{\boldsymbol{K}}$ ——对应坐标 $\hat{\boldsymbol{q}} = [\boldsymbol{q}_C \quad \boldsymbol{q}_N]^{\mathrm{T}}$ 的质量矩阵和刚度矩阵。

对 $\hat{\boldsymbol{M}}$ 和 $\hat{\boldsymbol{K}}$ 求解系统的广义特征值和广义特征矢量，去掉对应柔性体刚体模态的前 6 阶零值广义特征值，将剩下的特征值自低到高排列，并根据具体需要舍弃对系统贡献不大的高阶部分，再将剩余的特征值开平方并除以 2π 即可得到坐标缩减后柔性体的频率。将对应的特征矢量进行排列，组成矩阵 Π，从而得到弹性坐标和模态坐标之间的转换关系

$$\boldsymbol{u} = \widetilde{\boldsymbol{\Phi}}\widetilde{\boldsymbol{q}} = \widetilde{\boldsymbol{\Phi}}\Pi\boldsymbol{p}_f = \boldsymbol{\Phi}\boldsymbol{p}_f \tag{2-102}$$

经过处理，系统坐标数目得以大幅缩减，柔性体高阶频率经截断后也少了很多，因而能够显著提高计算效率。

2.4.6.2　显式积分方法

航天分离多为多体动力学问题，运动过程中会涉及到大变形及许多物体相互作用，如接触、冲击和碰撞。针对大变形和接触等非线性问题，使用显式有限元方法可以有效地进行求解。

显式有限元方法是一种时间积分方法，其基本过程是将结构模型离散为有限个单元，建立离散化的控制方程，并使用显式格式对控制方程进行求解。

该方法主要步骤如下。

（1）节点计算

①动力学平衡方程

$$\ddot{u}_{(t)} = (M)^{-1}[P_{(t)} - I_{(t)}] \tag{2-103}$$

②应用中心差分方法对运动方程进行显式的时间积分

$$\dot{u}_{\left(t+\frac{\Delta t}{2}\right)} = \dot{u}_{\left(t-\frac{\Delta t}{2}\right)} + \frac{[\Delta t_{(t+\Delta t)} + \Delta t_{(t)}]}{2}\ddot{u}_t$$

$$u_{(t+\Delta t)} = u_{(t)} + \Delta t_{(t+\Delta t)}\dot{u}_{\left(t+\frac{\Delta t}{2}\right)} \tag{2-104}$$

（2）单元计算

1）根据应变速率 $\dot{\varepsilon}$，计算单元应变增量 $\mathrm{d}\varepsilon$；

2）根据本构关系计算应力 σ

$$\sigma_{(t+\Delta t)} = f[\sigma_{(t)}, \mathrm{d}\varepsilon] \tag{2-105}$$

3）集成节点内力 $I_{(t+\Delta t)}$。

（3）设置时间 t 为 $t + \Delta t$，返回到步骤（1）

由显式算法的计算步骤可以看出，显式算法增量步结束时的状态仅依赖于该增量步开

始时的位移、速度和加速度，不需要像隐式方法那样求解联立方程组，因此不存在方程求解迭代和收敛问题。

2.5 小结

多体动力学算法的选择应综合考虑工程需要和计算效率。通常情况下，对于级间分离、助推器分离等分离体刚度较大的分离过程，以及弹性效应所占比例较小甚至可以忽略的分离过程，均按照多刚体动力学模型进行分析；而对于整流罩等刚度较低的薄壁壳体的分离过程，结构弹性势能占据总能量的比重较大，此时需要按照多柔体动力学模型进行分析。

多体动力学经过多年的发展已经逐渐成熟，在多种行业中得到广泛应用。航天飞行器在飞行过程中的分离是一个典型的多体动力学分析过程，随着分离体特性研究的深入以及算法的日益成熟，分离过程的仿真和模拟更加贴近实际。这为分离方案论证和设计提供了良好的平台，有效支撑航天分离工程设计。

参考文献

[1] 龙乐豪．控制系统（上）．北京：宇航出版社，1989.

[2] 袁士杰，吕哲勤．多刚体系统动力学．北京：北京理工大学出版社，1992.

[3] 黄文虎，等．多柔体系统动力学．北京：科学技术出版社，1997.

[4] 洪嘉振．多体系统动力学——理论、计算方法及应用．上海：上海交通大学出版社，1992.

[5] 刘延柱．高等动力学．北京：高等教育出版社，2008.

[6] 刘暾，赵钧．空间飞行器动力学．哈尔滨：哈尔滨工业大学出版社，2003.

[7] 陆佑方．柔性多体系统动力学．北京：高等教育出版社，1996.

第3章 航天分离方案设计

3.1 概述

航天分离方案设计包括选择合适的分离方式、设计分离主要参数并确定分离系统的方案等，具体内容包括实现分离面连接解锁的分离装置方案设计，实现分离体远离运动的分离能源方案设计，实现分离过程控制的分离时序设计，实现信号转化装置动作的供配电设计等，因此航天分离系统与航天飞行器其他分系统的最大差异在于其不是一个相对独立、封闭的系统，而是与其他系统密切相关，部分功能需在箭体结构、控制系统等其他系统上实现的系统。

分离过程一般是航天飞行器在高速飞行过程中进行的，因此分离体具有较高的绝对运动速度和较小的相对运动速度。分离过程中分离体受到很多因素的干扰，如发动机关机后的后效推力偏差、箭体质量特性偏差、分离能源偏差等，这些干扰因素将影响分离过程中分离体间的安全边界。航天飞行器在分离过程中的运动状态是复杂的空间运动，包括平动及绕各自质心转动的刚体运动和结构的弹性振动。干扰因素的随机及不确定性，增加了分离体运动的复杂性。分离设计要实现的目标，即对分离系统的要求是确保各分离体在分离之前可靠连接，分离时刻可靠解锁，分离过程中不发生碰撞，产生的振动、冲击、环境污染等对后续飞行任务不造成危害。

以运载火箭为代表的航天飞行器飞行过程中的分离动作包括逃逸塔分离、助推器分离、级间分离、整流罩分离、有效载荷分离等。各分离过程有其各自的特点，分离设计时考虑的因素也不尽相同，但由于分离系统的组成及各部分功能基本相似，实现安全分离的原则相同，各种分离在设计方法上存在一定的共性，如分离面的合理选择方法、分离安全边界的有效控制方法、提高系统固有可靠性的设计方法等。本章将从各分离系统共性的一般设计方法和每种分离系统专有的设计方法两方面进行介绍。

3.2 航天分离方案设计

3.2.1 分离方式设计

一般情况下，分离方式的设计受结构布局特点、分离边界、分离能源、地面分离试验等多个因素制约，本节将分别对各设计考虑因素进行介绍。

（1）结构布局特点的制约因素

航天飞行器的结构布局方案决定了其外形、气动特性等总体参数，实现布局优化是航天飞行器性能优化首先考虑的因素之一，而在布局基本确定情况下，分离方式的设计需适应布局方案。

对于并联构型，如助推器与芯级，分离方式基本是唯一确定的，即横向分方式，如图 3-1 所示。在并联布局的情况下，两分离体之间的横向相对运动是实现两分离体在空间上完全分离的最有效的模式。

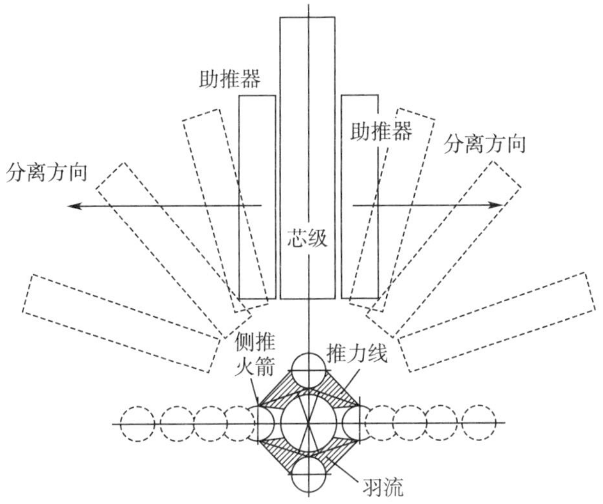

(a) 助推器径向分离方式示意

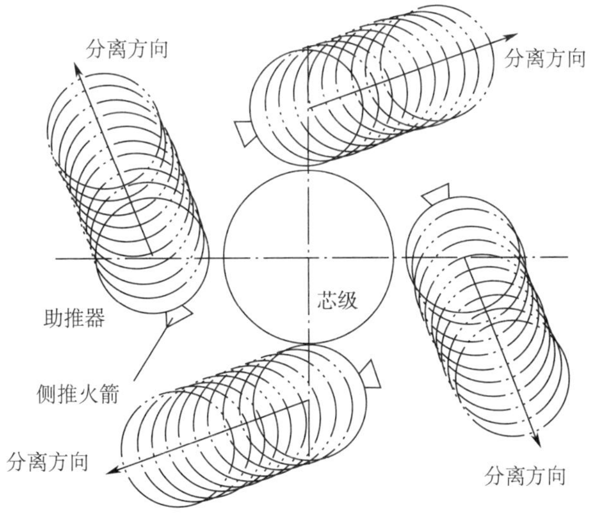

(b) 助推器斜侧向分离方式示意

图 3-1　典型横向分离方式示意图

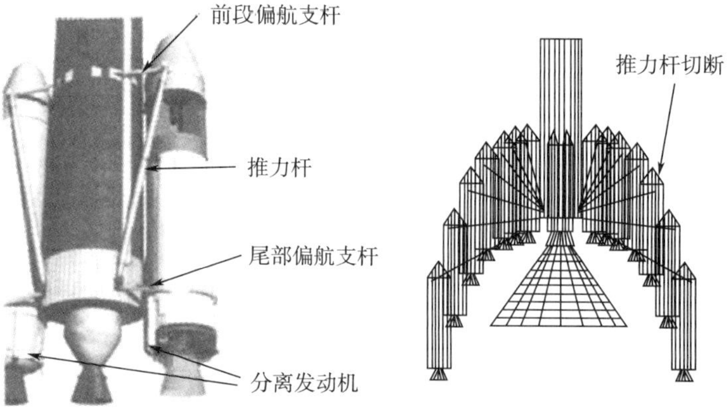

(c) 推杆导向的助推器径向分离方式

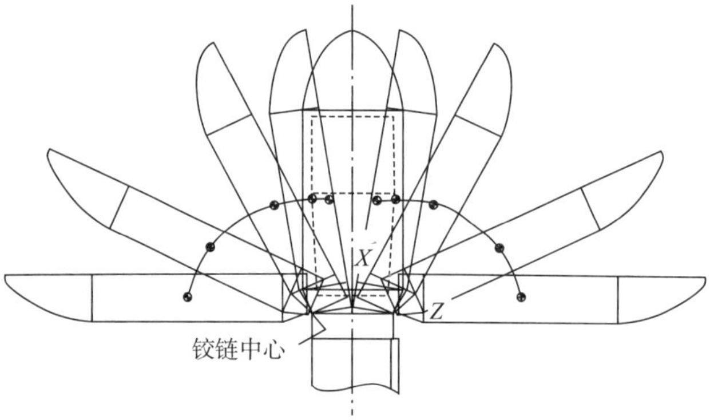

(d) 整流罩旋转分离

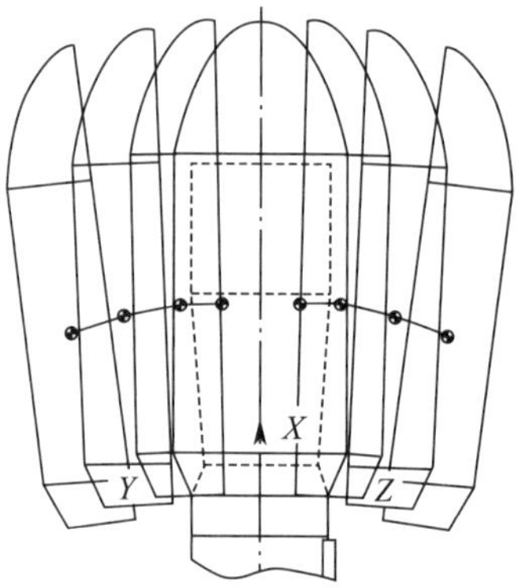

(e) 整流罩平抛分离

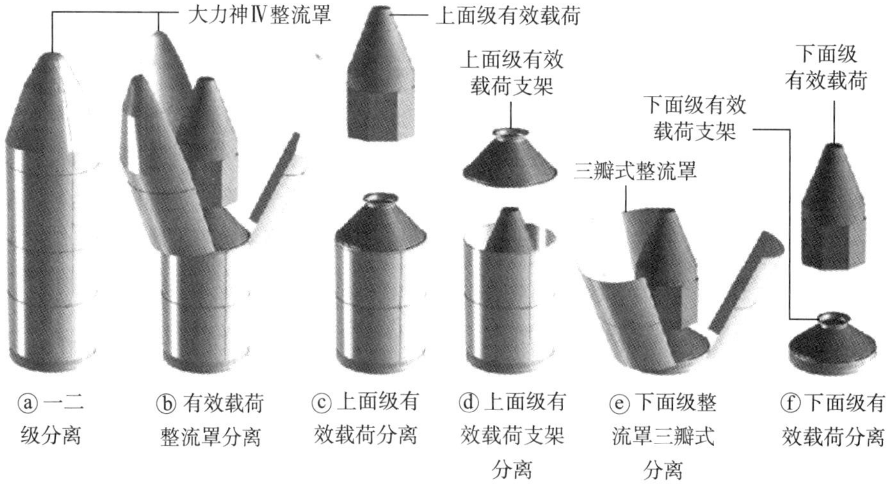

(f) 整流罩分段分离

图 3-1　典型横向分离方式示意图（续）

对于串联构型，如各级之间、有效载荷与火箭末级之间等，分离方式也基本是唯一确定的，即纵向分离方式，如图 3-2 所示，利用两分离体沿飞行方向上的相对远离运动实现分离体在空间上的完全分离[1]。

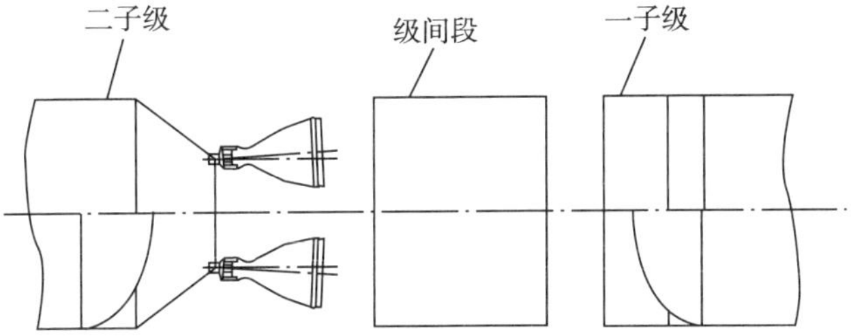

(a) 级间分离

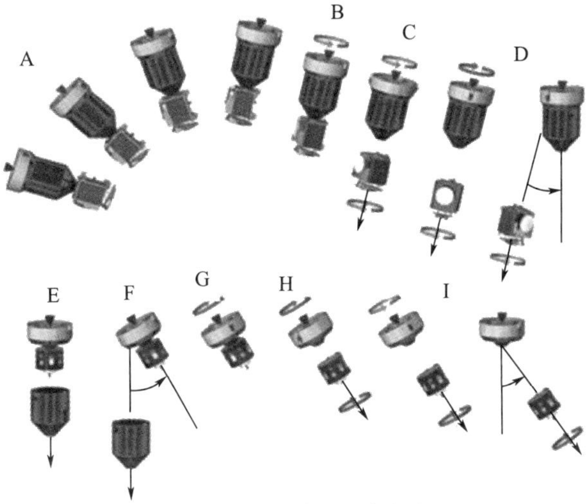

(b) 双星串联方案双星分离过程

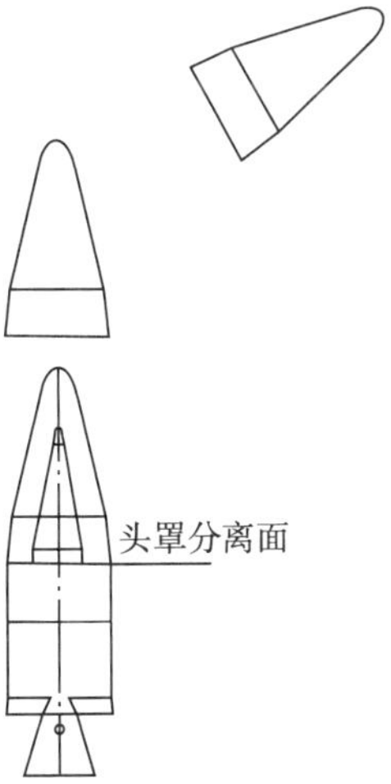

(c) 整流罩整体拔罩分离

图 3-2　典型纵向分离方式示意图

整流罩是薄壳结构，具备分解成两瓣或多瓣的条件。整流罩为一整体结构时与芯级为串联形式，与芯级分离只能采用纵向分方式，称为整流罩拔罩分离方式；若整流罩分解为两瓣或多瓣后再分离，则具有并联的特点，因此布局方式不是其分离方式选择的最重要因素。从图 3-1 中三种整流罩在分离过程中运动特点的差异可以看出，即便都属于横向分离方式，整流罩在分离过程中的平动、绕自身质心或旋转轴转动的合成运动特点也存在一定差异。

并联布局的多个有效载荷分离方式的选择相对比较灵活，主要受末级火箭调姿能力的限制。

(2) 分离边界的制约因素

分离设计中分离边界的控制最为关键，是开展其他设计内容的前提和目标。以助推器分离为例，图 3-1 (a) 中，分离过程中助推器沿芯级径向运动，图 3-1 (b) 中，助推器分离运动方向与芯级径向有一夹角，虽然后者的分离能源能量利用率相对更高，且对芯级的防热要求更低，但由于助推分离干扰对芯级姿态影响较大，安全分离边界控制难度较大，仅适用于助推器间初始静态空间距离较大和助推器枚数较少的火箭，因此国内外对捆绑运载火箭助推器分离大都采用前者的分离方式。

(3) 分离能源的制约因素

分离能源用于提供使两分离体相对远离的能量，是分离设计中的一项重要内容。以整流罩分离为例，整流罩分离有如图 3-1 (d)、图 3-1 (e)、图 3-1 (f) 所示的横向分离方式及如图 3-2 (c) 所示的纵向分离方式，分离方式的选择与分离能源关系密切。

整流罩分离时刻，火箭（或导弹）具有一定的加速度，若采用整体拔罩方式，需要使整流罩具有比芯级更大的沿火箭（或导弹）纵轴方向的加速度，并在与芯级拉开距离后迅速偏离火箭飞行轨迹，避免芯级追赶并与其相撞。受分离能源的制约，整体拔罩方式仅适用于规模较小的整流罩，如国外的民兵、MX 等战略导弹。

对于规模较大的整流罩，多采用旋转分离或平抛分离的分离方式，二者分离能源差异较大。旋转分离方式的分离能源一般采用分离弹簧，设置在远离旋转轴的纵向分离面两侧，由于弹簧力对旋转轴的力臂受整流罩直径的限制，无法实现较大的转动力矩，而且分离过程需要克服惯性力对整流罩旋转角速度的负面影响，所以当整流罩质量较大或分离时刻过载较大时，分离能源效率很低，甚至难于实现。平抛分离方式的分离能源一般与纵向分离面连接解锁装置合二为一，由导爆索式火工品工作时产生的高压气体实现纵向分离面连接结构解锁，同时提供整流罩结构向两侧运动的冲量，平抛分离方式不受分离时刻箭体轴向过载的限制，而且火工品能源的效率较高，因此对于大规模整流罩具有更大的优势，宇宙神、阿里安等国际上大规模运载火箭的整流罩均采用这种分离方式。

(4) 有效载荷入轨要求及末级火箭调姿能力的制约因素

有效载荷分离方案设计受有效载荷入轨要求及火箭调姿能力的限制。分离方案需满足有效载荷入轨时轨道、姿态、运动速度的要求。如有效载荷入轨时要求不能有过大的姿态角速度，那么就不能采取基于旋转离心力进行分离的方式。

如果末级火箭具有较强的调姿、变轨能力，分离方式的选择非常灵活，可根据有效载荷对入轨姿态要求进行设计，选择同时分离，或者逐一分离等方式。通过末级火箭的调姿实现各有效载荷对入轨姿态的要求，并避免分离后各有效载荷之间发生碰撞。图 3-3（a)、图 3-3（b）都采用多星并联布局方案，前者采用的是多星同时横向分离方式，而后者采用的是多星逐个串联分离方式，两种分离方式分离时刻有效载荷的初始运动速度、姿态存在较大差异。

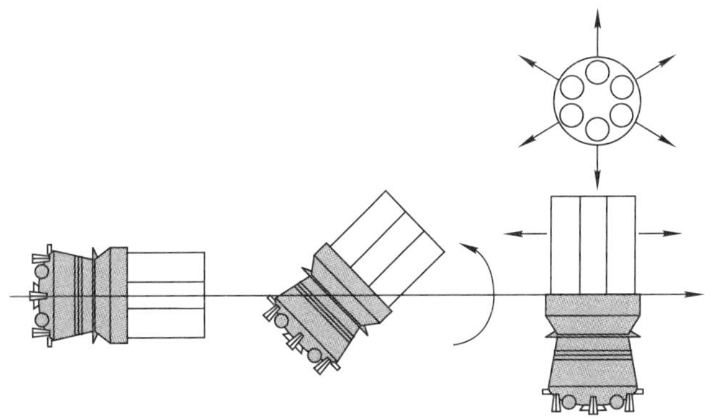

(a) 多星同时分离方式

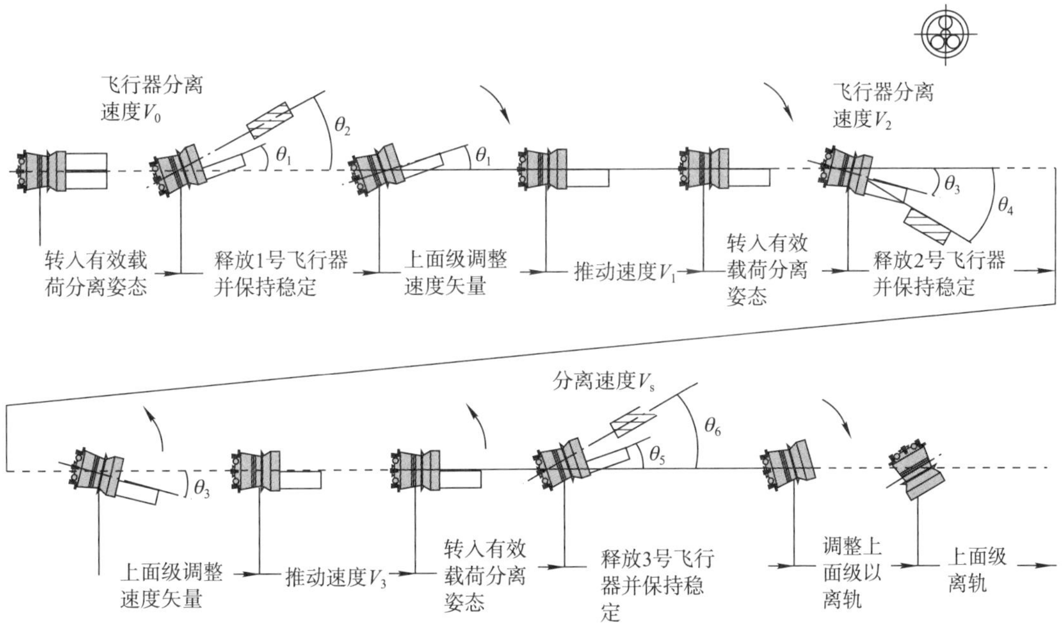

(b) 多星逐一分离方式

图 3-3　并联多星分离方式

（5）地面分离试验验证限制的制约因素

分离系统的地面试验验证非常重要，通过试验可以验证对成功分离起决定性作用的重要设计内容和参数。受试验设备、试验难度的制约，能否开展有效的地面试验验证是选择分离方式需要考虑的重要因素之一。

整流罩平抛分离方式的分离能源由导爆索式工作产生的高压气体提供，作用时间仅几十个毫秒。在进行地面分离试验时，整流罩内空间瞬间变化将产生很大的整流罩内、外压差，导致大气压环境下的地面分离试验与飞行中真空环境下的整流罩分离存在较大的差异，无法对分离系统，尤其分离关键的纵向分离装置设计进行有效验证。如果采用平抛分离方式，则在真空罐内开展地面分离试验是非常必要的，但随着整流罩的尺寸规模越来越大，真空罐的设计、制造难度也逐渐增大，严重制约了验证能力，导致不得不放弃平抛分离方案。

3.2.2 连接解锁装置方案设计

根据连接方式的不同，连接解锁装置可选方案包括点式连接解锁装置、线式连接解锁装置和机构类连接解锁装置，如图 3-4 至图 3-8 所示。点式连接解锁装置主要有爆炸螺栓、低冲击分离装置等；线式连接解锁装置主要有膨胀管＋凹口螺栓线式连接解锁装置、膨胀管＋削弱槽线式连接解锁装置、气囊式连接解锁装置等；机构类连接解锁装置主要有锁钩式连接解锁机构等[2]。

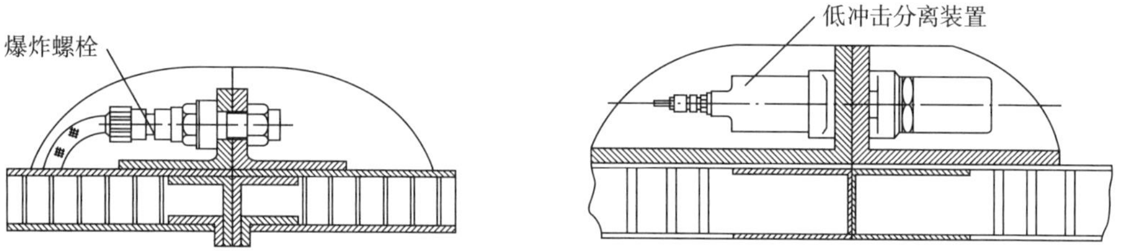

(a) 爆炸螺栓　　(b) 低冲击分离装置

图 3-4　点式连接解锁装置

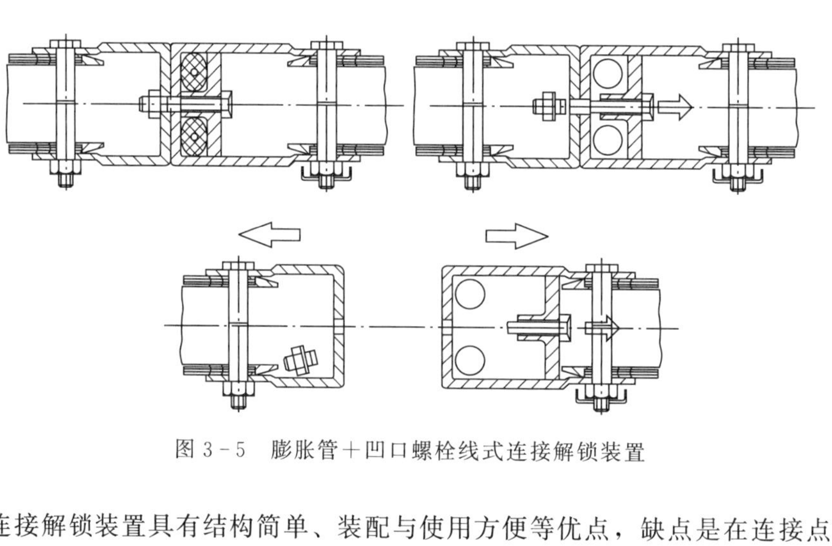

图 3-5　膨胀管＋凹口螺栓线式连接解锁装置

点式连接解锁装置具有结构简单、装配与使用方便等优点，缺点是在连接点较多时解锁可靠性相对较低，且引起连接面拉压刚度不同及解锁冲击载荷较大。

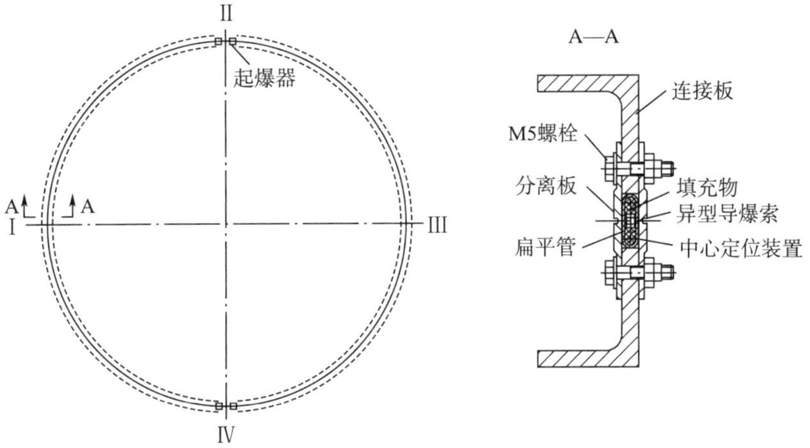

图 3-6　膨胀管+削弱槽线式连接解锁装置

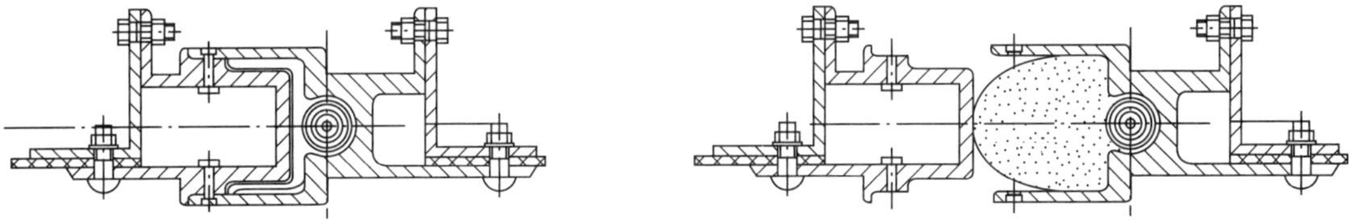

图 3-7　气囊线式连接解锁装置

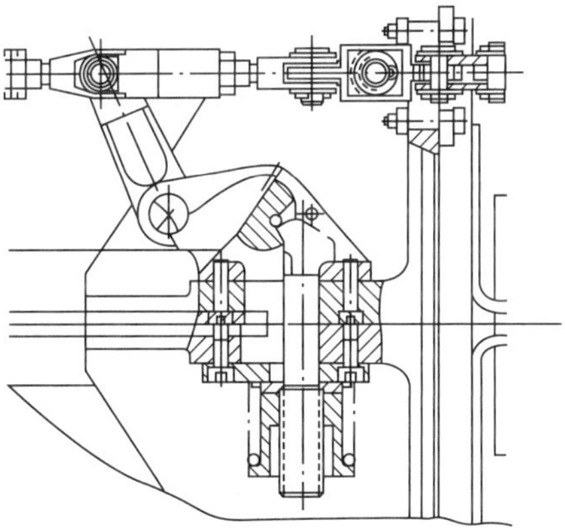

图 3-8　锁钩式连接解锁装置

线式分离装置是在两体接触面上实现连续线式连接，并能实现解锁的一类火工装置，具有承载能力强、可靠性高和连接刚度连续等优点，但也存在分离产生冲击大、拆装不方便等缺点。聚能切割索是一种内装炸药的细长金属软管，工作时通过炸药的定向爆炸切割连接结构，实现分离面解锁。这种连接解锁装置具有结构质量较小、刚度连续、解锁同步性好、切割壁厚较厚（可达到 7～8 mm）、可靠性高等特点。缺点是解锁后产生的冲击载荷较大，还会释放出对周围环境污染严重的爆炸气体，目前主要应用于固体导弹。限制性导爆索是在聚能切割索的基础上改进而成的，将炸药索封闭在柔性金属套管内，引爆后依靠金属管膨胀产生的力切断带削弱槽的连接构件，使之解锁。金属套管本身不破坏，无爆炸气体泄露，消除了污染，而且分离冲击载荷也大大降低。应用限制性导爆索的连接解锁装置主要有膨胀管+凹口螺栓、膨胀管+削弱槽两种，如图 3-5、图 3-6、图 3-7 所示。膨胀管+凹口螺栓形式解锁导爆索已在国内现役整流罩纵向分离面上得到广泛应用。

机构型连接解锁装置如图 3-8 所示，主要应用于分离面上存在较大集中载荷的结构上，结构较为复杂，在分离系统上应用较少。

包带解锁装置是一种点式装置与线性装置结合的连接解锁装置，它利用点式分离装置（如爆炸螺栓）或火工作动装置（如切割器）工作，消除包带对两分离体的约束，实现两线性解锁。包带解锁装置一般由包带（材料多为冷轧钢带）、解锁火工品（如爆炸螺栓）、V 形块以及拉簧、限位簧等组成，如图 3-9 所示。包带广泛应用于有效载荷分离、整流罩分离系统。

图 3-9　包带解锁装置结构示意图

3.2.3　分离能源方案设计

分离能源为分离体的相对分离速度提供能量。目前分离能源主要有固体小火箭、弹簧、作动筒、分离导爆索、冷气装置、上面一级发动机的喷流反用力、级间段燃气憋压压力等。能源的选择同时受分离安全边界、上面一级火箭失控时间、下面一级发动机剩余推力、能源产物的污染、结构安装约束等限制。下文对运载火箭典型分离过程的分离能源设计方法进行介绍。

（1）级间分离

根据分离能源的不同，级间分离方式分为热分离和冷分离两种。其中，利用上面一级发动机喷流作为级间分离能源实施级间分离的方式，被称作热分离。热分离方式中，上面一级箭体在自身发动机推力作用下沿飞行方向加速运动，下面一级箭体则在上面一级发动机喷流的反作用力下减速，从而实现两级箭体分离。俄罗斯火箭和我国现役长征系列运载火箭的一、二级分离大都采用热分离方式。采用这种分离能源对上面一级的发动机舱及下面一级贮箱和壳段的热防护要求较高，同时要求被分离的一级贮箱底部结构对称，且级间段提供足够的排焰面积。实际上，由于存在发动机推力偏差、推力线偏斜、推力线横移及下面级质心位置等偏差，虽然可以对各项偏差进行控制，但这些初始干扰将影响发动机喷流作用于下面一级箭体上的作用力，喷流作用力与上、下级姿态相互耦合将导致作用于下面一级推力及分离体相对运动姿态存在随机性，对其准确预示的难度非常大。因此，分离安全边界的控制及准确的理论预示、有效的地面验证试验是制约上面一级发动机喷流推力作为分离能源的主要制约条件。

级间憋压分离介于冷分离和热分离之间，是利用上面一级发动机、级间安装的固体小火箭或燃气发生器等在舱内工作产生的憋压作为分离能源的分离方式。憋压分离的分离力通过舱内压力的形式均匀作用在上、下面一级的迎风面积上，以较小的分离能源产生较大的憋压力，而且克服了分离冲量偏差、不同步等问题，但需要对舱体结构及内部安装的仪器设备等进行热防护和结构加强。级间憋压压力与发动机推力性能、憋压时间、壳体结构强度、分离体质量等紧密相关，要综合考虑。

（2）整流罩分离

对于整流罩分离来说，分离能源的主要影响因素是分离能源的作用时间和作用位置。分离导爆索工作时间约为几毫秒，作动筒工作时间仅为数十毫秒，弹簧、冷气装置的作用时间一般为几百毫秒。若分离能源工作时间短，整流罩在极短的时间获得较大的能量，冲击将激起结构低、高频弹性振动，结构的变形能消耗了部分分离能源的能量。相对而言，由于弹簧、冷气装置的作用时间一般为几百毫秒，作用时间长，而且弹簧、冷气装置力比分离导爆索和作动筒低，因此对结构的冲击作用较低。

分离导爆索几乎作用于整流罩整个纵向分离面，作用范围较大，由于半罩周向刚度较差，尤其是半罩底部，因此将产生较大变形。作动筒、冷气装置位于纵向分离面靠近整流罩上端的位置，相较于分离导爆索对半罩底部呼吸变形的激励作用较小。弹簧力作用于横向分离面位置，作用力方向与半罩呼吸弹性变形的方向接近于正交，弹簧力对半罩底部呼吸弹性变形的激励作用很小。

对于有效载荷分离，分离能源采用分离弹簧、固体小火箭或冷气装置，主要取决于固体小火箭喷流是否对有效载荷造成污染，分离弹簧是否提供足够的分离冲量。

3.2.4 分离安全间隙的控制方法

分离间隙是指分离体之间的最小距离，一般来讲，整个分离过程中这个距离不能小于零，小于零意味着分离体发生了干涉。理论分析与实际过程总会存在一定的差异，为了确保实际分离过程中分离体之间不发生干涉，要求理论分析中，分离体之间的最小距离不能小于基于设计经验给定的正值，即分离安全间隙。

影响分离间隙的因素主要包括分离体间初始空间距离和分离过程中分离体相对运动导致的间隙损失，相对运动包括刚体运动和弹性变形。为确保分离过程中分离间隙大于分离安全间隙的一系列设计措施，被称作分离安全间隙的控制方法，主要包括初始分离间隙控制、刚体运动控制及结构弹性变形控制。

（1）初始分离间隙控制

分离体间初始间隙越小，分离体相对运动过程发生碰撞的可能性越大。通过结构布局及分离面优化设计，可以增大分离体间初始分离间隙，通常采用的措施如下：

1）整流罩旋抛分离时，若将分离弹簧布置在整流罩外侧，则可以降低弹簧对整流罩内有效空间的侵占；

2）整流罩平抛分离时，设计合理的火箭轴向加速度，可以避免整流罩横向运动时，芯级轴向加速度运动追赶并撞上整流罩；

3）设计可展开的级间段结构，增加分离过程中上面一级发动机喷管与级间段结构的空间距离，如图 3－10 所示；

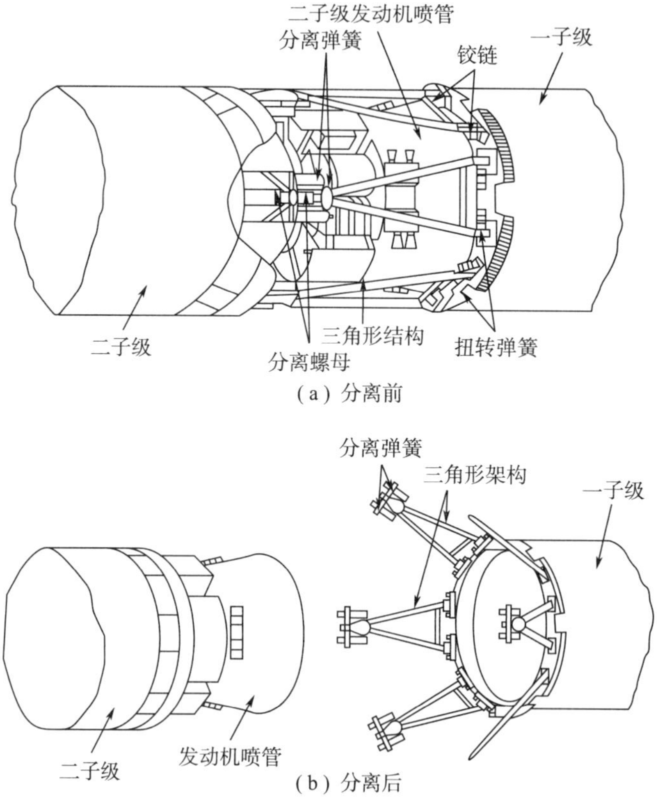

图 3－10　日本 M－3C 火箭一二级级间段结构

4）下移级间分离面，减少分离体间纵向相对运动距离，可以降低干扰造成的分离体间的横向相对运动距离，降低分离间隙的损失；

5）设计箭体结构内仪器电缆布局时，避免分离面附近有活动部件。对分离插头等进行有效约束，避免活动部件对分离过程产生干扰。

（2）刚体运动控制

刚体运动是由刚体的质量特性和所受外力（力矩）决定的。质量特性是指分离体的质量、质心、转动惯量。所受外力既包括专为分离设计的分离力，如弹簧、小固体发动机等，也包括外部环境作用力，如气动力以及分离体上的其他作用力，如发动机后效推力等，这种非专为分离设计用的外部力，统称为干扰力。

无论是质量特性还是外力都存在额定值和偏差值，偏差值对分离体运动产生的影响被称为分离干扰，一般情况下分离干扰具有随机性。分离干扰主要有：由于箭体结构偏差引起的干扰力和力矩，如结构布局不对称和结构制造偏差引起的质心横移；发动机实际推力线相对于理论推力线的横移和偏斜；分离能源力偏差、安装偏差；外界环境条件引起的气动干扰力和力矩；下面一级发动机的关机不对称和上面一级发动机起动不同步；分离面导向销钉和电气分离插头拔脱力不对称引起的干扰等。

工程中通过降低干扰量级实现对分离间隙的影响程度，或是采取措施完全避免干扰因素的影响。常采用的方法包括：

1）质心配平：将质心控制在一定范围内，降低横向质心偏差导致的分离过程中两分离体横向运动；

2）弹簧选配：将弹簧力偏差小的弹簧对称布置，降低弹簧力不对称导致的分离体间横向相对运动；

3）伺服机构回零：在分离前，通过伺服机构回零，将发动机喷管摆到固定位置，避免发动机推力的不确定性对分离体运动姿态的干扰；

4）提高分离点高度：在运载能力、落区范围等其他约束条件允许情况下，尽量提高分离动作时火箭的飞行高度，避免气动力的干扰；

5）设置导向装置：采用两分离体间设置纵向导向装置的方法，约束两分离体间的横向相对运动，防止分离体间发生碰撞。

（3）结构弹性变形控制

一般情况下，刚体的位移要远大于结构产生的弹性变形。但对于以大型整流罩为例的薄壳结构来说，结构弹性变形对分离间隙的影响不能忽略。平抛分离、旋转分离两种分离方式整流罩的弹性变形的特点差异较大，结构弹性变形的控制方法也不尽相同，下面分别进行论述。

①平抛分离整流罩弹性变形控制

平抛分离方式的分离能源作用在纵向分离面上，纵向导爆索起爆后，压力迅速增加直至连接两个半罩的铆钉被剪断，当两个半罩开始分开时，作用在两个半罩对接面上的力迅速消失。由于整流罩半罩的周向刚度小，分离装置工作产生的冲击将引起分离体低频大幅弹性振动，例如阿里安 V 整流罩分离时，产生频率约为 2.1 Hz、单边最大幅值约为0.6 m的弹性振动。

平抛分离方式在分离过程中，纵向分离面位置的结构最初将张开，即向外运动，如图 3－11 所示，迅速离开有效载荷空间，因此最初的一次或几次向内振动决定了整流罩弹性振动对罩内有效载荷可用空间包络的影响，如图 3－12 所示，而后整流罩结构远离罩内的有效载荷空间。大力神火箭（Atlas）箭载摄像头拍摄的火箭飞行过程中整流罩分离时，直径 5.4 m 的整流罩结构变形如图 3－13 所示。

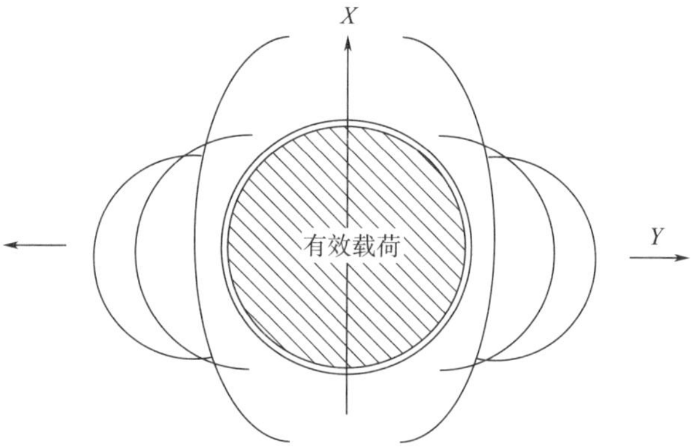

图 3-11 整流罩分离过程力加载方式及结构弹性变形特点

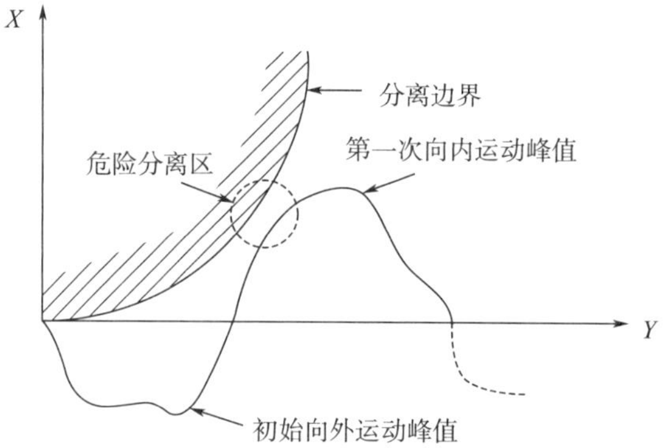

图 3-12 整流罩分离过程中整流罩下端结构运动特点

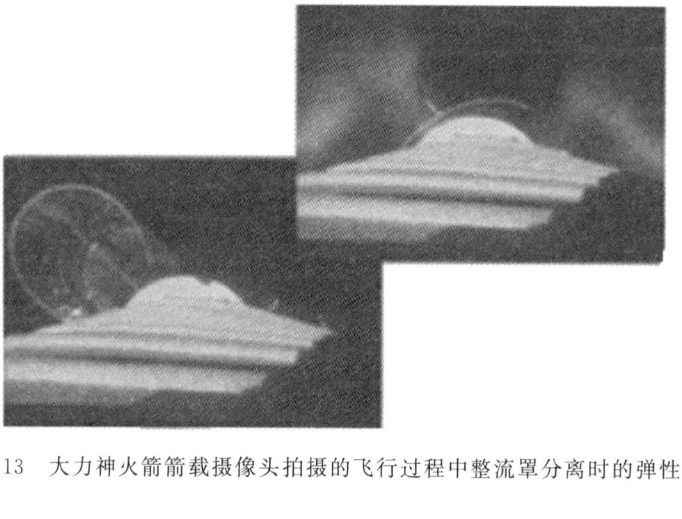

图 3-13 大力神火箭箭载摄像头拍摄的飞行过程中整流罩分离时的弹性变形

如果弹性振动周期很长，当结构向内振动时已经离开了有效载荷区域，则弹性振动不会减少整流罩内的可用空间包络。因此，对于平抛分离来说，在一定分离速度的条件下，振动频率对罩内包络空间的影响大于振动幅值，可采用降低第一阶振型频率的方式，有效控制动态间隙。

②旋转分离整流罩弹性变形控制

当采用旋转分离方式时，分离过程中整流罩初始绕铰链转动，旋转至一定角度后（一般在 50°～70°之间）铰链约束解除，整流罩呈空间自由运动，运动特点如图 3-14 所示。整流罩结构弹性变形主要包括整流罩纵向分离面在分离过程中的弹性变形以及横向分离面的影响区域，即整流罩横向分离面以上至整流罩半径高度的范围。一般情况，当整流罩旋转至一定角度后，结构下端弹性变形将不再对罩内可用空间造成影响。

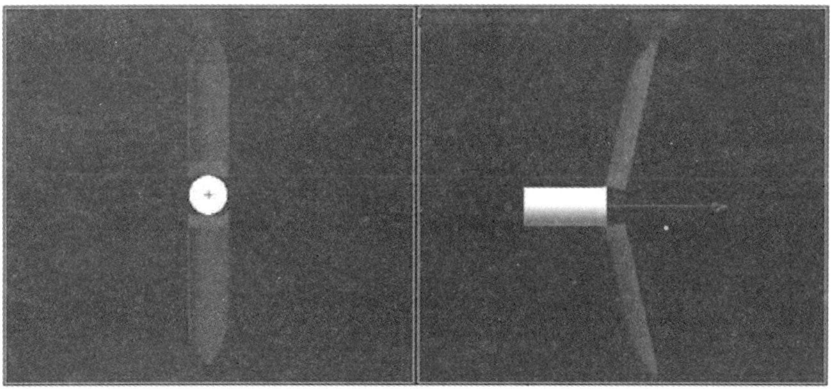

图 3-14　旋转分离方式分离过程中整流罩运动特点

旋转分离方式的分离力作用在横向分离面或纵向分离面靠近整流罩上端，从而产生绕铰链旋转的力矩。这种加载方式相对于平抛分离的加载方式来说，结构弹性变形较小，因此分离过程中呼吸运动对可用包络的影响较小，一般整流罩下端振动幅值约数十到几百毫米。

旋转分离方式的特点决定了分离过程中弹性变形在较长的时间、较大的范围内对罩内可用包络空间造成影响，但半罩呼吸运动幅度较小。由此可以看出，旋转分离方式结构弹性振动对罩内可用空间的影响主要取决于整流罩结构弹性振动的幅值，因此降低结构弹性变形影响的主要措施是提高结构刚度、降低弹性振动幅值。

3.2.5　可靠性、安全性设计方法

分离系统可靠性设计方法包括：简化设计、裕度设计、冗余设计，同时，由于大量使用了火工装置，安全性设计也是分离系统设计的重要内容之一。例如，对爆炸螺栓要加保护罩，低冲击分离装置、助推连杆上的分离环组件要设置捕获器，防止爆炸后产生的多余物对其他产品造成损害等。

3.2.5.1　简化设计

简化设计是指在产品或系统设计过程中，对构成产品或系统的要素（如组成、尺寸精度、形位等）进行简化，在保证功能、性能的前提下达到最简化的设计状态。简化设计可

以通过减少产品的组成单元来提高系统的可靠性，也可以通过降低生产要求来降低成本，提高可制造性、维修性等。在可靠性设计中的简化设计一般是指简化系统的组成。

在运载火箭总体方案设计时，应尽量减少分离环节。例如，将采用二级半构型的运载火箭，与三级半火箭构型相比，减少了二、三级级间分离，因此提高了分离系统的可靠性；运载火箭助推器一般都是分离的，综合权衡各种因素后可以采用助推器不分离方案。

在分离系统方案设计时，应尽量减少系统的组成单元。例如，运载火箭级间分离方案常采用点式分离装置方案，需要使用多个爆炸螺栓，其中任何一个爆炸螺栓不工作都会导致级间分离失败，单点故障多、可靠性难以保证，如果改用一套线式分离装置，简化了系统组成，从设计源头提高了分离可靠性。

3.2.5.2 裕度设计

裕度是指留有一定的余地，允许有一定的误差。从设计上合理预留裕度，是工程中应对各种不确定性的有效方法，根据具体的设计要素有不同的设计裕度，如强度裕度、间隙裕度等。在分离系统设计时，一般包括：

1）能量裕度：分离能源设计上预留一定裕度，以保证实现极限偏差情况下的安全分离。

2）间隙裕度：分离安全间隙留一定安全余量，以保证在极限偏差情况下分离体间不发生碰撞。

3）速度裕度：规定了分离系统的相对运动速度的下限值，例如整流罩旋转分离中质心过顶角速度和星箭分离速度等。

4）供电裕度：为确保用于火工品起爆的供电具有足够余量，火工品供电电压设计应比额定电压高，并在供电时间上有所限制。

5）强度裕度：为确保分离系统的连接结构强度，需要对安全系数和结构剩余强度系数进行规定。

3.2.5.3 冗余设计

冗余设计是指为增加系统的可靠性，采用两套或两套以上相同、相对独立配置的设计。当依靠单机产品可靠性不能实现系统可靠性要求时，就需要合理进行冗余设计，以确保在某一产品故障时系统仍能完成规定任务。在分离系统方案设计中，采用冗余设计的环节一般包括：

1）分离面冗余：通过采用双分离面的冗余措施提高连接面解锁的可靠性，如有些运载火箭助推器捆绑连杆、有效载荷与卫星对接的包带上均设置了双分离面。

2）能源冗余：从分离结构层面来讲，在凹口螺栓＋膨胀管分离装置中设置两根导爆索，在其中一根导爆索无法正常工作的情况下，另一根导爆索也足以拉断凹口螺栓，使分离装置正常解锁；从分离系统层面上讲，对于以固体小火箭为分离能源的分离系统，需保证在一枚固体小火箭失效的情况下也能完成分离。

3）点火冗余：分离系统火工装置的点火环节亦需考虑冗余措施，提高单枚火工品的工作可靠性。通过在同一点火时序分别设置两路冗余供电，实现火工品点火环节的冗余设计。例如电起爆的爆炸螺栓、固体小火箭等采用双点火器，非电传爆的爆炸螺栓、固体小火箭等采用双导爆索。

3.2.5.4　安全性设计

分离系统产品组成中含有多种火工装置，均属于危险品，因此必须高度重视产品在贮存、运输、装卸、测试等过程中的安全性，从设计源头采取措施，确保不会由于误操作或外界干扰造成意外爆炸，从而造成灾难性后果。

首先，应在分离系统方案设计时，尽可能减少危险源，如减少分离系统中的火工品数量。

其次，使危险最小化，降低危险事件发生的可能性或降低后果的危害度。例如，采用钝感火工品，并在地面操作过程中设保险装置，产品进行良好搭接、接地，防止火工品非正常起爆。

最后，要从设计上限制危险事件的影响范围。

无论设计上安全性措施多么完善，都要制定危险事件的应急预案，并进行必要的演练。另外，一定要在提供给操作、测试人员的技术资料中，注明产品的安全隐患、注意事项等。

3.3　助推器分离方案设计

按照助推器推进剂类型的不同，可以分为液体助推器和固体助推器。当助推器完成预定工作，或不能继续增加火箭的飞行加速度时，需要将助推器抛离。助推器与芯级之间通过捆绑装置连接，当接到分离指令时，捆绑装置中的分离解锁装置工作，解除助推器与芯级之间的约束，在分离能源的作用下，助推器与芯级分离。

助推器分离系统应能够在各种偏差、干扰下实现助推器的安全分离。对分离系统方案设计的主要要求为：分离过程中不得有不可预示或不可约束的自由体产生，分离结束时助推器相对芯级具有一定的横向速度和转动角速度，转动方向应为远离芯级的方向，确保助推器与芯级之间距离逐渐增大、分离过程中助推器不得与芯级相碰撞，并具有一定安全间隙。

液体助推器和固体助推器的结构特点存在一定差异。液体助推器的发动机机架刚度较大，因此可作为捆绑装置连接的一个理想位置；而对于固体助推器来说，捆绑装置只能通过蒙皮加强结构实现连接。这一差异影响解锁装置在助推器上的安装方案。另外，由于液体发动机可以实现关机，因此能够对助推器分离时刻发动机的残余后效推力进行有效控制。而固体发动机一般靠推进剂耗尽关机，因此分离时刻很难精确控制助推器发动机的推力。由于上述特点，液体助推器和固体助推器分离设计特点不完全相同。

3.3.1　分离方式

助推器分离方式设计主要是确定助推器与芯级分离后相对于芯级的运动方向。按照分离后助推器运动方向的特点，一般分为径向分离方式［如图 3－1（a）、图 3－1（c）所示］、斜侧向分离方式［如图 3－1（b）所示］。助推器分离方式设计的考虑因素主要有分离安全性、侧推火箭能量利用率以及喷流冲刷影响等。

径向分离方式是目前广泛采用的一种分离方式，分离形式简单、安全边界可控性好。分离能源一般在助推器周向对称布置，对称的助推器同时分离，因此分离过程对芯级的运动姿态影响较小，对芯级火箭姿态稳定干扰较小[3]。当采用固体小火箭作为分离能源时，其羽流范围无法避开芯级箭体和附近的助推器，存在固体小火箭工作时喷流造成的恶劣热环境影响芯级及附近助推器结构安全性的问题。采用径向分离方式时，为了降低羽流对芯级的影响，侧推的固体小火箭通常会与芯级成一定的安装夹角，如图 3－15 的 Φ_1、Φ_2 所示，但随着安装夹角的增加，固体小火箭分离能量的损失将急剧增加。目前我国捆绑运载火箭均采用此类分离方式。

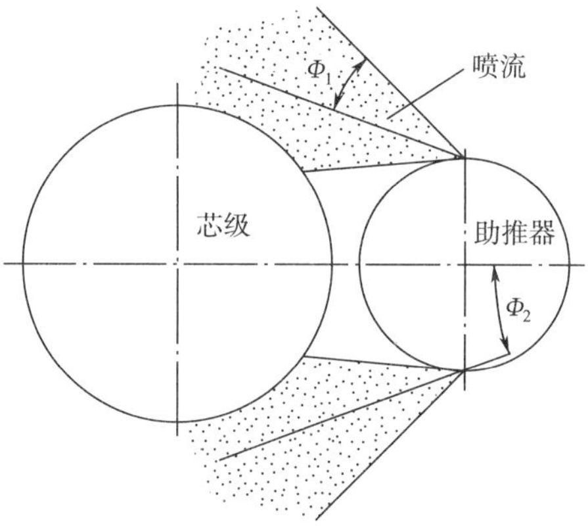

图 3－15　侧推火箭偏斜角示意图

斜侧向分离方式是助推器沿芯级的斜侧向翻转分离。侧推的固体小火箭安装在助推器的一侧，它的推力作用线与芯级夹角可以很大（如 70°），可以使火箭羽流避开或远离芯级和其他助推器，这就降低了喷流热环境的危害，且由于侧推火箭推力方向与助推器运动方向一致，因此分离能源的利用率相对较高。由于助推分离干扰对芯级姿态的影响较大，分离安全边界不易控制，因此更适用于捆绑助推器个数较少的情况，如只捆绑 2 个助推器，且助推器与芯级之间以及各枚助推器之间的初始静态空间距离较大的捆绑火箭。

日本的 H2A 火箭应用约束杆式分离方式，这种分离方式与斜侧向分离相似。在助推器分离时，首先启动朝向芯级的分离发动机，而后进行上、下连杆火工品解锁，分离发动机使助推器在推力杆的支撑下离开芯级，向外侧偏移。2 s 后推力杆上火工品解锁，助推器与芯级完全分离。这种分离方式，对约束杆自身的强度和刚度有较大的要求，同时增加了火箭的质量和分离复杂度。

3.3.2　捆绑连接方案

捆绑连接方案设计主要包括捆绑连接面设置方案、传力路线方案及捆绑装置结构方案等[4]。

3.3.2.1 捆绑连接面设置方案

助推器与芯级间一般设置2个或多个捆绑连接面，如图3-16所示。捆绑连接面设置需考虑的主要因素包括助推器动特性及对火箭姿控系统设计的影响、连接面可靠解锁、总装操作可实现性等。

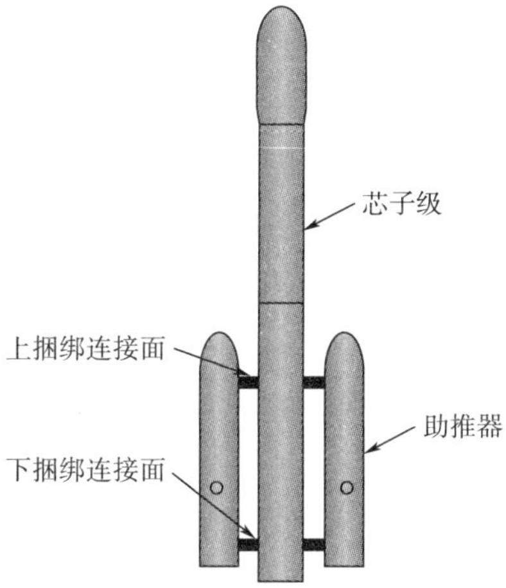

图3-16 捆绑连接面设置示意

（1）助推器结构动特性及火箭姿控系统设计需求

对于长细比较大的助推器，助推器结构动特性将对捆绑连接面的设置产生一定的影响，捆绑连接面的设置需要充分考虑姿态控制系统设计的需求。助推器的固有频率随长细比的增加而显著降低，长细比增加到一定值时，助推器频率接近全箭整体模态低阶频率。若在芯级与助推器间设置前、后两个捆绑连接面，将出现芯级振动不明显而助推器上出现明显弹性振动的现象。

对于固体助推器，由于刚度较大，结构固有振动模态频率较高，一般捆绑连接面设置不受助推器结构动特性的限制。而对于整体横向刚度较小的液体推进剂助推器，捆绑连接面设置需要考虑此因素。尤其对于助推器上的发动机参与姿态控制的捆绑火箭，火箭姿控系统对助推器局部的振动特点十分敏感。对于长细比较长的助推器来说，助推器自身的局部弹性模态较为明显，与助推器发动机摆动相互耦合，将会加剧助推器的局部振动。瑞利（Rayleigh）约束定理表明：在线性系统中施加独立约束后，被束系统的各阶固有频率均大于原系统对应的固有频率，因此通过增加捆绑连接面的数量能够有效提高助推器的局部模态频率，降低助推器局部振动的影响和姿控设计的难度。

（2）连接面解锁可靠性

随着捆绑连接面的增加，分离时刻需要解锁的火工品的数量将增加，导致由于火工品未能正常工作、分离装置不能正常解锁的风险增加。在火工品具有相同可靠性的情况下，增加火工品数量将使助推器分离系统整体的可靠性下降。同时，火工品数量增加将增大解锁不同步对分离运动的干扰，增加分离过程中发生碰撞的风险。因此，从连接面解锁可靠性的角度考虑，捆绑连接面不宜设置过多。

(3) 总装操作可实现性

如果捆绑装置构成静定体系，所有捆绑装置共同作用约束单枚助推器空间六自由度，捆绑装置结构承受的载荷唯一，不受结构间的刚度匹配等影响，在进行产品总装操作过程中不会产生降低捆绑结构承载能力的附加内应力，总装操作简单、可靠。

而对于超静定捆绑装置体系，捆绑装置间的载荷分配非常复杂，不但受到捆绑装置刚度、结构尺寸偏差、安装位置局部结构刚度等众多固有因素的影响，而且在装置总装操作过程中，装配预应力也将直接影响到捆绑装置结构的实际载荷，有一定的随机性，装配及捆绑装置实际承载的精确控制都有一定难度。随着捆绑连接面数量的增加，进行装配操作及由于装配产生较大附加预应力的风险越大。从总装操作易实现性及捆绑装置载荷精确控制的角度考虑捆绑连接面不宜设置过多。

可以看出，捆绑连接面设置的制约因素较多，因此进行捆绑连接面设计时需综合考虑各种因素的利弊，综合确定最优方案。

3.3.2.2 传力路线方案

国内外捆绑火箭的捆绑装置通常设计为不同的承载结构，分别为传递轴向力和扭转力矩的主承力结构（一般称为主捆绑装置）和传递横向载荷的连杆结构组合形式，如欧洲阿里安系列火箭、美国德尔它系列火箭、大力神系列火箭等。轴向载荷与横向载荷分别由不同的装置承受，能够实现更准确的载荷分析，简化装置设计。

传力路线的设计就是主捆绑点位置的设计。主捆绑点为传递轴向力的捆绑点，它的位置不同，将导致芯级、助推器上的传力路线不同。根据芯级与助推器的结构特点、安装空间及控制方式等特点，主要有前捆绑点传力（主承力结构设置在助推器前端的前捆绑点）和后捆绑点传力（主承力结构位于助推器后端的后捆绑点）两种方式。助推器的传力路线需与火箭竖立状态支撑方式一并考虑，才能实现射前竖立状态和飞行状态芯级、助推器的传力路线都最优化，以减轻结构质量。

对于液体芯级捆绑固体助推器的火箭构型，由于固体助推器结构本身强度较高，一般将火箭支撑点设置在助推器上，充分利用助推器结构的承载能力，降低芯级载荷。这种构型的火箭，一般将主捆绑设置在前捆绑点。

对于液体芯级捆绑液体助推器的火箭构型，采用的芯级支撑和助推器支撑两种方式之间没有明显的差异。如果支撑点设置在芯级，为满足竖立载荷的要求，芯级尾段结构的承载能力较强，相应的靠近尾段的壳体、贮箱结构承载能力较强，从传力路线最优的角度，应充分利用芯级尾段结构的承载能力，降低助推器上所受到的载荷，应将主捆绑装置设置在后捆绑点。飞行阶段，助推器发动机产生的推力在机架附近直接传递给芯级，助推器上传力路径最短。竖立阶段，助推器质量由后捆绑承受，芯级结构只有后段承受这部分载荷，传力路径也最短。载荷主要由芯级结构承受，可以大大降低助推器的结构质量，实现助推器、芯级结构总质量最轻。如果发射准备阶段采用助推器支撑，从传力路线最优的角度，应将主捆绑装置设置在前捆绑点。

除此之外，对于助推器支撑的液体火箭来说，由于火箭推进剂加注后，推进剂质量、低温收缩、贮箱增压等导致箭体结构变形，因此捆绑装置的设置需考虑箭体结构变形协调。捆绑装置应能够适应前后捆绑点间芯级、助推器结构轴向收缩（拉伸）的变形，以及同一个捆绑连接面上的芯级、助推器的径向变形。

3.3.2.3　捆绑装置结构方案

在助推器分离前，捆绑装置必须确保连接可靠、牢固，对分离过程没有影响，分离过程中不得有破坏性碎片飞出，解锁不同步性在几十毫秒内。结构方案应充分考虑工艺性，尽量降低生产成本，并适应成批生产。除了上述一般要求外，捆绑装置还应满足载荷、装配等具体要求。捆绑装置有众多形式，主要有球头＋球窝形式、爆炸螺栓式、杆系式、三角支撑式等。本节对国内外捆绑运载火箭普遍采用的主承力结构＋连杆结构组合形式的捆绑装置进行介绍。

（1）主捆绑装置

主捆绑装置主要负责将助推器发动机产生的轴向力传递给芯级，要求结构效率较高。国际上的承轴向载荷结构多采用球头＋球窝形式，按照解锁结构的不同，主要有爆炸螺母式和中心爆炸螺栓式两种。

德尔它 IV/H、GSLV/MK1、阿里安 III 的主捆绑装置以及航天飞机外贮箱与固体助推器之间的主捆绑装置均采用爆炸螺母式结构，典型结构如图 3－17 所示。助推器一端为球头栓，芯级一端为球形支座，通过具有连接、解锁功能的爆炸螺母将球头栓压紧在球形支承上，并将两者连接在一起。分离时刻爆炸螺母内的火工品把爆炸螺母最弱截面处炸断，压紧挡板松开，球头栓与球形支承随之脱开，连接面解锁，助推器和芯级实现分离。

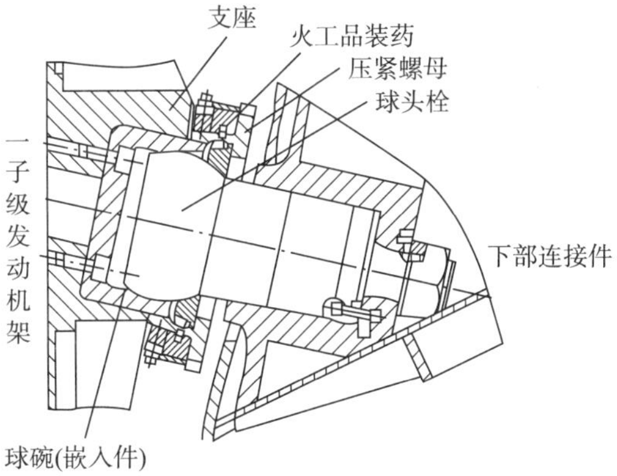

图 3－17　爆炸螺母式主捆绑装置示意图

中心爆炸螺栓式结构如图 3－18 所示。芯级一端安装主轴承支座，助推器一端安装主轴承头，中心爆炸螺栓通过两对球副轴承分别与芯级和助推器相连接。阿里安 V 前捆绑、美国航天飞机贮箱与轨道飞行器后捆绑均采用这一方案。该方案能够保证当助推器和芯级存在结构偏差（加工、飞行中弹性变形等）时，与中心爆炸螺栓相连接的两个球副轴承头可发生转动，使中心爆炸螺栓只承受轴向载荷，同时也便于助推器与芯级的对接操作。

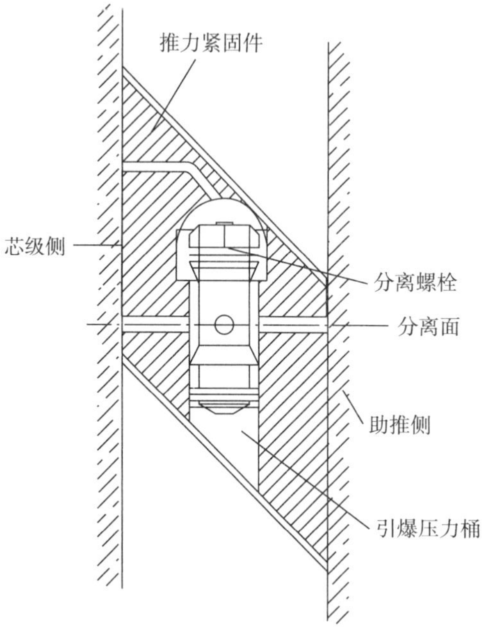

图 3-18　中心爆炸螺栓式主捆绑装置示意图

爆炸螺母式和中心爆炸螺栓式主捆绑装置各有优势。从承载能力的角度，中心爆炸螺栓式比爆炸螺母式主捆绑装置的强度更容易得到保证，更适合应用于承载要求较大的情况。爆炸螺母式的球头结构具有悬臂梁的特点，承载时结构将产生较大的弯矩，并在球形支撑座与球头栓相接触的位置产生应力集中现象，且球头栓上的理论受力点为球头上的一点，无法充分利用整个球面。中心爆炸螺栓式主捆绑装置结构不存在悬臂梁，结构的承压能力较强。为了降低对中心爆炸螺栓载荷的要求，结构设计时应避免爆炸螺栓受拉载荷。

应用于固体和液体助推器上的主捆绑装置主体结构特点基本相同，但由于固体助推器结构一般为钢质外壳，而液体助推器结构为蒙皮桁条式壳段及贮箱结构，两者结构存在较大差异，因此安装位置的选择及助推器局部加强结构特点存在一定差异。对于液体助推器，爆炸螺母式主捆绑装置一般直接安装在助推器发动机机架上，发动机推力通过主捆绑装置直接传到芯级上，中心爆炸螺栓式主捆绑装置一般安装到箱间段等壳体结构上，并对安装位置的结构进行局部加强设计。对于固体助推器，由于固体发动机壳体结构承载能力较强，主捆绑装置安装位置选择较灵活，因此只需要在钢质外壳上增加转接装置与捆绑接头连接，转接装置可以考虑在钢质外壳上增加锻环或设计其他具有足够刚度的集中力扩散结构，确保药柱在合理的变形范围内。

(2) 捆绑连杆

捆绑连杆用于传递火箭在飞行过程中所产生的横向力，横向力在量级上一般远小于轴向力，在传力结构适应性方面主要考虑结构的承载能力。此外，捆绑连杆用于限制助推器的横向运动及转动，典型连杆布局方案如图 3-19 所示。捆绑连杆的布局方案需要保证与主捆绑装置一起限制助推器的各向自由度，主要的设计因素包括结构强度要求、解锁可靠性要求、分离火工品要求、装配要求等。印度 GSLV 运载火箭采用图 3-19（b）所示布局形式，以航天飞机为代表的运载火箭采用图 3-19（c）所示布局形式。

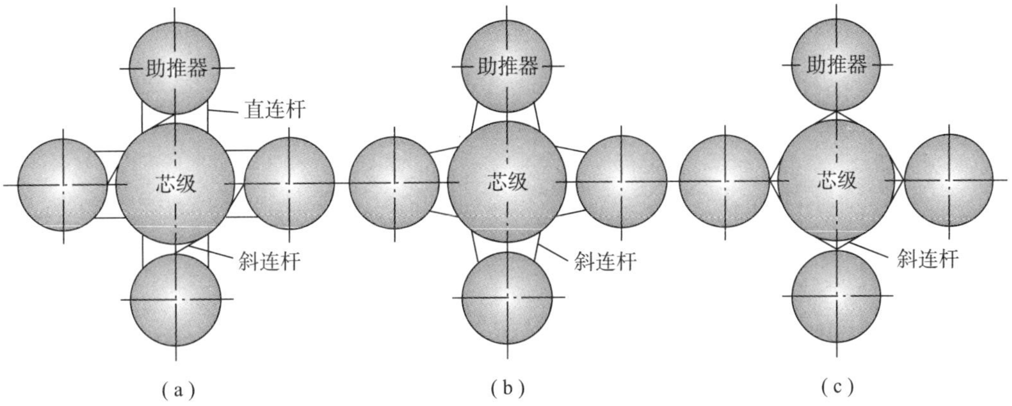

图 3-19 典型连杆布局方案

捆绑连杆一般应具有长度调节功能、转动角度功能。捆绑连杆一般为只承受沿连杆轴向载荷的二力杆结构，两端为球铰链。以连杆内部采用的火工装置划分，国内外常用的捆绑连杆方案主要有双爆炸螺栓方案、双解锁面爆炸螺栓方案、爆炸螺母方案及聚能炸药索方案四种，其中双爆炸螺栓方案的示意图如图 3-20 所示。

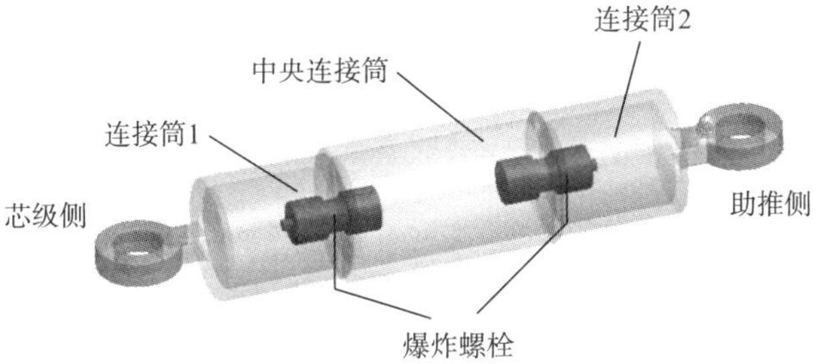

图 3-20 双爆炸螺栓捆绑连杆方案示意

3.3.3 分离能源

助推器分离过程中的分离能源一般为助推器的自身惯性力或由分离冲量装置提供。常用的分离冲量装置有分离弹簧、固体小火箭、火工作动器等。分离能源需要根据助推器的质量特性、分离能源的设计和安装特点、技术应用成熟度等确定。

利用助推器惯性力作为分离能源的原理是依靠火箭飞行的轴向加速度、助推器惯性力以及气动力对下捆绑装置铰支座产生力矩，使助推器绕下捆绑点转动，从而将助推器甩出，完成分离，如图 3-21 所示。由于不需要专门的分离冲量装置，因此分离系统简单，但会对芯级产生较大干扰，且容易发生碰撞。

国内外捆绑火箭的助推器分离能源一般采用设置分离冲量装置的方案，分离过程如图 3-22 所示。采用弹簧作为分离冲量装置是将压缩弹簧突然释放，利用弹簧释放的弹簧

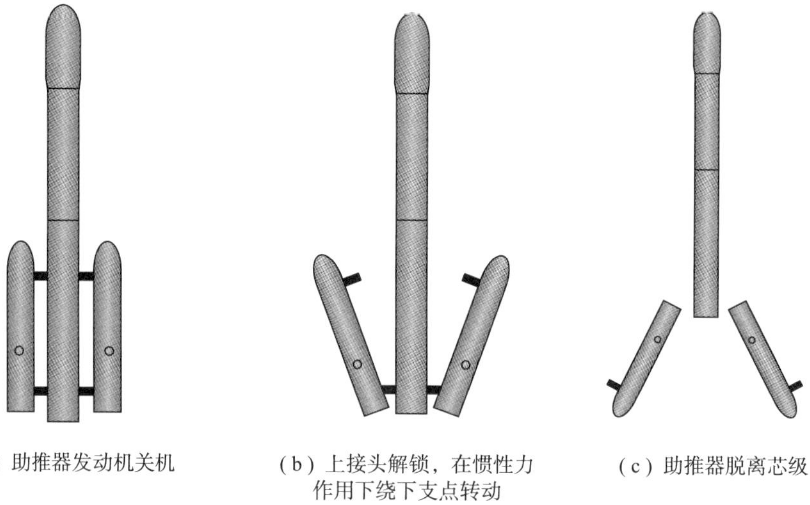

图 3-21　利用惯性力的助推器离分离示意图

力提供分离能源，将助推器与芯级分开，阿里安Ⅲ采用的就是这种方式。分离弹簧具有可靠性高、设计制造简单、分离力预测较准确、没有供电要求、无污染、成本低等优点，但分离弹簧可提供的分离力有限，在助推器结构质量较大时，分离弹簧往往不能满足分离要求。

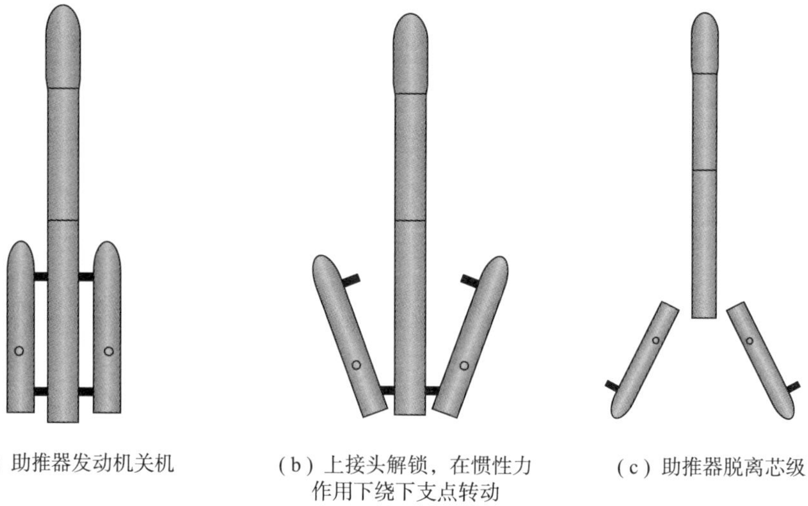

图 3-22　利用分离冲量装置助推器分离示意图

固体小火箭能够产生较大的推力，可作为助推器分离的能源，当其作为助推器分离能源时将其称作侧推火箭。固体小火箭具有能源效率高、机械接口简单、质量轻等优点，缺点是其喷流对芯级、附近助推器有影响，但通过采取防热措施可以解决这一问题。两种分离能源的性能比较见表 3-1。

表 3－1　分离能源性能比较表

	分离固体火箭	分离弹簧
结构工艺性	结构简单	结构复杂
结构质量	轻	大
可靠性	较高	高
控制系统	保证点火时序	无
对结构影响	无预加载荷	有预加载荷
操作工工艺性	简单	复杂
使用安全性	低	高
分离能量	高	低
污染情况	有污染	无污染
热防护情况	需采取防热措施	不需要采取防热措施
分离力方向	不变	变化

当助推器结构质量较大时，应采用分离能量较大的固体小火箭，而分离弹簧分离能量很低时，不适用于需较大分离能量的场合。随着任务的不同，可能会出现多种分离能源组合的形式。

3.3.4　分离时序

固体助推器和液体助推器分离时序设计都涉及助推器发动机关机、捆绑装置解锁及侧推火箭启动等事件顺序的优化。由于固体发动机与液体发动机在关机方式上存在差异，助推器分离时序设计不完全相同，主要体现在助推器分离时机的选择及发动机关机后效推力对分离过程的影响。

液体助推器分离一般在助推发动机关机后进行。助推器发动机关机与捆绑装置解锁的时间间隔，取决于助推器发动机后效推力变化特性及其对分离过程中助推器与芯级的相对运动的影响。在能够实现助推器安全分离的情况下，尽可能缩短时间间隔，有利于降低运载能力的损失。

固体助推器分离包含带推力分离和不带推力分离两种方案。前者是指对称布局的助推器固体发动机燃烧时间不同步，在某一助推器推进剂还未燃尽的情况下就进行的分离；后者是指两个助推器固体发动机推进剂均燃尽后进行的分离。方案的选择与分离安全性、火箭运载能力损失和姿态稳定性控制密切相关。若是助推器带推力分离，可通过监测固体发动机推力室的压力或通过箭上过载传感器测量的过载系数来判定分离时刻，需要对分离能源的布置方式和推进剂未燃尽的固体发动机的推力矢量控制方式进行综合优化，控制其分离时的姿态。若是不带推力分离，需要在设计火箭姿态控制系统时充分考虑固体发动机推进剂燃尽段的推力不同步性，综合其他因素确定分离装置的解锁时刻。

当采用侧推火箭作为分离能源时，综合考虑解锁冗余方案、火工品供电时间以及受力状态等，一般采用侧推火箭先点火而捆绑装置后解锁的方式。为了降低侧推火箭能量损失及喷流对芯级及两侧助推器的影响，侧推火箭提前启动时间不宜太长，通常为供电时间固体火箭所需的两倍。

一般情况下，约束一枚助推器的捆绑装置同时解锁。对于多枚助推器的情况，可以选择对称布局的助推器同时分离，或是所有助推器同时分离的方式。

3.4　级间分离方案设计

级间分离系统应满足的主要要求为：在分离之前连接解锁装置必须确保分离面连接牢固及分离面两侧结构传力的连续性；分离能源能够提供两级火箭分离所需要的相对运动速度；在分离过程中和分离之后，两级火箭的任何部位不得发生接触和碰撞；分离过程中对上面一级火箭的干扰应尽量小，使上面一级火箭的姿态角和角速度变化控制在允许范围内；分离过程中应避免引起大的纵向振动，特别是产生对结构和设备大的冲击载荷；分离过程中不允许产生不可约束的自由体。

3.4.1　分离方式

分离方式可按照分离能源和分离面设置的数量进行划分。本节对两种划分方法的级间分离方式特点进行介绍。

3.4.1.1　按分离能源分类

（1）热分离方式、冷分离方式

按分离能源的不同，可以分为热分离方式、冷分离方式和级间憋压分离方式。

热分离方式是指利用上面一级发动机推力实现级间分离的方式。当下面一级工作完成后，发动机关机，上面一级发动机点火工作，当推力达到一定值时，级间连接解锁装置解锁，上面一级箭体依靠其发动机推力加速，而下面一级箭体在上面一级发动机喷流作用下减速，从而实现两级箭体空间分开。

冷分离方式是指利用专为级间分离配置的能源实现级间分离的方式，常用的能源是由小固体发动机提供的。当下面一级工作完成后，发动机关机，上面一级发动机尚未起动时，级间连接解锁装置解锁，在分离能源作用下两级箭体相对反向运动，当两级箭体之间拉开一定安全距离之后，上面一级发动机点火启动。

热分离方式和冷分离方式如图 3-23 所示。

级间热分离方式的优点主要有以下几点：

1）不需要设置专用分离能源，分离系统简单；

2）分离速度大，分离时间短，上面一级箭体失控时间短，分离过程造成的运载能力损失小；

3）当上面一级为液体火箭时，不需要设置为实现上面一级发动机正常启动的推进剂管理系统。

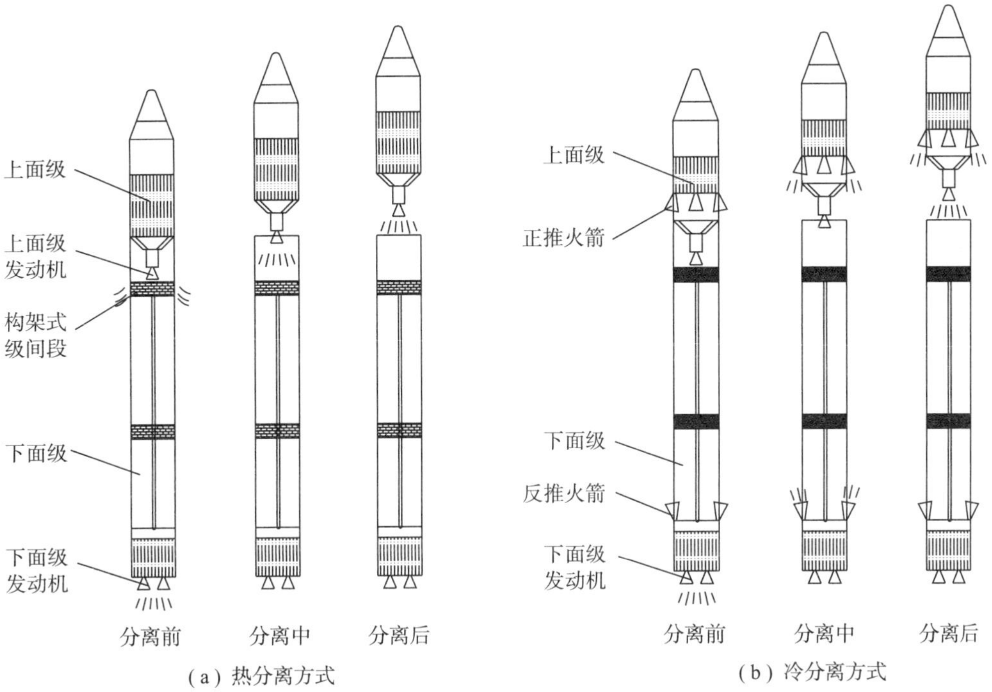

图 3-23　级间分离方式

级间热分离方式的缺点主要有以下几点。

1）为使上面一级发动机燃气流能顺畅地排出箭外，防止气流充斥级间段产生过压、造成发动机喷管壅塞，并减小燃气流对下面级贮箱前底的冲击，需要在级间段结构上设置排焰孔，或者设计成桁架式结构，这将增加结构的复杂性，如图 3-24 所示，我国的长征系列火箭两种结构均有采用。固体导弹也有类似的设计，如俄罗斯的 SS-20 和 SS-25 均采用了支杆式级间结构。

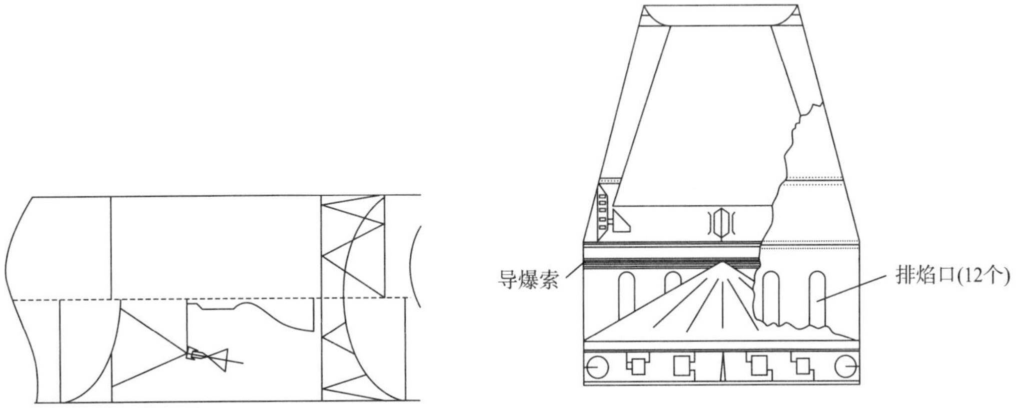

图 3-24　典型级间段排焰结构

2）上面一级的发动机喷口与下面一级贮箱前底之间留有一定的距离，确定级间距离要考虑以下两个因素：级间分离时级间压强不能超过上一级发动机喷管喉部压强，不能影响发动机内弹道性能，保证发动机工作正常；在上面级发动机喷管摆动时，不与下面级发动机前封头发生碰撞。在满足上述两个制约因素的情况下，级间距离应尽可能缩小（固体发动机甚至为负值，即下面级发动机前封头伸进上面级发动机喷管扩散段内），以缩短火箭长度并降低结构质量。

3）为适应上面一发动机喷流造成的严酷的力、热环境，需要在下面一级贮箱前底外侧设置防热罩，并对二级尾舱内仪器设备、电缆等进行热防护。

4）在两级分离之前就启动上面级发动机，增加了上面级的“起飞前”推进剂消耗量。

级间冷分离方式的优缺点与热分离相反，需要设置分离冲量反推装置和上面一级贮箱推进剂沉底用正推装置，分离时间较长，分离系统相对复杂，但分离过程二级尾舱内力、热环境条件较好，也无需设置排气、防热装置。热、冷两种分离方式之间的特点比较见表 3-2。

表 3-2 热分离和冷分离方案特点对比

	热分离	冷分离
级间段设计复杂性	复杂	简单
热防护措施	需要	不需要
结构质量	大（级间段较长）	轻（级间段较短）
分离时序	简单	复杂
分离干扰小	大	小
分离冲量装置	不需要	需要
分离过程中上面级发动机推进剂消耗情况	未分离之前，上面级发动机已启动，增加了推进剂消耗量	不消耗
分离可靠性	不需要分离推动装置，但分离可预示性差	反推、正推火箭可靠性影响分离系统可靠性；分离可预示性强
相对分离速度	较大	较小
上面一级失控时间	较短	较长

对于固体导弹，级间热分离有一定特殊性，如下所示。

1）级间分离环境恶劣：由于下面一级固体发动机推力下降到耗尽的时刻，已不能提供足够的控制力，且在不断下降，需要上面一级发动机尽早点火工作，以提供必要的控制力。采用热分离方案可缩短失控时间，但级间段内瞬时热流较大，级间段结构承受的压强峰值较高。

2）固体发动机关机时刻设计复杂：为了充分利用级间分离前下面一级发动机的能量，大多采用“耗尽”关机方案。需要根据发动机设计的精确程度，选择确定敏感关机时刻的参数，例如按燃烧室压强或按导弹过载发出的关机指令，并选用敏感相关参数的传感器。

3）受气动特性制约：级间分离时刻导弹飞行速度很高，导致该时刻飞行高度、动压以及攻角、角速度等条件对导弹飞行速度的敏感性很强，因此上面一级发动机启动特性成为确定分离方案的基本条件。

4）分离时刻气动参数的准确度要求高：固体导弹的内部空间一般较小，尤其级间段结构紧凑，上、下级分离初始间隙小，对干扰比较敏感。所以对分离过程中上、下两级分离时刻气动参数的准确度要求高，此类参数主要依赖试验方法获得。

5）喷管初始角度、位置和结构不对称性对分离的影响大：上面一级发动机喷管的初始角度、位置以及结构对称性是保证分离成功的必要条件之一。

级间冷、热分离方式在国内外航天飞行器上被普遍采用。级间分离方式的选择以确保安全分离为原则，并考虑减小对上面一级姿态干扰、简化级间段结构设计、简化分离机构设计、降低分离能源设计难度、减小运载能力损失、提高分离系统可靠性及发动机舱热防护难易程度等因素。

（2）级间憋压分离方式

除了传统的冷、热分离方式之外，近年来出现了一种新型的以级间憋压作为分离能源的分离方式，该分离方式具有介于传统冷、热分离方式之间的特征。

级间憋压分离指利用发动机、固体小火箭、燃气发生器等分离能源在舱内产生憋压环境，利用憋压作为分离能源的分离方式。

憋压分离方式的优点在于：

1）初始分离力较大、分离冲量分布均匀。憋压分离的分离力通过舱内压力的形式均匀作用在上、下面级的迎风面积上，以较小的分离能源产生较大的憋压力，而且克服了分离冲量偏差、不同步等问题。

2）分离力、热环境适中。作为与普通封闭式热分离方式相近的封闭式热分离，虽然舱内憋压和热流峰值较高，但作用时间较短，总加热量和对舱体的轴拉载荷较小。

级间憋压分离也存在分离能源作用时间较短的缺点。作为分离能源的舱内憋压力，在上、下面级拉开一定距离后将随着压力的泄出而迅速降低。

3.4.1.2　按照分离面设置的数量分类

按照分离面设置的数量可以分为单一分离面和多个分离面。

级间分离面设置以尽可能多地抛掉无用质量为基本原则。一般情况下，采用单分离面方式，分离面设置在级间段上端，以提高运载能力。为了简化箭体结构，级间分离面同时也是工艺分离面。分离装置解锁后，在分离能源作用下，下面一级连带级间段一起向后运动，上面级发动机喷管从级间段内拔出。单一分离面方式适用于级间段内分离间隙较大的情况。典型级间分离面设置如图3-25所示。

当级间段与上面一级发动机初始间隙较小，极限偏差情况下可能发生碰撞时，通过采取下移分离面，缩短分离距离的方式，可以实现安全分离。同时，随上面一级继续飞行的级间段结构可以实现对上面一级尾舱内的设备的保护，避免发动机喷流对发动机及内部仪器设备造成不良影响。典型分离面下移情况如图3-26所示。

下移分离面的方式虽然能够实现级间安全分离，但存在损失运载能力的弊端。对于

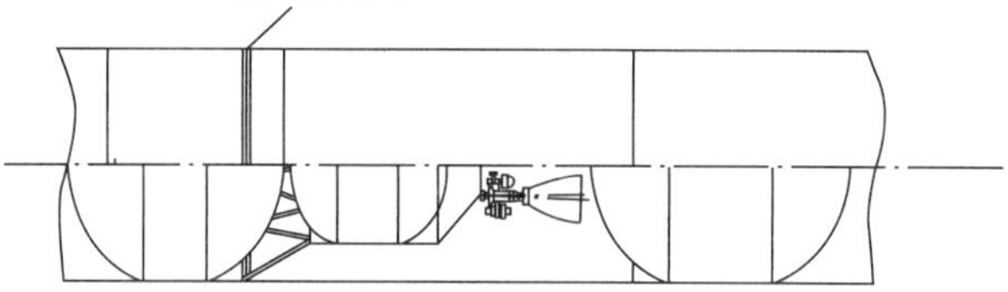

图 3－25　分离面位于级间段上端

图 3－26　分离面位于级间段下部

分离体间初始距离非常小的情况，为了确保分离过程中不发生碰撞，同时减少运载能力的损失，可以通过增加分离面的方法，提高初始距离，或是降低干扰因素的影响。按照分离面位置不同，可分为纵向分离面和横向分离面两种，典型的分离面设置方法如图 3－27 所示。

图 3－27（a）方案将级间段设计为分瓣结构。具体方法为在级间段上设置纵向解锁面，在级间段与下面一级火箭接面处设置横向解锁面，将级间段结构沿周向均分为多瓣，各瓣结构下端设置可以旋转的铰轴和使各瓣结构绕其铰轴旋转一定角度的扭簧。在级间段与上面级对接面解锁后，级间段上纵向分离面解锁，在扭簧的作用下各瓣结构迅速张开，为上面级发动机喷管让出运动空间，避免分离过程中发生碰撞。分瓣式分离可以很好地解决分离间隙紧张的问题，但也带来分离面增多的问题。首先，级间段增加纵向、横向分离面导致需要的火工品数量增多，在单个火工品具有相同可靠性的情况下，分离系统的可靠性降低；其次从级间段结构复杂程度的角度看，级间段结构由三瓣组成，存在各瓣之间的连接及各瓣与上、下结构的连接问题，而且在各瓣结构下端需要设置用于结构旋转的铰链，并提供旋转所需的推动装置，结构十分复杂。日本 M－3C 火箭一二级分离、二三级分离采用这一方式，如图 3－28 所示。

图 3－27（b）方案类似于平抛方式的整流罩分离，共设置两个横向分离面和一个纵向分离面。第一横向分离面设置在级间段后端，第一次分离抛掉下面一级火箭。第二横向分离面设置在级间段前端，纵向分离面设置在级间段结构象限线上。横、纵分离面解锁后，级间段结构分成两瓣，并在分离冲量装置作用下横向抛出，下面一级箭体在分离能源作用

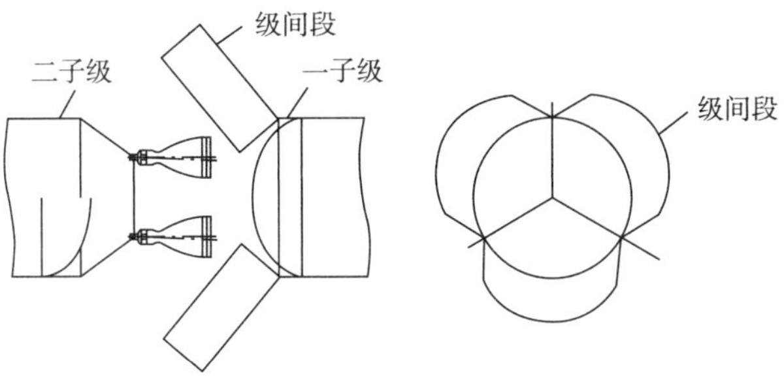

(a) 多瓣式横向旋转分离方式

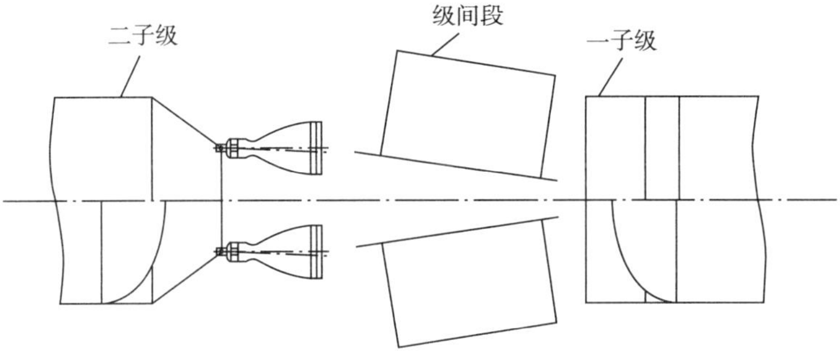

(b) 两瓣式横向平抛分离方式

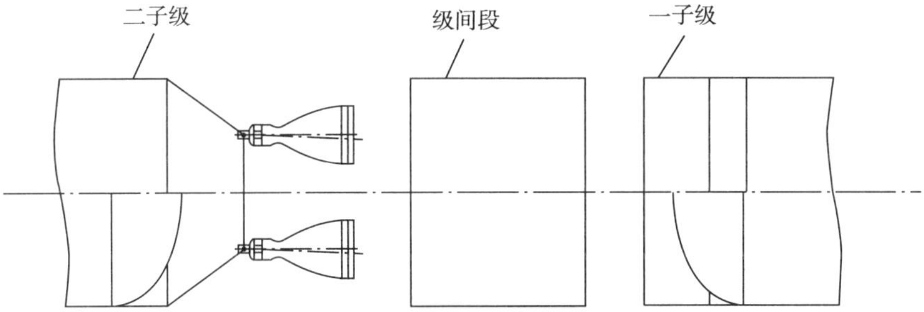

(c) 二次纵向分离方式

图 3－27　典型多分离面设置方案

下反向运动。级间段被横向抛出，解决了上面一级发动机从级间段内拔出时的碰撞风险。这一方式也存在增加火工品、级间段结构复杂的弊端。

图 3－27（c）方案是设置两个横向分离面，级间分离过程包括两次分离。第一分离面设置在级间段后端，第一次分离抛下面级。第二分离面设置在级间段前端，分离面解锁后级间段沿箭体纵轴抛出。为了保证级间段运动姿态，可以设置导向装置。这种方式虽然没有缩短级间段与发动机的相对运动距离，但可以通过对级间段分离过程中的横向干扰因素的有效控制，降低级间段分离过程中的横向相对位移，从而避免分离过程中的碰撞。天顶号二三级分离采用这种方式，如图 3－29 所示。

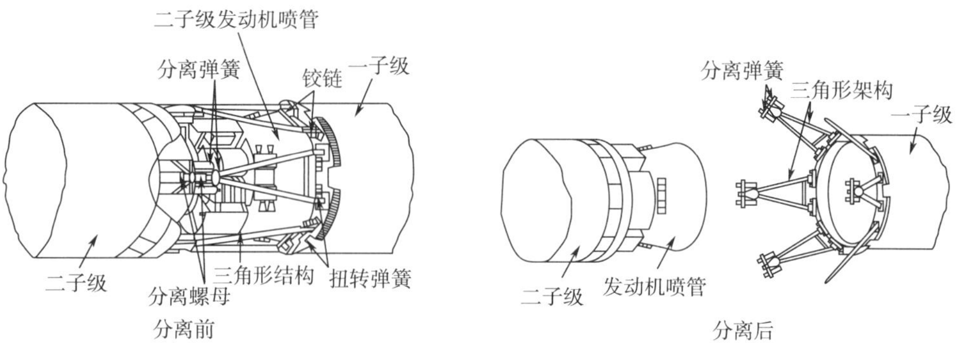

(a) 一二子级级间段结构

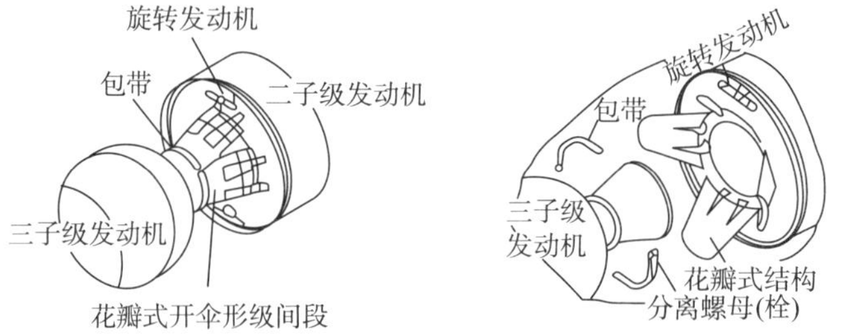

(b) 二三级分离结构

图 3-28　日本 M-3C 一二级分离、二三级分离结构

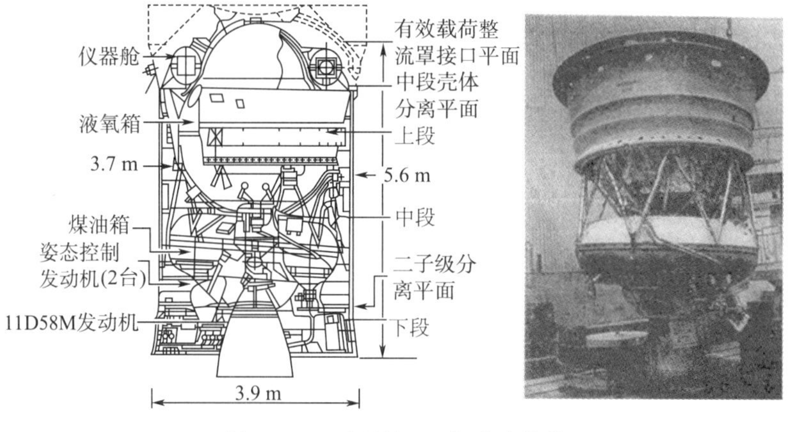

图 3-29　天顶号二三级分离结构

3.4.2　连接解锁装置

级间分离面的连接解锁装置可以选点式连接解锁装置，也可以选线式连接解锁装置。级间分离面连接解锁装置需要承受飞行过程中的弯矩、剪切载荷，点状连接解锁装置中的低冲击分离装置［如图 3-4（b）所示］抗剪切较差，如采用低冲击分离装置需要设置承剪结构。点式连接解锁装置的数量一般最多为十几个，过多则增大分离面无法正常解锁的风险。

线性连接解锁装置中，膨胀管＋削弱槽连接解锁装置（如图 3－6 所示）广泛应用于级间分离系统中。膨胀管＋凹口螺栓解锁导爆索（如图 3－5 所示）很少用在级间分离面上，主要原因为这类线性装置不能适应曲率较大的结构。

3.4.3 分离能源

热分离方式的分离能源为上面一级发动机的喷流，无需设置专门的分离能源，因此本节重点对冷分离方式的分离能源方案进行介绍。

对于图 3－25 所示只有一个分离面的级间分离系统，级间分离能源包括反推装置、侧推装置、正推装置三类，一般采用固体小火箭、气动作动器、分离弹簧等，其中固体小火箭应用最为广泛。

继续飞行的上面一级箭体质量远远大于被分离的下面一级箭体，为了提高能源效率，同时降低继续飞行箭体质量，实现两级箭体轴向反向运动的冲量装置一般设置在下面一级箭体上，称为反推装置。反推装置一般采用能量效率较高的固体小火箭，通常称为反推火箭。

下面一级火箭质量、发动机后效冲量、分离时间、相对分离速度等是反推火箭选择的依据。分离过程中下面一级火箭发动机关机后的后效冲量是决定反推火箭总冲量的重要参数之一。在分离时间、上面一级火箭姿态允许的情况下，待后效推力基本消失后再进行级间分离，以降低对反推火箭总冲的需求。在下面一级火箭关机后质量确定的情况下，反推火箭总冲量决定了相对分离速度及分离过程需要的时间。根据反推火箭总冲要求，综合考虑固体小火箭工艺、外形等约束，确定固体小火箭数量、工作时间。为避免反推火箭喷流对上面一级箭体造成影响，反推火箭一般布置在箭体后部和箭体外侧，多成组对称布置。

侧推装置一般采用侧推火箭，设置侧推装置的目的是在下面一级箭体与上面一级箭体拉开一定距离后，将下面一级箭体侧向转动，改变箭体方向，以避免下面一级箭体在发动机后效推力作用下追赶箭体，发生碰撞。侧推火箭一般布置在下面一级箭体的前端。侧推火箭设置根据一级发动机关机后后效冲量情况设置，如果一级发动机后效冲量较小，可以不设置侧推装置。

为了满足上面一级发动机启动时推进剂沉底及姿态控制的要求，在上面一级火箭上设置正推装置，正推装置的特点为推力小，工作时间长，一般采用固体小火箭，称为正推火箭。正推火箭的工作时间应满足推进剂沉底及发动机启动的要求。正推火箭一般数量在 2～6 枚为宜，火箭数量过多将降低系统可靠性，正推火箭均匀或成组对称布置在箭体外侧。

对于如图 3－27（b）所示的级间分离方式，除了上述设置在上、下箭体上的分离冲量装置外，还需要在级间段上设置冲量装置，并根据级间段运动规律，确定冲量装置的位置及作用力的方向。采用图 3－27（c）所示的分离方式时，需要在级间段结构上设置反推装置，以实现分离过程中级间段的反向分离运动。级间段质量小可采用分离弹簧作为分离推动装置，均匀布置在级间段外侧。为了降低弹簧偏差对级间段横向运动的干扰，在运载火箭总装操作过程中对弹簧推力进行选配，相同性能的弹簧对称布置。

3.4.4 分离时序

从分离时序的角度，冷分离与热分离的最大差异在于上面一级发动机点火与级间分离动作的先后顺序。两种分离方式的分离时序方案涉及的内容、考虑的因素等不尽相同，因此本节将分别加以介绍。

3.4.4.1 典型冷分离方式的级间分离时序

冷分离方式的级间分离时序包括从下面一级发动机关机至上面一级发动机启动之间所有动作的指令顺序和间隔时间。分离时序设计内容一般包括下面一级发动机关机、下面一级伺服机构归零、正推火箭点火、反推火箭点火、分离面解锁、上面一级发动机点火启动、正推火箭工作结束等动作的时间顺序及间隔。分离时序设计时考虑的因素主要包括两分离体间达到要求的安全距离、上面一级发动机的启动特性、推进剂沉底要求、上面一级箭体失控时间要求、上面一级箭体启控时姿态要求及下面一级发动机的后效推力等。

分离时序设计以下面一级发动机关机时刻为时间起点，典型的分离时序如图 3－30 所示，各动作时间设计方法如下。

1）伺服机构归零。为了实现级间分离时下面一级发动机后效推力方向的确定性，一般要求伺服机构在分离面解锁前归零，伺服机构归零时刻应综合考虑箭体姿控要求。

2）正推火箭点火时间、分离面解锁。取决于下面一级发动机关机后推力下降特性。极限时间为考虑下偏差的情况下，下面一级后效推力和正推火箭的总推力刚好实现上面一级箭体推进剂沉底要求。

3）正推火箭在分离面解锁前启动，启动时间不应小于正推火箭建立推力时间。

4）上面一级发动机点火启动时间。取决于级间段与发动机喷管底部拉开一定安全距离的时间和姿控系统的允许失控时间。发动机喷流应尽可能减少对上面级火箭的姿态和尾部环境的影响。

5）正推火箭允许工作结束时间。考虑极限偏差的情况下，上面一级发动机推力达到推进剂沉底推力要求，取决于上面一级发动机点火启动时间、供电、起爆时间及建推力特点，当上面一级发动机推力满足推进剂沉底要求时，正推火箭允许工作结束。

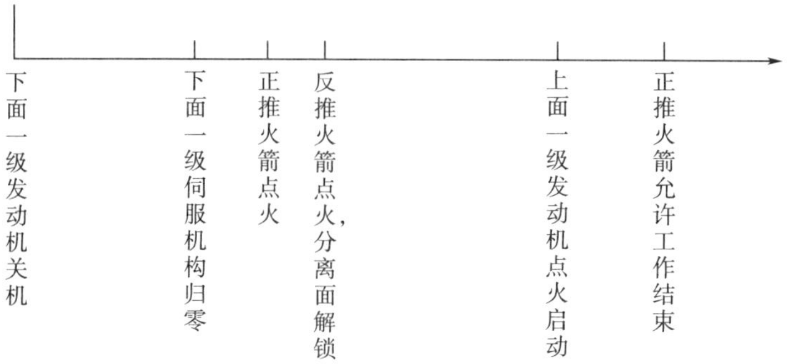

图 3－30　典型分离时序示

对于级间分离距离较大、分离初始间隙较小的火箭，一次分离不能确保分离安全或分离间隙裕度较小时，可考虑选用二次分离方式，即：将级间段分为两段（前级间段和后级间段），第一次分离时，抛掉下面子级和后级间段；第二次分离时，抛掉前级间段。

土星 V 运载火箭的一二级级间分离采用二次分离方式，其级间结构在 2 个不同的分离面上分开，而二三级的级间分离在 1 个分离面上分开，如图 3－31 所示。

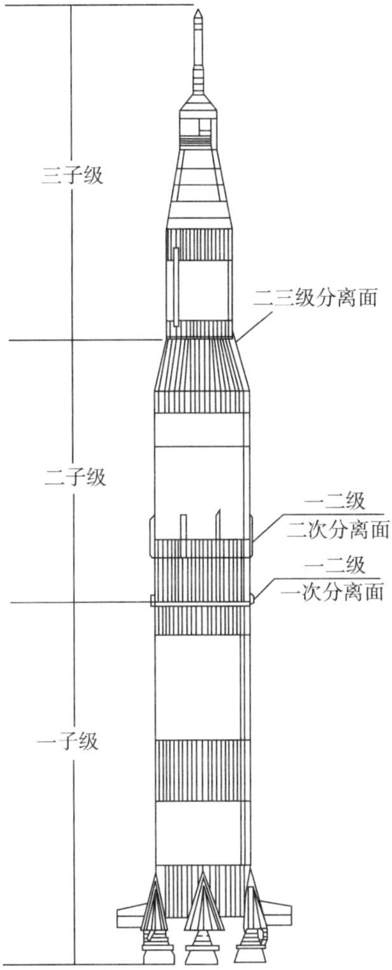

图 3－31　土星 V 级间分离结构示意图

土星 V 一二级分离结构如图 3－32 所示，二次分离的分离程序为：爆炸电桥点火装置解保后，火工品准备指令通过二级开关选择器送给一级电路，给爆炸电桥装置提供 28 V 的直流电源，准备第一分离面分离和反推火箭点火，并将准备指令通过二级开关选择器送给二子级电路，将 28 V 的直流电供给爆炸电桥装置，准备沉底火箭点火和第二分离面分离；随着外围发动机关机，二级沉底火箭点火；接着第一分离面分离，并解开锁紧装置，准备二次分离面分离；在第一分离面分离后约 30 s，仪器舱发出分离指令，从而触发火工品导火索并引爆第二分离面的线性装药，切断级间段；同时发动机排气，火箭加速并产生反作用力，完成分离。

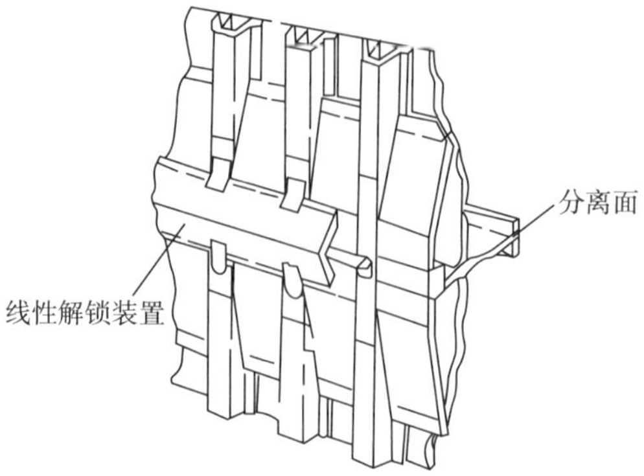

图 3-32　土星 V 二次分离结构示意图（两次分离面结构相同）

从下面一级发动机关机至上面一级发动机点火，整个级间分离过程中火箭都处于姿态无控、无动力飞行阶段，分离过程时间越长，运载能力损失越大，二级初始姿态偏差越大。在确保分离安全的前提下，通过时序优化，尽量缩短分离时间。

3.4.4.2　热分离方式分离时序

级间热分离时序的设计与下面一级和上面一级发动机的类型（固体火箭发动机、液体火箭发动机）密切相关。

液体火箭级间热分离时序设计主要考虑的因素有：下面一级发动机的关机特性、上面一级发动机的启动特性、分离速度、分离碰撞边界、分离干扰对箭体姿态的影响、级间热环境等。典型的热分离时序如图 3-33 所示。下面一级发动机关机后，在下面一级发动机推力未消失时，上面一级发动机点火，在上面一级发动机推力达到一定值，能够克服下面一级发动机的残余推力将下面一级箭体推开时，分离面解锁。上面一级发动机点火及分离面的解锁时间取决于下面一级发动机关机后的关机特性及上面一级发动机的启动特性。

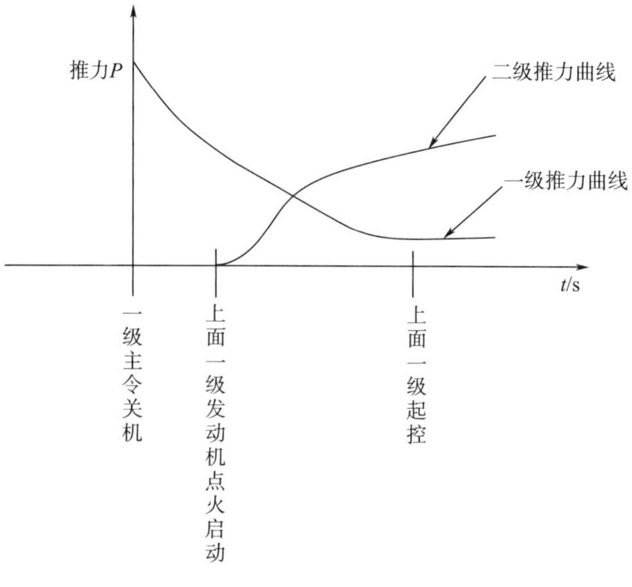

图 3-33　液体火箭级间热分离时序示意图

固体导弹级间分离时序设计主要考虑的因素有：下面一级发动机的关机特性、排焰窗口解锁、上面一级发动机的启动特性、级间分离面解锁、上面一级起控时间间隔设计，根据固体导弹级间分离的特点及级间分离的特殊要求对级间分离时序进行优化。固体导弹典型的级间热分离时序如图 3-34 所示。

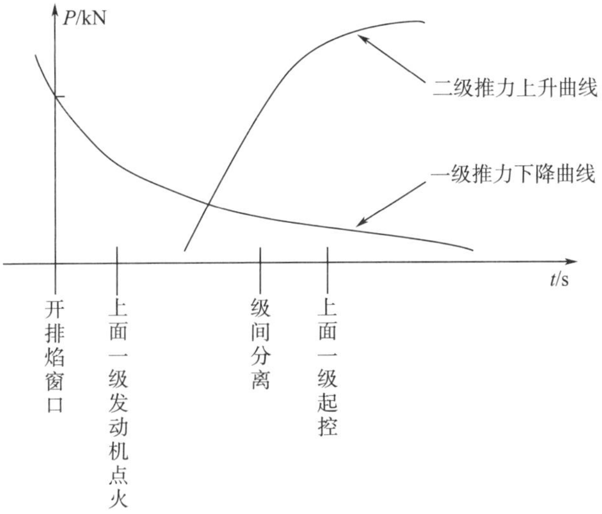

图 3-34　固体导弹典型级间热分离时序示意图

当下面一级发动机推力下降到某一值（P1k）时，开始分离过程，标志是“开排焰窗口”。P1k 的选取主要取决于箭体姿态稳定需求，若 P1k 选得过大，既不利于下面一级发动机总冲的充分利用，也不利于快速分离，若选得过小，则难以保证在级间分离前对弹体姿态进行稳定控制。

如果“开排焰窗口”时刻与上面一级发动机点火时刻设置在同时，则在上面一级发动机启动后，由于排焰窗口抛开的距离较短，会影响排焰效果，因此，将上面一级发动机点火时间与排焰窗口解锁时间错开，排焰窗口解锁指令发出后一段时间（约 0.1 s），上面一级发动机点火。

上面一级发动机喷管堵片打开时间，即从上面级发动机点火指令到堵片打开的时间间隔，与燃烧室的压力和堵片的黏结强度有关。由于燃烧室压力上升的快慢不同，堵片的黏结强度也存在偏差，因此堵片打开时间一般在 50～150 ms 内变化。发动机在堵片打开后才开始建立推力，要确保堵片打开在前，分离解锁在后，两者顺序不可颠倒。从堵片打开到分离面解锁的时间段称为憋气段。憋气段时间越长，级间压力越大，级间热环境越严重，但有利于提高分离速度。一般来说，从点火到分离的时间间隔在 0.2～0.4 s。

在两级箭体脱开至在空间无干涉可能（定义为完全脱开）后应尽快使上面级起控，否则会造成失控时间长，起控时弹体姿态偏差大，给稳定系统的设计带来困难。稳定系统要求上面一级起控时要有足够的发动机推力。通常，在两级箭体空间上完全脱开约 0.1 s 左右后即可发出上面一级起控指令。但为了最大限度地改善上面一级的起控条件，在碰撞边界允许的情况下，可以把上面一级起控（通常为俯仰、偏航起控）提前到与分离面解锁指令同时。当上面一级采用独立滚动控制装置时，可根据具体情况选定滚动控制装置的点火时刻，一般选在级间分离 0.1 s 左右后。

3.5 整流罩分离方案设计

3.5.1 分离方式

整流罩分离方式可分为整体式分离和分瓣式分离。分瓣式分离又可分为旋转式分离和平抛式分离。

整体式分离指分离过程中整流罩结构仍为一个整体，仅在整流罩与箭体之间设置横向分离面。分瓣式分离指整流罩结构由两瓣或多瓣组成，分离前整流罩与箭体之间、整流罩各瓣结构之间通过连接解锁装置固连，分离过程中各连接装置相继解锁，将整流罩分成两瓣或多瓣结构。

整流罩整体式、旋转式、平抛式分离方式分别适用于小型、中型、大型整流罩分离。整体式分离方式适合于规模较小的整流罩。旋转式分离的分离能源通常设置在整流罩顶端或是纵向分离面附近，在分离过程中需要克服整流罩惯性力的负作用，如果整流罩质量较大，或是分离时刻轴向过载较大，需要提供较大的推力，分离能源的实现较困难。随着整流罩规模的增大，国际上主要大、中型运载火箭的整流罩大多采用平抛式分离，如大力神Ⅳ、阿里安Ⅴ、德尔它Ⅳ等火箭。

从克服分离时整流罩惯性力的角度看，平抛式分离与旋转式分离相比有一定优势。旋转式分离整流罩绕铰链运动需要克服惯性力的负面影响，而平抛式分离整流罩运动方向与惯性力方向呈 90°，分离速度不受惯性力影响。从分离过程中整流罩与有效载荷纵向空间距离上看，对于平抛式分离来说，箭体轴向过载减小了有效载荷的有效空间，分离系统设计应确保有效载荷不与整流罩碰撞。此外，平抛式、旋转式分离都存在由于整流罩弹性变形导致罩内有效载荷可用空间损失的问题，控制方法见 3.2.4 节。

整流罩分离方式的选择也受制于地面分离试验。对于平抛式分离，只有通过地面真空分离试验才能够对分离能源设计的合理性、整流罩分离过程的运动特点、结构弹性变形进行有效验证。采用平抛式分离时，整流罩分离能源由纵向导爆索提供，冲量作用时间较短(通常仅为几毫秒)。在理想条件下，平抛式分离的罩体在分离冲量作用完后达到最大横向分离速度。在导爆索工作的短暂时间内，如果在地面大气压环境进行分离试验，大气将在开罩初期产生罩内负压，负压的作用时间与分离冲量作用时间基本重合，即负压抵消了分离冲量的作用，使分离速度达到或未达到最大值时迅速降低，甚至导致无法正常分离。而飞行状态，整流罩分离时接近于真空环境，不存在负压问题。随着整流罩规模的逐渐增大，实现开展真空条件下整流罩分离试验的难度将继续增加。在进行整流罩分离方案设计时，有时由于不具备真空条件进行地面分离试验甚至成为放弃平抛式分离的重要因素之一。

（1）整体式分离

整体式分离的整流罩为整体结构。分离开始时刻，整流罩下端与箭体连接的横向分离面解锁，整流罩在分离能源的作用下沿飞行方向相对箭体向前加速运动，整流罩与有效载荷在飞行方向上分开一定距离后，整流罩开始侧向运动，最终整流罩脱离火箭的运动轨迹，完成分离。整流罩整体式分离过程如图 3－35 所示。

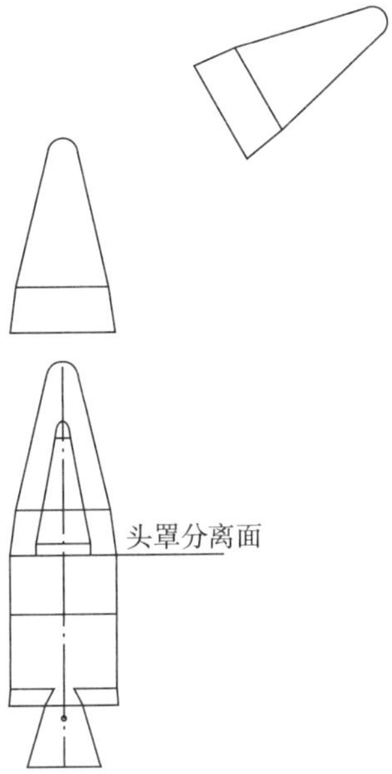

图 3－35　整流罩整体式分离过程

（2）旋转式分离

旋转式分离的整流罩结构通常被设计成为两瓣，亦可称为两半罩。每半罩下端通过特殊的铰链与箭体铰接，半罩在铰链约束和分离能源的推动下向两侧旋转运动。分离时刻整流罩横向分离面先解锁，即整流罩与箭体间的分离面先解锁；而后纵向分离面解锁，之后两个半罩在分离能源的作用下绕下端的铰链向外转动。当半罩转过一定角度、达到一定的角速度时，过载产生的惯性力小于半罩旋转产生的离心力，铰链与铰链轴脱离，整流罩与箭体分开，分离完成。由于纵向解锁装置不能提供分离冲量，所以需要单独设置分离能源。如果整流罩与箭体之间采用倒锥结构过渡，则罩内下部有效载荷可用空间受倒锥结构影响，典型整流罩旋转式分离过程如图 3－36 所示。

（3）平抛式分离

国外运载火箭大型整流罩分离均采用平抛式分离。平抛式分离的整流罩结构通常被设置成两瓣（战神 V 运载火箭设置成四瓣结构），本节以应用最为广泛的两半罩方式进行介绍。分离时刻，整流罩与箭体的横向分离面先解锁，而后整流罩纵向分离面解锁，在解除纵向约束的同时将两半罩向两侧抛出，即纵向解锁装置同时具备连接解锁和提供分离能源的功能。由于不需要设置专门的分离能源，平抛式分离的箭体结构质量较轻。分离过程中整流罩的运动轨迹与火箭飞行方向垂直，罩内有效载荷可用空间不受整流罩下段倒锥段结

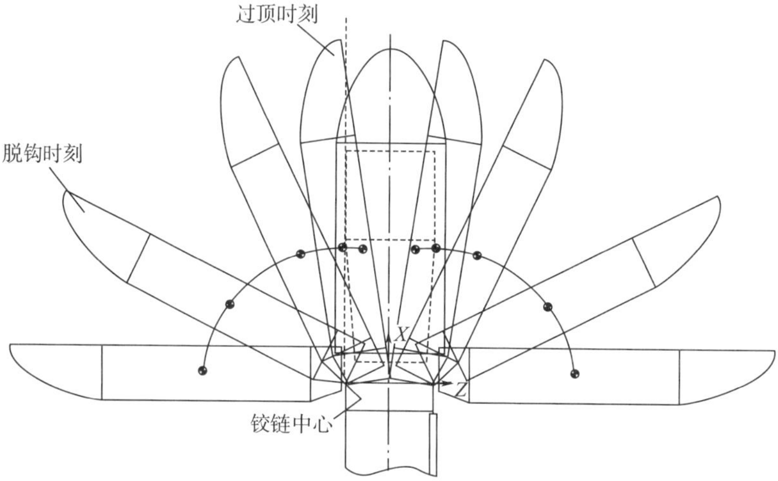

图 3－36　旋转式分离整流罩

构的影响。典型整流罩平抛式分离如图 3－37 所示。

图 3－37　阿里安 V 整流罩平抛式分离

3.5.2　连接解锁装置

整流罩横向、纵向分离面上的连接解锁装置可采用点式连接解锁装置或线性连接解锁装置。

横向分离面采用的连接解锁装置一般包括：爆炸螺栓、低冲击分离装置、包带、膨胀管＋削弱槽形式的解锁导爆索和聚能切割装置。阿里安 V 整流罩横向连接解锁装置示意如图 3－38 所示。纵向分离面采用的连接解锁装置一般包括：爆炸螺栓、低冲击分离装置、膨胀管＋凹口螺栓分离装置及膨胀气囊装置形式的分离导爆索，解锁导爆索只完成连接装置的解锁功能，并不提供分离能源。分离导爆索在完成连接面解锁功能的同时还提供分离能源，其只可用于采用平抛式分离的整流罩的纵向连接及解锁。导爆索一般采用冗余设计，即只要一根导爆索工作便可实现整流罩纵向可靠分离，每根导爆索的点火装置也采用冗余设计，如图 3－39 所示。随着整流罩直径的不断增大，为提高可靠性，大型整流罩多采用膨胀管＋凹槽板结构形式。

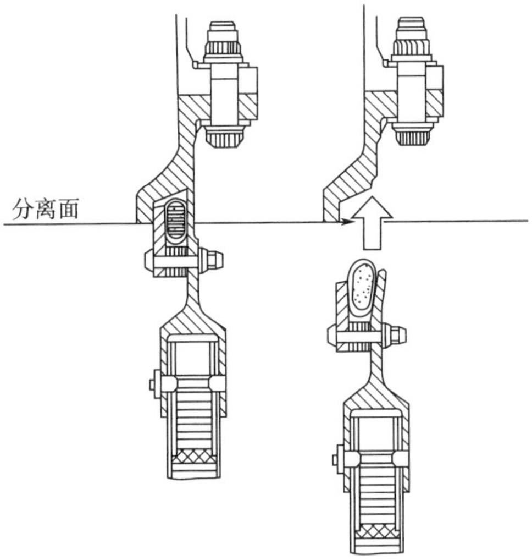

图 3－38　阿里安 V 整流罩横向连接解锁装置

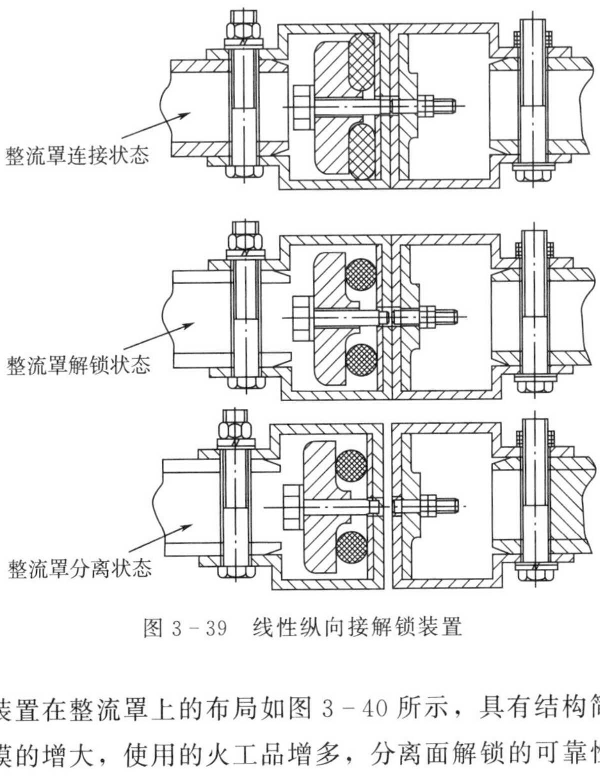

图 3－39　线性纵向接解锁装置

点式连接解锁装置在整流罩上的布局如图 3－40 所示，具有结构简单、操作方便的特点。随着整流罩规模的增大，使用的火工品增多，分离面解锁的可靠性将降低。另外，分离面结构刚度的连续性不如线性连接解锁装置，因此点式连接解锁装置一般用于尺寸较小的整流罩。但随着整流罩规模的增大，线性连接解锁装置也存在一定难度，主要体现在膨胀管＋凹口螺栓形式线性连接解锁装置存在众多凹口螺栓的安装及分离装置与整流罩的对接问题，膨胀管＋削弱槽形式线性连接解锁装置存在分离板与连接板的对接问题。随着整流罩规模的逐渐增大，满足装配后精度要求、避免装配过程对解锁性能影响的难度将加大。

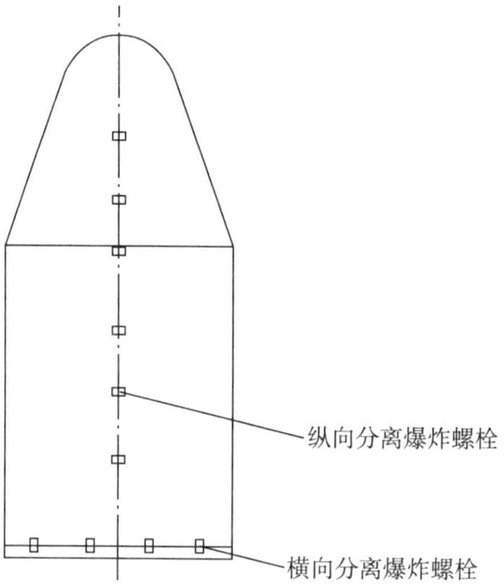

图 3-40　点式连接解锁装置

包带只适用于整流罩平抛式分离的横向分离，不适用于旋转式分离。北极星火箭整流罩横向解锁装置采用包带，如图 3-41 所示。

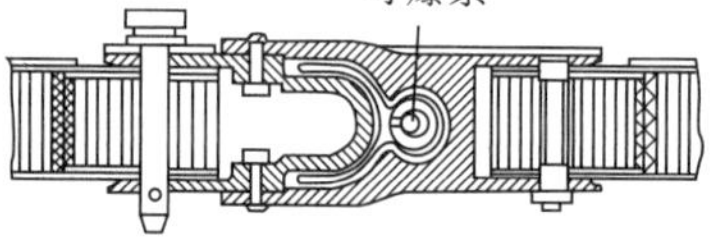

（a）分离前

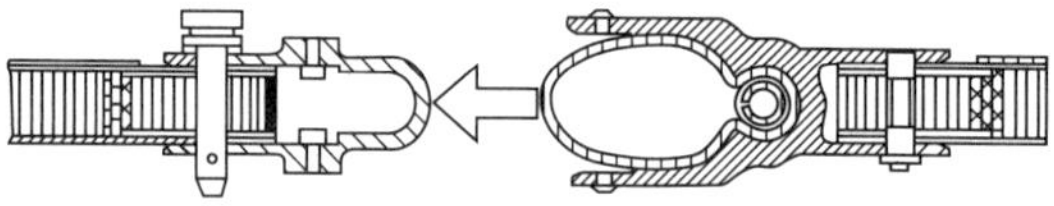

（b）分离过程

图 3-41　北极星火箭整流罩横向解锁装置

锁钩形式的连接解锁装置应用范围较窄，资料显示目前仅有俄罗斯、日本等国整流罩采用过此种装置。俄罗斯某整流罩上用的机械锁式连接装置如图 3-42 所示。日本 M—3SII 大型整流罩采用多点联锁机构（全长有 29 个锁），如图 3-43 所示。

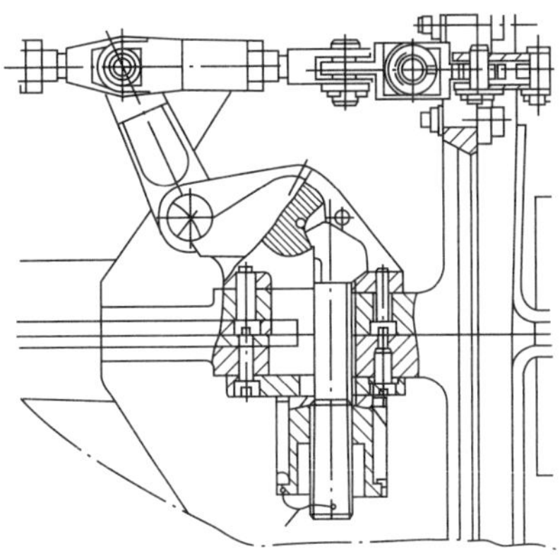

图 3-42　机械锁式连接装置

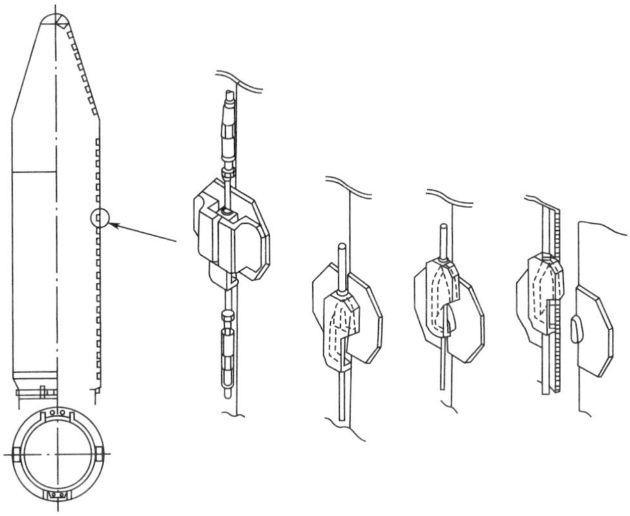

图 3-43　日本 M—3SII 整流罩纵向分离系统

3.5.3　分离能源

可作为整流罩分离能源的装置主要有：气囊分离装置、分离弹簧、作动筒、固体小火箭、冷气装置。本节对各装置的特点及其对不同整流罩的适应性进行介绍。

(1) 气囊分离装置

气囊分离装置只适用于平抛式分离。气囊分离装置的能源效率（装置储能与结构自身的质量比）较高，能够适应大规模整流罩分离的要求。但随着分离冲量的增加，施加到整流罩上的瞬时载荷将导致整流罩产生更大的弹性变形，对整流罩结构弹性变形的预示、罩内可用空间控制的要求较高。

(2) 分离弹簧

分离弹簧具有无污染、结构简单、安装操作方便、分离力可以调配等优点，我国现役火箭整流罩均采用弹簧作为分离能源，分离弹簧的安装示意图如图 3-44 所示。分离弹簧的主要缺点是能量效率较小。整流罩弹性变形、分离过程中的弹簧摩擦耗散等因素会造成弹簧能量损失，其中以整流罩弹性变形为主。

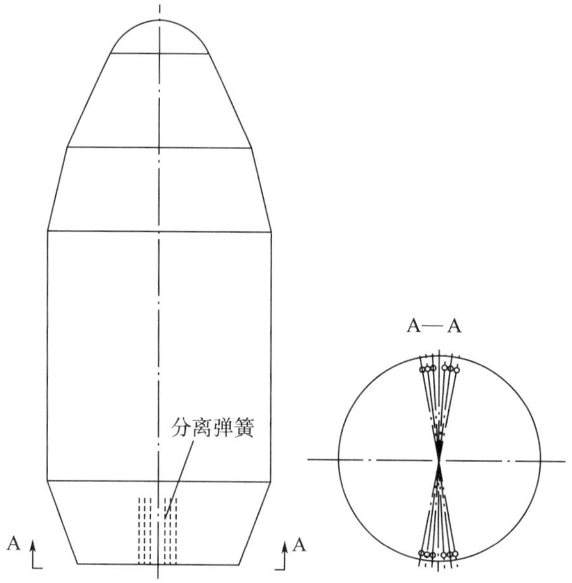

图 3-44 整流罩分离弹簧安装示意图

随着整流罩规模的增大，将需要增加分离弹簧的数量或弹簧力。弹簧数量的增加将造成结构质量增加，从而影响运载能力；弹簧力的增加使弹簧安装部位的集中载荷增大，加大整流罩结构的设计难度，同样造成结构质量增加。因此，随着整流罩规模的增加，完全依靠弹簧提供分离冲量变得非常困难。

（3）作动筒

作动筒的功能类似于弹簧，一般布置在整流罩纵向分离面上，大都以爆炸气体作为能源，推力作用时间为十几毫秒。作动筒瞬间推力对整流罩产生巨大的冲击，引起整流罩弹性变形，造成能量和罩内可用空间损失。随着整流罩规模的增大，弹性变形的影响越来越严重，因此作动筒不适合作为大型弹性整流罩的分离能源。

（4）固体小火箭

固体小火箭在运载火箭级间分离、助推器分离中被广泛采用，技术较成熟，并广泛应用于整体拔罩方式，安装示意如图 3-45 所示。由于固体小火箭的燃烧产物可能会对有效载荷产生污染，一般不能用于卫星整流罩的分离。

（5）冷气装置

冷气装置主要由气瓶、喷嘴、阀门组成，只适用于旋转式分离。从实现对铰链较大的力矩和减小整流罩内有效载荷可用空间影响的角度，一般将冷气装置布置在整流罩前端。

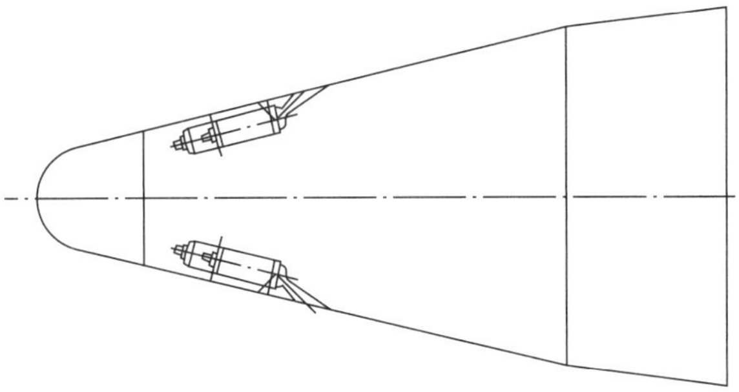

图 3-45　整流罩整体拔罩分离火箭安装方位示意图

3.5.4　分离时序

在运载火箭飞行过程中，整流罩的分离时刻主要取决于气动加热热流及整流罩落区。在运载火箭飞出大气层外，热流满足有效载荷的要求时，进行整流罩分离。整流罩分离时序设计涉及到横向、纵向分离面连接装置解锁时间、固体小火箭等分离能源启动时间的优化。

除整体拔罩的方式外，在整流罩分离时序动作设计上，需保证所有分离面先完全解锁，而后分离动力能源装置再动作，避免造成对火箭飞行姿态的干扰。而整体拔罩方式刚好与之相反，在分离面解锁前启动能量装置可以确保整流罩受力状态可控。

对于平抛式分离，为了避免横向连接面解锁对纵向分离的干扰，应使横向分离面先于纵向分离面解锁，一般提前约几百毫秒。

对于旋转式分离，一般也采用横向分离面先于纵向分离面解锁的方案。若横向连接面采用点式连接解锁装置，主要是为了避免爆炸螺栓卡在对接孔内，从而干扰整流罩绕铰链的运动；若横向连接面采用线性连接解锁装置，则主要是为了实现在解锁过程中整流罩的运动规律可控。如果采用弹簧作为分离能源，则没有能源启动的时序设计问题；如果采用冷气装置或固体小火箭，能源的启动时刻一般应先于纵向分离面解锁时刻，以确保分离过程中整流罩受力状态可控。

3.6　有效载荷分离方案设计

运载火箭的有效载荷一般为卫星，按照一枚火箭发射卫星的数量，又分为一箭一星和一箭多星。本节对星箭分离方案设计进行介绍。

3.6.1　单星分离方案设计

3.6.1.1　分离方式

按照分离能源对分离体的作用效果，星箭分离方式可分为两大类，即弹射分离和制动分离。弹射分离是指由分离冲量装置产生的分离力直接作用在卫星上，使之沿运载火箭末级纵轴向前加速，达到星箭分离的目的；制动分离是指在末级火箭上安装反推火箭或者反推冷气喷流装置，分离时依靠分离能源的反向推力使末级火箭减速，达到分离目的。

弹射分离方式的分离能源直接作用在卫星上，对卫星的结构、入轨姿态有一定影响。卫星结构需承受分离能源产生的载荷，分离能源的推力偏差、卫星质心偏差等干扰因素将加大卫星入轨姿态角、姿态角速度偏差。制动分离方式的分离能源不直接作用在卫星上，因此对卫星的速度、姿态没有影响，但需要避免安装在箭体上的反作用装置对卫星及空间环境造成污染。

3.6.1.2 连接解锁装置

星箭连接解锁装置主要有线性解锁装置（一般包括包带、柔性导爆索）和点式解锁装置（如爆炸螺栓、低冲击分离装置）两类。其中，爆炸螺栓容易对有效载荷产生较大的冲击，且与低冲击分离装置同样存在单点失效的问题，柔性导爆索在解锁过程中将对有效载荷造成较大冲击，且分离后将有一段结构留在分离体上；包带采用点＋线式连接解锁形式，连接效率高，解锁可靠，若有效载荷能满足包带标准接口的，一般选用包带连接装置，因此应用最为广泛。连接解锁装置的选择应在满足可靠性要求的基础上，根据有效载荷结构，综合考虑结构连接刚度、成本等因素。一般来说，当有效载荷直径较大时，一般选用线性解锁装置或包带，其中后者适用于具有标准接口的情况；若有效载荷尺寸较小，或对解锁装置有特殊要求的，则可选用爆炸螺栓或低冲击分离装置。

以包带为例，国际上星箭机械接口形式已经形成了标准规范，目前使用的包带规格主要有 300 型、937 型、1194 型及 1666 型等。典型包带解锁装置如图 3-46 所示。

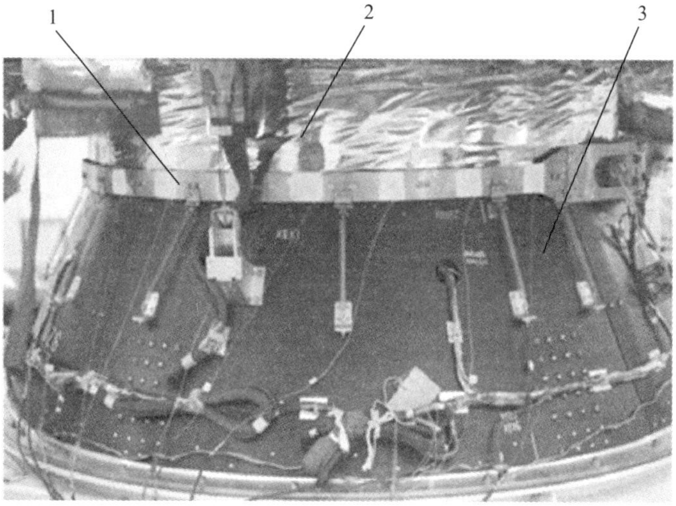

图 3-46　典型包带解锁装置

1—包带解锁装置；2—卫星；3—火箭

3.6.1.3 分离能源

星箭相对分离速度要求一般在 0.5～1 m/s。在各分离体质量特性确定的前提下，相对分离速度主要决定于分离能源的推力特性。星箭分离能源按照对卫星的作用效果分为正推、反推、侧推三类。其中弹射分离方式采用正推，制动分离方式采用反推。

国内外运载火箭星箭分离普遍采用弹簧组件作为分离能源，如图 3-47 所示，火工装置或者气动作动装置也可以作为分离能源。相较于弹簧，火工作动筒的分离冲量较大，但结构较为复杂，对卫星产生的冲击大。气动作动筒的冲量在火工装置与弹簧装置之间，结构相对较为复杂。为了降低分离冲量装置对卫星姿态的干扰，通常选用弹簧作为分离能源，弹簧对称布局，并通过对弹簧的选配严格控制推力偏差。

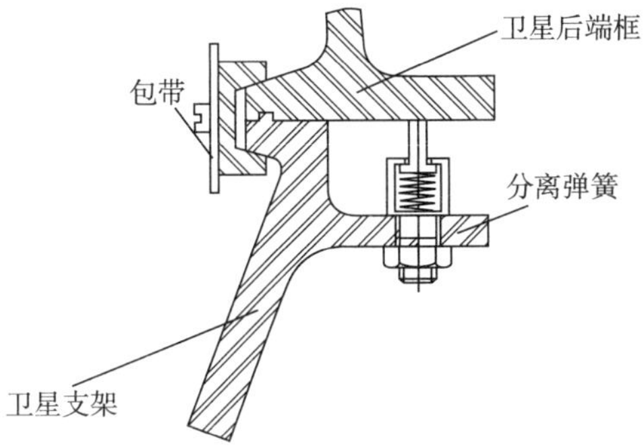

图 3-47　弹簧弹射分离装置

星箭分离一般不需要设置专门的导向装置，可以利用弹射能源装置自身结构实现导向。例如采用弹簧组件作为分离能源时，弹簧推杆可以设计成具有导向作用。当采用其他类型的作动筒时，也可以利用作动筒结构实现导向。

相比于冷气装置或者小型液体发动机，固体小火箭在国内外运载火箭采用制动分离方式的星箭分离上被广泛采用。固体小火箭具有能源效率高、使用方便等优点，但存在燃烧产物对卫星污染的问题。因此，固体小火箭应尽量布置在远离卫星的箭体后部，结构设计上也应采取必要的遮挡措施。

星箭分离过程设置侧推装置的目的与级间分离相同，在箭体与卫星拉开一定距离后，将箭体侧向转动，改变箭体方向，以避免火箭体在发动机后效推力作用下追上卫星并发生碰撞。是否采用侧推装置主要取决于发动机关机后的后效冲量特点，如果关机后效冲量较小可以不设置侧推装置。侧推火箭在箭体上的布局设计应避免固体小火箭燃烧产物对卫星造成污染。

3.6.1.4　分离时序

星箭分离时序涉及火箭发动机关机、连接解锁装置解锁、反推装置启动及侧推装置启动。

星箭分离时序设计的起始点为末级火箭发动机关机，待发动机后效推力不对分离过程造成影响时，进行星箭分离，具体时间由发动机关机后的推力特性决定，一般为几秒。连接解锁装置解锁、分离能源启动的时间顺序取决于各火工品启动特性，原则是确保星箭连接面解锁时箭体受力状态可控，如采用分离弹簧装置作为能源，解锁后自行启动，不需要点火时序。对于采用侧推火箭的分离方式，当星箭拉开安全距离后，侧推装置再启动，实现箭体偏转。

3.6.2　多星分离

由于上面级具有长时间飞行、发动机可多次启动，以及可独立控制的特点，上面级可以搭载多个有效载荷，并且以不同的时序，在不同的轨道上以不同的姿态进行星箭分离，最大程度满足多个有效载荷的需求。双星或多星发射是目前国际商用卫星发射普遍采用的一种发射方式，其特点是能够充分利用火箭现有的运载能力和包络空间，一枚火箭发射两颗/多颗卫星，这样可以缩短单颗卫星的发射周期和单颗卫星的发射费用。

根据多星串联布局方式的不同，卫星的支撑形式可分为内支撑结构、外支撑结构以及上星位于下星顶部的结构，布局如图 3-48 所示。阿里安系列运载火箭双星、多星分离采用外支撑和内支撑两种结构方式。根据卫星的安装方式，多星并联布局可以分为中心立柱悬挂和平面安装两类，布局示意如图 3-49 所示。

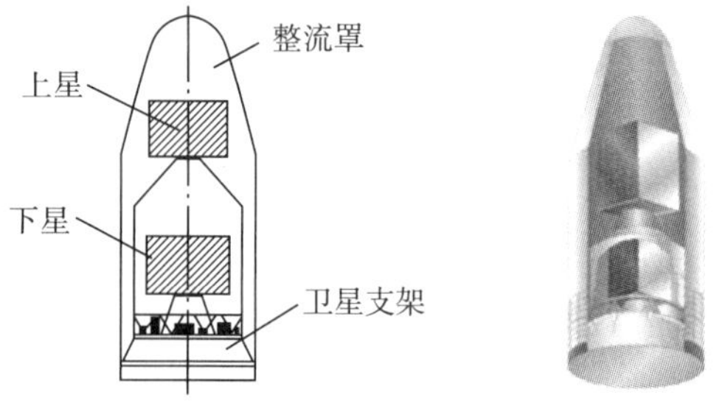

(a) 内支撑方案

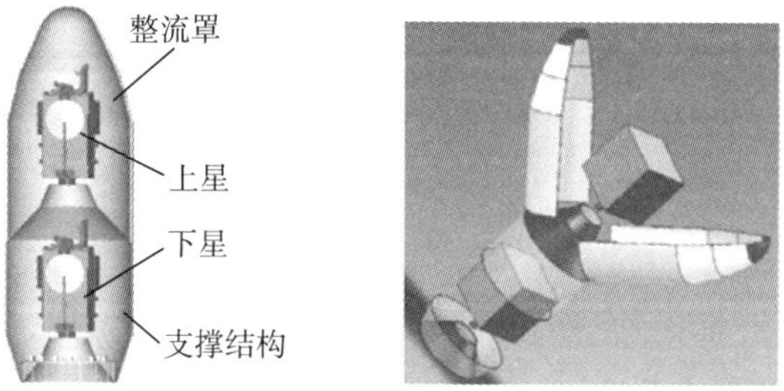

(b) 外支撑方案

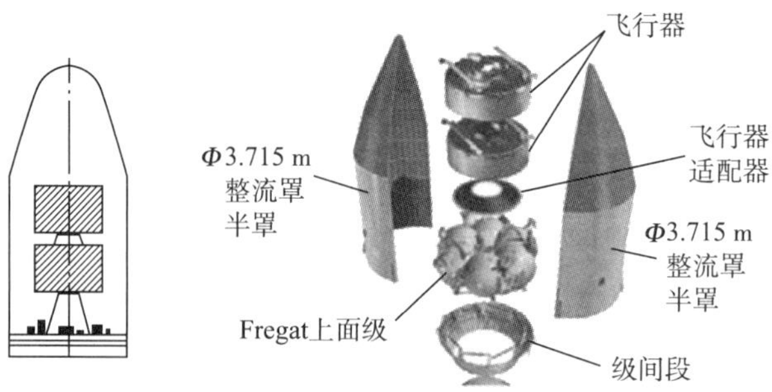

(c) 上星位于下星顶部方案

图 3-48　双星串联置示意图

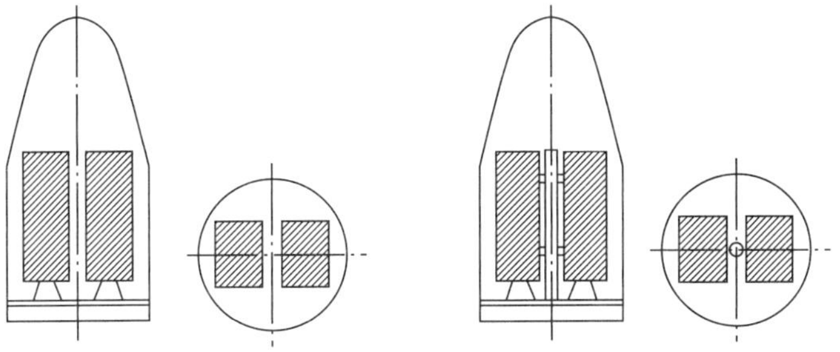

(a) 并联支撑形式一　　(b) 并联支撑形式二

图 3-49　双星并联方案

除了上述基本同等规模的卫星串、并联布局方案外，另有一类多星布局方案，即主星加搭载星的模式，主星与搭载星的布局方案比较灵活，主要受搭载星的特点影响。美国空军研究试验室提出的多星发射的适配器 ESPA 具有一个主有效载荷对接面和若干个小卫星对接面，主对接面位于 ESPA 上端面，而小卫星对接面位于 ESPA 柱段，这一方案可以进行多颗小卫星的同时搭载发射。多星适配器典型实例如图 3-50、图 3-51 所示。

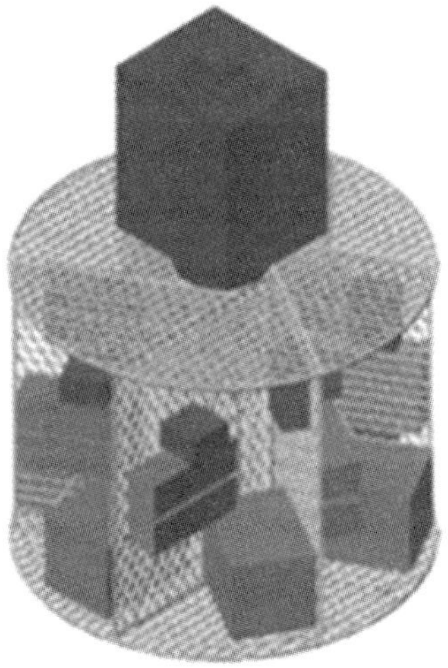

图 3-50　区域多有效载荷适配器方案

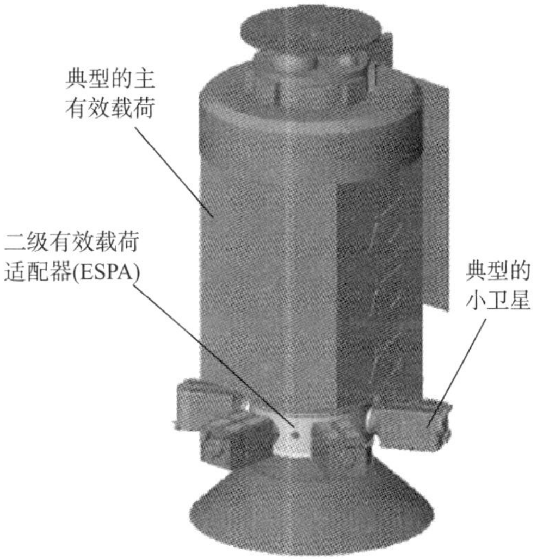

图 3-51　具有 ESPA 的多星对接示意图

多星分离是在单星分离的基础上实现的，对于每一个卫星分离而言，其分离系统的组成与单星分离基本一致，多星分离与单星分离的差异主要体现在各卫星之间的分离顺序、支撑结构的分离方式、分离过程箭体的姿态调整方案等，这些同时与多星布局方案密切相关。搭载星分离的特点是在主任务的基础上附加分离结构，以不影响主任务为原则，搭载星一般采用弹射分离方式。

3.6.2.1　串联布局多星分离方案

内支撑布局方式的支撑结构包括一个用于安装下部卫星的内部锥形支架和一个用于

包封下部卫星并支承上部卫星的罐形壳体，壳体由前、后两个可分离的部分组成。共有前、中、后 3 套分离系统，其中两套用于两颗卫星的分离，另一套用于壳体前、后两半壳的分离，每套分离系统与单星分离相同，包括连接解锁装置、分离能源，这里不再赘述。

典型双星串联内支布局方式的分离过程如图 3－52 所示，具体过程为：首先进行上星的定向调姿或自旋；当调整至上星需要的姿态时进行上星分离，上星与上星支架连接面解锁，在推动装置的作用下实现分离；然后箭体进行调姿，使箭体轴向偏离上星方向；箭体偏转一定角度后，内支撑结构上的分离面解锁，内支撑结构的上半部分分离；然后箭体再次进行调姿或自旋，当调整至下星需要的姿态时进行下星分离。

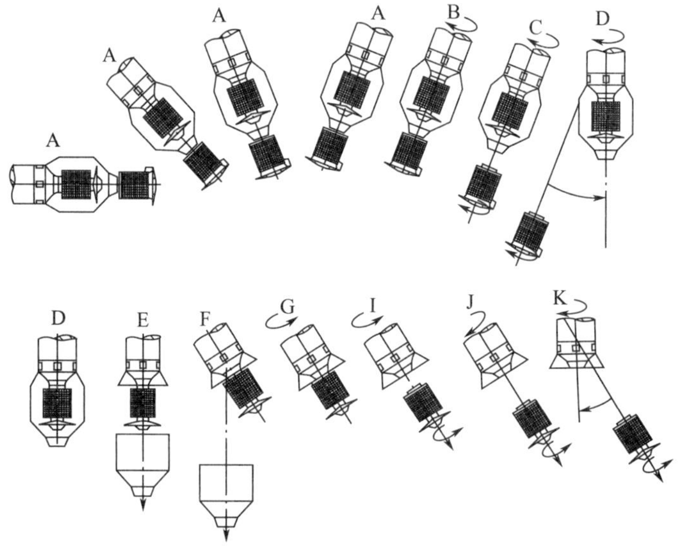

图 3－52　双星串联分离程序

A—上星调姿定向；B—上星起旋；C—上星分离；D—消旋再定向；E—上星支架分离；F—下星调姿定向；G—下星起旋；I—下星分离；J—末级火箭消旋；K—末级火箭消旋离轨

双星串联外支撑布局方式、上星位于下星顶端的布局方案的分离过程与内支撑方式类似，主要区别是具体连接解锁装置、冲量装置的设计。

3.6.2.2　并联布局多星分离方案

根据分离顺序，多星并联分离方式可以分为两种：通过火箭调姿，将卫星逐个抛出的分离方式，如图 3－3 所示；火箭起旋或是利用冲量装置，所有卫星同时侧向抛出的分离方式，如图 3－53、图 3－54 所示。将卫星逐个抛出的分离过程与多星串联分离过程基本相似，差别主要体现在并联布局不涉及支撑结构的分离。对于所有卫星同时侧向抛出的分离方式，卫星的运动方向垂直于箭体轴向，要求星箭对接结构不能影响卫星的横向运动。

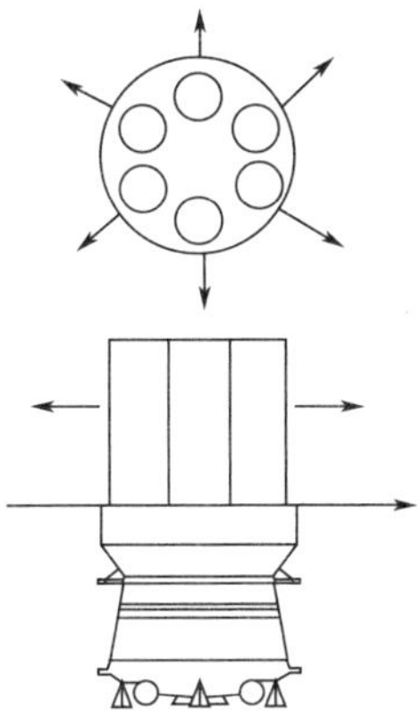

图3-53　多星并联弹射分离

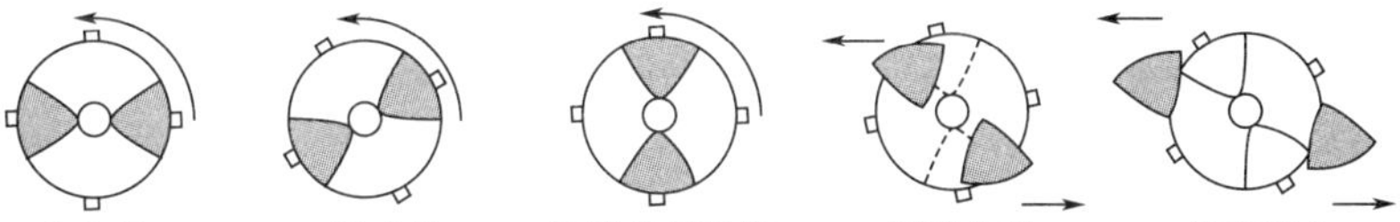

图3-54　多星并联旋转分离

3.7　尾罩分离方案设计

采用发射筒冷弹射的运载火箭，一般通过设置尾罩来保护一级发动机喷管以及尾段内部的仪器设备，不受筒中弹射压力及热环境作用，在弹射出筒一定距离后，需要实施尾罩分离，以便实现Ⅰ级发动机点火。

尾罩分离方案设计应满足以下基本要求：在尾罩分离前（含地面运输及弹射），连接解锁装置必须确保尾罩与弹（箭）体可靠连接；在分离过程中和分离后，尾罩与弹（箭）体不能发生干涉和碰撞；尾罩分离设计需满足一级起控要求；分离过程中不能产生影响弹（箭）体正常工作的多余物或碎片；分离过程对弹（箭）体的干扰应尽量小，使弹（箭）体的姿态角和角速度变化在允许的范围之内；分离过程应尽量避免产生大的力学与热环境和大的载荷条件；关键环节在设计过程中应注意采用冗余设计，确保系统可靠性；结构简单、质量小，操作维护简便，可测试性好，使用安全、可靠性高。尾罩分离的分离能源及连接解锁装置与其他分离方式相似，在此不再赘述，仅对分离方式和分离时序进行说明。

3.7.1　分离方式

按照尾罩的运动轨迹来划分，尾罩分离一般分为轴向分离、轴向拉开＋横向侧推分离、旋抛式分离三种。

（1）轴向分离

尾罩轴向分离如图 3-55 所示，尾罩与尾段通过连接解锁装置（如爆炸螺栓、推冲器等）进行连接，轴向冲量装置（如分离弹簧、推冲器等）提供尾罩脱开的分离力。当尾罩分离指令发出后，连接解锁装置解锁，尾罩与弹（箭）体脱开，在分离能源的作用下，尾罩轴向迅速拉开至足够距离，保证Ⅰ级发动机正常点火工作。尾罩轴向分离方式的动作少、系统简单，但尾罩脱开后在横向没有主动力，横向位移小，必要时需要针对发射装置的安全性问题采取针对性设计措施。

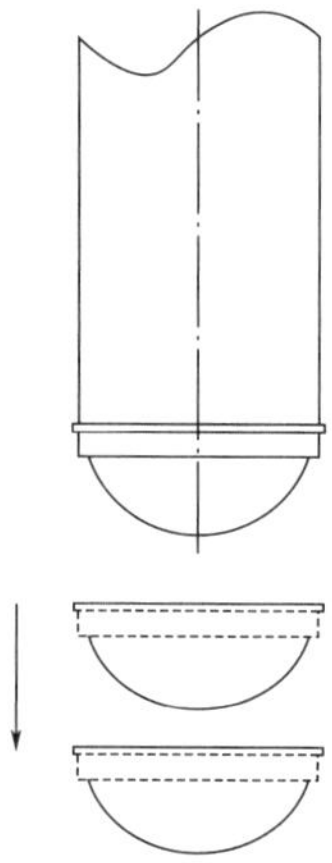

图 3-55　尾罩轴向分离示意图

（2）轴向拉开＋横向侧推分离

尾罩轴向拉开＋横向侧推分离如图 3-56 所示，该分离方式在轴向分离的基础上，增加一套侧推火箭，采用延时点火的方式，确保尾罩轴向解锁在前，横向分离运动在后。当尾罩轴向拉开足够距离后，侧推火箭点火，尾罩侧向运动。此后，Ⅰ级发动机点火工作，弹（箭）正常飞行。该分离方式能够使尾罩产生横向位移，消除尾罩抛落后对发射装置的影响。

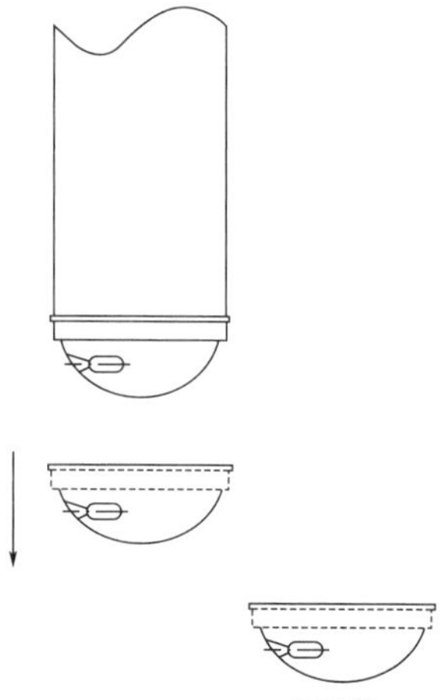

图 3-56　轴向拉开＋横向侧推分离示意图

(3) 旋抛式分离

尾罩旋抛式分离如图 3－57 所示，该分离方式是在尾罩一侧设置铰链结构与尾段连接，另一侧设置冲量装置，尾罩与尾段通过连接解锁装置（如爆炸螺栓等）连接。分离时，连接解锁装置解锁，尾罩在冲量装置的力的作用下绕铰链旋转，当旋转到设计角度时，铰链脱销，尾罩旋转飞出。该分离方式与侧推分离方案一样能够使尾罩产生横向位移，消除尾罩抛落后对发射装置的影响。

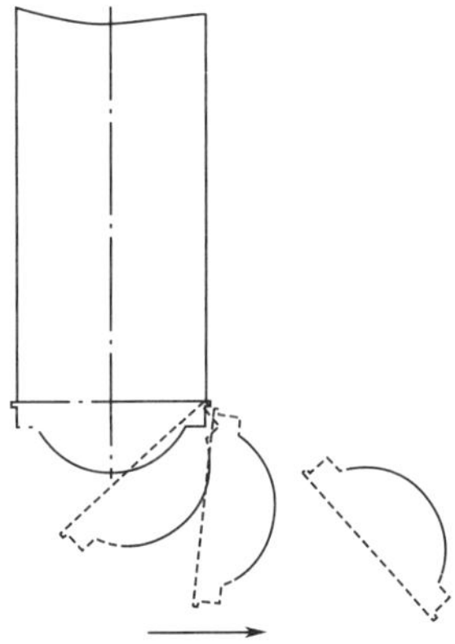

图 3－57 旋抛式分离示意图

3.7.2 分离时序

尾罩分离时序设计一般都是考虑总体性能、弹道、控制、动力、环境等多方面约束的系统工程优化设计问题。在尾罩分离设计中，I 级起控约束要求导弹出筒后尽快进行尾罩分离，以便 I 级发动机尽早点火实现起控，而从斜置发射状态下的安全性、减小筒口后效（或出水尾涌环境）的角度又要求导弹运动达到足够高度或横向距离以后再实施尾罩分离，为此在尾罩分离时序设计过程中需全面考虑约束分离时序的所有因素，通过辨识主要因素，对各个主要因素的设计边界进行分析，再综合各种约束因素来确定分离时序，最后对各种影响因素的适应性进行闭合分析，留有设计裕度。

3.7.3 其他要求

在尾罩分离设计中，除上述基本要求外，还需要重点考虑以下问题。

(1) 尾罩抛落对发射装置安全性的影响

为了适应筒中弹射的压力与热环境，尾罩通常为金属承载结构，质量为数百千克，分离后的尾罩落地速度为数十米每秒，该抛落物会对地面的发射装置和人员带来安全性问题。为了消除上述影响，一般采用斜置发射、尾罩分离后横向运动等途径。斜置发射指将发射筒倾斜一定角度，导弹或运载火箭出筒后横向运动足够距离，脱离发射装置区域后再实行尾罩分离。

(2) 低空分离外界环境的影响

尾罩分离时刻导弹（或运载火箭）距地面高度一般为数十米，属于低空分离，该状态下，需要设计考虑外界环境对分离过程的影响。

3.8 逃逸分离方案设计

逃逸是为保障载人运载火箭上升段飞行过程中航天员的安全而采取的一种手段。截至目前，世界上已有的载人运载火箭除航天飞机采用的是应急返回模式，未配置专用逃逸系统外，几乎都配备了专用的逃逸救生系统，如东方号、联盟号、大力神 2LV－4、土星 IB、土星 V 等。除东方号采用了弹射座椅外，其他载人运载火箭采用的均是逃逸塔式的逃逸救生方式[5]。

逃逸塔式的逃逸救生系统是一个以固体发动机为动力的无控飞行器，称为逃逸飞行器，其功能是在运载火箭发生威胁航天员生命安全故障时将航天员带离危险区，并为航天员的返回着陆提供必要的条件。为完成起飞前至整流罩分离期间的逃逸任务，首先要分析在此期间火箭可能发生的故障模式、发生故障的后果、故障发生的概率、故障的危险性及发生故障时刻的初始条件等。故障的统计和分析表明：在上升段发生故障概率最高的地点是在发射台附近，而故障发生时环境条件最恶劣的区段是跨音速和最大动压区段，最危险的故障是运载火箭发生爆炸。接下来要确定危险区的大小和逃离危险区所需要的时间。最后，根据飞船系统的要求确定逃逸飞行器所需要的动力系统推力和总冲。

截至目前，逃逸飞行器有两种典型形式，即以水星飞船、阿波罗飞船为代表的无翼式逃逸飞行器和以联盟号飞船、神舟飞船为代表的有翼式逃逸飞行器。两种逃逸飞行器都属无控的静稳定飞行器，都采用固体发动机为动力，但二者在实现方式、结构设计、系统性能参数上有所区别。逃逸分离包括：逃逸塔分离、逃逸飞行器分离和返回舱分离。

3.8.1 逃逸系统的组成及工作时序

神舟飞船的布局为三舱布局，轨道舱居上、返回舱居中、推进舱居后，三名航天员位于返回舱中。我国 CZ－2F 火箭逃逸飞行器由逃逸塔、上半部整流罩、栅格翼及其释放机构、上下支撑机构、灭火装置、高空逃逸发动机、高空分离发动机以及飞船的返回舱和轨道舱组成，如图 3－58 所示。

逃逸系统的任务是将航天员带离危险区，根据这个要求和飞船的布局，逃逸系统采用了以上部整流罩为逃逸飞行器的主要维形和传力结构，在整流罩内部设置支撑机构，完成逃逸时飞船和整流罩的连接。在正常飞行时，支撑机构与飞船之间可以移动，这就是所谓的弹性支撑，目的是防止不必要的动力耦合。

为满足逃逸飞行器的稳定性要求，把逃逸系统动力装置安排在逃逸飞行器的头部，另外，还在逃逸飞行器的尾部装有气动效率高、质量轻的稳定栅格翼。为了不影响火箭的正常飞行，正常飞行时栅格翼是贴靠在整流罩上的，逃逸时展开，并锁定在水平位置。

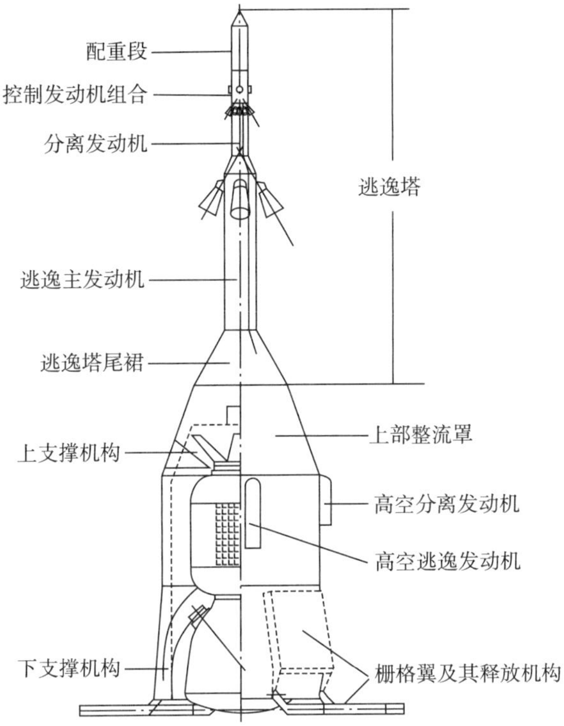

图 3-58　逃逸飞行器组成

灭火装置是逃逸系统的一个附加装置。它的主要作用是预防火灾的发生。当逃逸飞行器与故障运载火箭分离时，在两体之间会产生一个低压区，使逃逸发动机喷出的火焰通过逃逸飞行器的底部向内卷吸造成易燃物质起火，即整流罩内装有逃逸系统的供电和程序控制设备及连接电缆，一旦火焰使这些仪器、电缆损坏或温度升高，逃逸将无法正常进行。

逃逸系统的动力装置由逃逸主发动机、分离发动机、偏航俯仰发动机、高空逃逸发动机和高空分离发动机组成，其中逃逸主发动机、分离发动机、偏航俯仰发动机组成头部动力装置。

逃逸主发动机的任务是为逃逸飞行器与故障运载火箭的分离及逃逸飞行器脱离危险区提供动力。其被布置在头部动力装置的下部，与尾裙相连，尾裙是实现发动机与整流罩相连的一个壳段。

分离发动机的任务是为返回舱与逃逸飞行器的分离及逃逸塔和运载火箭的分离提供动力。其被布置在逃逸主发动机之上。

控制发动机组合的任务是，当在发射台逃逸时，使逃逸飞行器能够偏出一定的水平距离（为返回舱着陆提供条件），其他情况逃逸时使逃逸飞行器偏出故障火箭的飞行管道，将其布置在分离发动机的上部，以便在相同的推力下能够产生更大的力矩。

高空逃逸发动机的任务是，在逃逸塔被抛掉以后，为逃逸飞行器提供离开故障火箭的动力，同时在发射台附近逃逸时用来提高逃逸弹道顶点的高度和水平距离。其被布置在整流罩上。

高空分离发动机的任务是，在逃逸塔分离后为返回舱与逃逸飞行器的分离提供动力，其也被布置在整流罩上。在逃逸飞行器的工作范围（起飞至整流罩分离）内，逃逸模式分为两种，即有塔逃逸模式（模式Ⅰ）和无塔逃逸模式（模式Ⅱ）。模式Ⅰ适用于火箭飞行 0～120 s，模式Ⅱ适用于火箭飞行 120～200 s。在模式Ⅰ中，60 s 之前不要求火箭发动机关机，60 s 之后需要火箭发动机关机。对应模式Ⅰ的逃逸程序有 3 种，分别定义为逃逸程序Ⅰ-Ⅰ、Ⅰ-Ⅱ、Ⅰ-Ⅲ，对应模式Ⅱ的逃逸程序有 1 种，定义为逃逸程序Ⅱ。在整流罩分离以后火箭发生故障时采用应急分离的方式实施救生。

逃逸程序Ⅰ-Ⅰ适用于发射前，塔架平台展开到起飞 20 s 之间火箭出现重大故障，逃逸程序为：

1）当逃逸控制器接到逃逸指令后，同时发出支撑机构动作、灭火装置工作、Ⅲ象限控制发动机推力挡板打开指令；

2）当逃逸控制器接到飞船密封板分离信号，同时发出栅格翼展开、主发动机点火、逃逸分离面解锁指令；

3）相对主发动机点火延迟 t 秒，Ⅲ象限控制发动机点火；

4）相对主发动机点火延迟 3.8 s，4 台高空逃逸发动机同时点火；

5）当接到轨道舱和返回舱分离信号后，发出分离发动机点火指令；

6）延迟 0.32 s 后，Ⅳ象限控制发动机点火（推力挡板不打开）。

逃逸程序Ⅰ-Ⅱ适用于起飞 20～100 s 火箭出现重大故障时，逃逸程序为：

1）当逃逸控制器接到逃逸指令后，同时发出支撑机构动作、灭火装置工作指令；

2）当逃逸控制器接到飞船密封板分离信号，同时发出栅格翼展开、主发动机点火、逃逸分离面解锁指令；

3）延迟 0.45 s 后，Ⅳ象限控制发动机点火（推力挡板不打开）；

4）当接到轨道舱和返回舱分离信号后，发出分离发动机点火指令；

5）延迟 0.32 s 后，Ⅰ象限控制发动机点火。

逃逸程序Ⅰ-Ⅲ适用于起飞 100 s 至逃逸塔分离期间火箭出现重大故障时，逃逸程序为：

1）当逃逸控制器接到逃逸指令后，同时发出支撑机构动作、灭火装置工作指令；

2）当逃逸控制器接到飞船密封板分离信号，同时发出栅格翼展开、主发动机点火、逃逸分离面解锁指令；

3）当接到轨道舱和返回舱分离信号后，发出分离发动机点火指令；

4）延迟 0.32 s 后，Ⅰ象限控制发动机点火。

逃逸程序Ⅱ适用于逃逸塔分离至整流罩分离期间火箭出现重大故障时，逃逸程序为：

1）当逃逸控制器接到逃逸指令后，延迟 1 s 后，发出灭火装置工作、支撑机构工作指令；

2）当逃逸控制器接到飞船密封板分离信号，同时发出（若未接到飞船密封板分离信号，则在发出灭火装置工作和支撑机构工作指令 510 ms 后发出）Ⅰ半罩的 2 台高空逃逸发动机点火、逃逸分离面解锁指令；

3）延迟 0.1 s 后，Ⅲ半罩的 2 台高空逃逸发动机点火；

4）当接到轨道舱和返回舱分离信号后，发出高空分离发动机点火指令。

3.8.2　逃逸塔分离

火箭正常飞行 120 s 后，将已完成使命的逃逸塔分离并抛掉。对逃逸塔分离的主要要求为：在给定的飞行时间内实施逃逸塔分离。分离过程中不允许碰撞火箭或使固体发动机尾焰核心区冲刷火箭，对火箭的干扰最小；连接－解锁装置工作的同步性在规定值范围内。

3.8.2.1　连接解锁装置

逃逸塔分离面的连接分离装置的选择应考虑的主要因素为：正常飞行工况下要能保证结构刚度的连续性，分离面直径不宜过小，否则会导致点式连接分离装置的载荷要求过大；逃逸工况下，能适应载荷要求，要考虑冲击载荷影响；连接分离装置最好能选用与其他分离系统相同的产品。

3.8.2.2　分离能源

逃逸塔位于火箭的顶部，其需要向前、侧方向运动才能实现分离，因此需要向前和侧向的动力。由于分离过程中火箭存在较大的加速运动，对分离能源的推力和总冲量要求都比较高，因此选用固体发动机作分离能源。侧向力提供方式的选择与前面逃逸塔分离相同。

对应有塔逃逸模式、无塔逃逸模式两种状态，有塔逃逸分离的动力是逃逸主发动机和控制发动机，无塔逃逸模式分离的动力是高空逃逸发动机。逃逸主发动机和高空逃逸发动机不是分离专用发动机，它的主参数由逃逸的要求确定。

逃逸主发动机推力是由逃逸的快速性要求确定的，即按照 2 s 内飞行 170 m 的指标确定的。它的总冲量返回舱与逃逸飞行器分离点的弹道高度、水平距离、速度头及铅垂速度等指标共同决定的。高空逃逸发动机的推力也是由逃逸的快速性决定的，其总冲量与逃逸相对距离等因素有关。控制发动机的推力和总冲量，决定了飞行器的横向运动能力，需要根据逃逸飞行弹道确定。

3.8.2.3　分离时序

逃逸塔的分离过程涉及三个时序动作，即逃逸塔分离面的火工品解锁、分离发动机点火、控制发动机点火。分离时序设计应遵循的原则为：按照对火箭影响最小的原则，应在爆炸螺栓完全解锁后启动控制发动机；控制发动机的安装位置和能量决定了其不能提供足够的横向速度，需利用分离发动机的能量提供分离速度，因此，控制发动机的启动时间必须在分离发动机工作结束前；发动机点火的供电电源均位于整流罩上，因此控制发动机的点火时间必须考虑为控制发动机点火提供足够的供电时间。按照上述三项原则，通过分离分析进行分离时序优化设计。

3.8.3 逃逸飞行器分离

逃逸飞行器与运载火箭分离的范围是从火箭起飞前至整流罩分离。飞行高度范围约为0～110 km，飞行过载约为0～5.0。分离过程中不允许碰撞火箭，或使固体发动机尾焰核心区冲刷火箭，对火箭的干扰最小。在分离过程中同样需要断开的电气液连接所产生的力，尽可能使其与质心的力臂最小。

3.8.3.1 连接解锁装置

逃逸飞行器与运载火箭的分离面包括整流罩的逃逸分离面和飞船系统的舱段分离面。飞船系统的舱段分离面与正常飞行使用的分离面是共用的。

整流罩上的逃逸分离面是为逃逸专门设置的，对该分离面的连接解锁装置的要求为：正常飞行工况下要能保证结构刚度的连续性；连接解锁装置工作时不应产生碎片，且解锁同步性不大于50 ms；最好能选用与其他分离部位相同的产品或相同的分离结构。

CZ-2F逃逸分离面采用爆炸螺栓，与火箭一二级分离和整流罩横向分离面用的连接解锁装置相同。

3.8.3.2 分离能源

逃逸飞行器位于火箭的顶部，逃逸时需要其迅速脱离故障火箭，并为其后的动作提供必要的条件，逃逸飞行器需要尽快地向前和侧方向运动，因此需要向前和侧向的动力，因此选用固体发动机作分离能源。侧向力可以用一台发动机的喷管采用不同喉径的方式实现，也可以用单独的固体发动机实现。用同一台发动机实现轴向力和侧向力时，轴向力和侧向力同时产生，在分离开始时对火箭产生侧向干扰，所以一般选择由单独的发动机产生侧向力。

对应有塔逃逸飞行器、无塔逃逸飞行器两种状态，有塔逃逸分离的动力是逃逸主发动机和控制发动机，无塔逃逸飞行器分离的动力是高空逃逸发动机。逃逸主发动机和高空逃逸发动机不是分离专用发动机，其主参数由逃逸的要求确定。

逃逸主发动机推力是由逃逸的快速性要求确定的，即按照2 s内飞行170 m的指标确定的。其总冲量由返回舱与逃逸飞行器分离点的弹道高度、水平距离、速度头以及铅垂速度等指标共同决定。高空逃逸发动机的推力也是由逃逸的快速性决定，其总冲量与逃逸相对距离等因素有关。控制发动机的推力和总冲量，决定了飞行器的横向运动能力，需要根据逃逸飞行弹道确定。

3.8.3.3 分离时序

逃逸飞行器的分离时序包括分离面解锁和固体发动机点火两个主要动作，但还有其他的动作需要同时或者是先后完成，如支撑机构需要动作把飞船和整流罩刚性地连接在一起、灭火装置需要启动以防止后续飞行过程中出现火灾，另外在低空逃逸时（有逃逸塔状态），为了保证飞行器的稳定性，还需要展开并锁定栅格翼。典型的逃逸分离时序如图3-59所示。

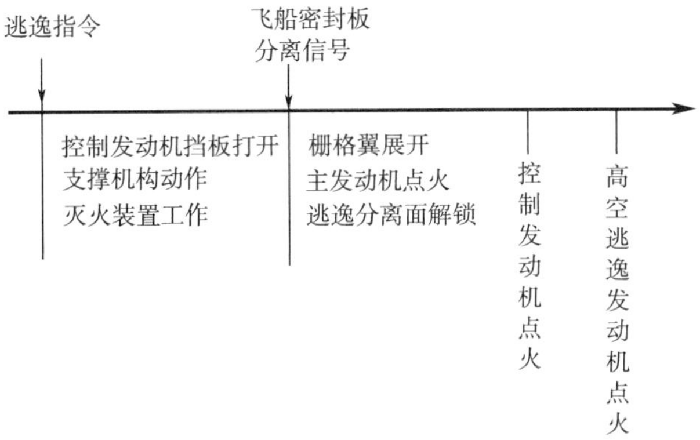

图 3-59　典型的逃逸分离时序

下面针对每个时序动作的设计目的、约束条件及时序的确定方法进行介绍。

（1）支撑机构动作

支撑机构由三个下支撑机构和三个上支撑机构组成。执行锁定动作后将飞船的轨道舱和返回舱与上部整流罩连接成一个整体。锁定动作必须在发动机点火前完成，否则将造成结构破坏，因此对支撑机构锁定所需的时间必须加以限制，目前可以做到小于 100 ms。

（2）灭火装置启动

灭火装置由灭火剂贮箱、管路及喷嘴组成，靠电爆阀门打开。灭火装置的工作时间与发动机的工作时间以及分离负压区持续的时间相关，因此在两个分离体开始相对运动前必须让灭火剂喷出，在发动机工作完成或负压区消失后工作结束。CZ-2F 运载火箭使用的这套系统的工作时间为 4.0 s，从发出电爆阀门点火指令到灭火剂喷出的时间不大 0.5 s。

（3）推力挡板打开

控制发动机的变推力能力是由推力挡板实现的，接到打开指令后，点火器工作，将固定销推出，挡板在弹簧力的作用下展开，并在最终位置处固定，这个过程需要在极短的时间内完成。而且这个功能只是在飞行过程的前 20 s 的逃逸情况下使用。

（4）主发动机点火

除了上述三个动作要在逃逸主发动机点火前完成或开始外，还有一个必要的点火条件就是飞船准备好。飞船准备好的信号是靠密封板分离到位信号给出的，按照飞船的设计，其信号发出时间通常在 180～500 ms 之间，从这个时间范围看，飞船准备好的信号，最终决定了主发动机的点火时间。为了保证整个时序执行的可靠性，逃逸主发动机的点火还设置了一个备份的点火条件，即当时间大于给定的 520 ms 还没接到密封板到位信号时，也会立即执行发动机的点火。

（5）逃逸分离面解锁

逃逸分离面的解锁应在发动机推力建立起来前完成。根据固体发动机的推力建立时间，确定逃逸分离面的解锁时间限制，例如 CZ-2F 运载火箭使用的爆炸螺栓会在 50 ms 之内完成解锁动作，因此，可以安排发动机点火指令与分离面解锁指令同时发出。

（6）栅格翼展开

逃逸飞行器是一个被动控制的飞行器，其稳定性由栅格翼来提供。逃逸飞行器上共有四套栅格翼及释放机构装置，它们均匀分布在可分离头部整流罩后锥段的四周，每套释放机构由一个栅格翼、两个弹簧推杆、两个阻尼器及一个火工分离装置组成。运载火箭正常飞行时，栅格翼收靠在整流罩上，并由火工分离装置固定，接到展开指令后栅格翼上支点的火工分离装置解锁，栅格翼在弹簧推杆的推力作用下迅速展开，阻尼器开始工作，在其工作到行程终点时上锁，即可锁定栅格翼。为了使逃逸飞行器尽快进入稳定状态，要求在发射台逃逸时，要求栅格翼在规定的时间内展开到位，通常小于 1 s。同时，为了减小栅格翼锁定过程中的冲击载荷，要求在最大速度头逃逸时，栅格翼展开的速度不能过快，因此也会规定展开的时间下限。

由于栅格翼位于火箭的头部，当逃逸飞行器和火箭仍然为一体时，它的展开会进一步增加已经出现故障的火箭的干扰，造成逃逸时的初始条件更为恶劣，因此栅格翼展开指令同发动机点火指令同时发出，这样的设计必须以栅格翼展开系统的性能提升为保证。

（7）高空逃逸发动机点火

在进行高空逃逸时使用的动力不再是逃逸主发动机，而是高空分离发动机。高空逃逸发动机共 4 台，位于整流罩的前柱段纵向分离面的两侧，位于半罩同一侧的两台发动机同时工作，利用两对发动机工作的时间差使飞行器向前侧方飞行。这个时间差要通过分离分析，在飞行器转动角速度限制和不碰撞火箭的限制条件下确定。

3.8.4 返回舱分离

返回舱分离设计要求为：在所有分离动力作用完成后，相对返回舱与逃逸飞行器的轴向相对分离速度大于 $\boldsymbol{V}_0$。$\boldsymbol{V}_0$ 通过风洞试验确定；分离过程中允许返回舱和逃逸飞行器局部发生接触（碰撞），接触力不大于 $\boldsymbol{F}_0$（或以冲量形式表达）。$\boldsymbol{F}_0$ 由返回舱的承受能力确定，不同的部位承受能力是不同的。

3.8.4.1 连接解锁装置

返回舱与逃逸飞行器的分离面位于返回舱与轨道舱的对接面处，连接分离装置为一组火工推杆。它是为返回舱与轨道舱的连接和分离而设计的，而不是专为逃逸飞行器与返回舱分离而设计的。在返回舱与逃逸飞行器分离时火工推杆可以提供部分分离能量。在分离之初，支撑机构的下支点与返回舱之间是接触性连接，在有正压力的情况下会产生摩擦力。

3.8.4.2 分离能源

火工推杆可以提供一些分离力，但远不能满足分离的需求，因此必须选择专用的分离动力。分离发动机就是专用动力，它的总冲量能满足相对分离速度大于 $\boldsymbol{V}_0$ 的要求，其工作时间则是由分离的快速性要求决定的，即在满足载荷条件下尽可能取大推力。

为了避免分离后的返回舱和逃逸飞行器发生碰撞，或影响返回舱后续的救生动作，需要控制发动机来改变逃逸飞行器的弹道，使两者按照不同的弹道飞行。

3.8.4.3　分离时序

返回舱与逃逸飞行器的分离有三个时序动作，即火工推杆工作、分离发动机点火和控制发动机点火。

分离发动机的点火必须在分离面解锁后，否则将造成能量的损失。火工推杆的工作条件由飞船系统确定，火工推杆工作后给出分离信号，逃逸飞行器接到这个分离信号后发出分离发动机点火指令。

控制发动机的总冲量较小，不能单独在较大范围内改变逃逸飞行器的弹道，必须借分离发动机的能量，因此需要在分离发动机工作期间工作。控制发动机的推力会造成逃逸飞行器的旋转运动，导致返回舱与逃逸飞行器发生碰撞，为了减少这个影响，控制发动机的点火时间要晚于分离发动机的点火时间，其点火时间为理论上返回舱上端面脱离逃逸飞行器下端面的时刻。

3.9　其他分离方案设计

除了上面提到的级间分离、助推级分离、星箭分离、整流罩分离等外，航天产品在飞行过程中还存在一些其他部件的分离情况，如舱口盖的分离、诱饵的释放、导引头保护罩的分离（或释放）等。

3.9.1　舱口盖的分离

如果级间分离采用热分离方式，当级间壳段结构为整体结构型式时，为了改善级间热环境和降低级间段内的压力，一般在上面级发动机点火前抛掉若干个排焰舱口（或称窗口）盖，以便上面级发动机喷流从排焰舱口顺畅排出。

舱口盖的分离方案与其结构型式密切相关，目前国际上常见的分离方案为：壳段结构为整体结构，在每个舱口周围预置了聚能炸药索药条，在药条外设置合理的保护罩。对于舱口盖的分离，聚能炸药索药条既是分离解锁装置，又具有分离冲量装置的功能，为舱口盖提供分离动力，使其达到一定的分离速度。

多个舱口盖的聚能炸药索可通过一套非电传爆系统点燃，提高了舱口盖分离的同步性，从而大大减小了对弹体姿态的影响。

3.9.2　诱饵的释放

为了提高突防能力，导弹往往携带一些假目标。这些假目标（通常称作诱饵）在导弹飞行过程的适当时机被释放出去，伴随在弹头周围飞行，给敌方防御系统的目标识别造成困难，起到掩护真目标（即弹头）飞行的目的。

多个诱饵可以分批释放，对单个诱饵（或诱饵组合件）而言，其释放程序包括诱饵解锁和诱饵释放两个时序动作。诱饵解锁一般是通过起爆火工品对机械锁紧机构进行解锁，诱饵释放即点燃诱饵结构上自带的小型固体火箭，使诱饵在短时间内加速并以一定的速度飞离弹体。

诱饵释放的动力也可以由气体压力提供，例如有的导弹利用末修动力系统气瓶的剩余气体，对诱饵安装筒内充气，当诱饵的锁紧结构解锁时，诱饵受到气体作用，获得一定的分离速度被弹射出去。在这种情况下，诱饵解锁和释放由一个指令完成，然而在诱饵解锁和释放之前，需要增加一个充气指令，打开电磁阀对诱饵安装筒充气。

诱饵释放会对弹体产生一定的反作用力，从而影响弹体的冲击、振动环境，并对弹体姿态造成一定的影响。

3.9.3 导引头保护罩的分离

对于带有末制导采用光学或红外导引头的导弹，在导引头的外面装有保护罩。当需要导引头工作时，必须打开并抛掉保护罩。导引头保护罩的分离通常采用瓜瓣式分离方案，分离装置常采用导爆索，即作为分离解锁装置，把保护罩切割为若干块（即瓜瓣），并把切割后的罩块抛离弹体。

保护罩的分离会给导弹造成冲击环境，可通过地面的抛罩试验来获取弹上冲击环境的参数，并验证弹上产品对分离冲击环境的适应性。

3.10 小结

本章对航天运载器飞行过程中的典型分离动作，包括级间分离、助推器分离、整流罩分离、有效载荷分离等方案设计方法进行了介绍，对各分离系统设计涉及的分离方式、分离能源、连接解锁装置、分离时序等详细的设计方法、需考虑的因素进行论述，并列举了国内外典型运载火箭分离系统设计的实例。由于分离系统不是一个相对独立、封闭的系统，而是与其他系统密切相关，因此在进行分离系统方案设计时需要兼顾其他系统的性能及能力，以实现运载器总体性能最优。

参考文献

[1] 鲁宇，龙乐豪，等．世界航天运载器大全．第2版．北京：中国宇航出版社，2007.

[2] 刘竹生，王小军，朱学昌，王国辉，等．航天火工装置．北京：中国宇航出版社，2012.

[3] 李东旭．航天飞行器分离动力学．北京：科学出版社，2013.

[4] 冯韶伟，刘竹生，马忠辉，等．捆绑火箭助推器与芯级间捆绑联接技术应用进展．导弹与航天运载技术，2012，323（6）：20－23.

[5] 李东旭．逃逸飞行器分离动力学与仿真．北京：科学出版社，2003.

第4章　航天分离产品设计

4.1　概述

分离系统产品设计是在分离方案确定后，对分离系统各组成部分的产品进行设计，分离系统产品设计是在设计上落实分离方案。分离系统与分离方案密切相关，分离方案确定了分离系统的组成，明确了各组成部分的类型。不同分离系统的组成产品不一样，但归纳起来一般由四部分产品组成，即信号转化装置、分离装置、分离推力装置以及相应的分离结构，这四部分产品的设计应遵循先进性与继承性相结合，通用化、系列化和组合化相结合，可靠性和安全性相结合的原则。本章将主要介绍航天分离产品的基本结构和设计方法。

4.2　信号转化装置

信号转化装置主要分为火工和非火工两大类。在当前航天分离系统中，火工信号转化装置几乎占有绝对主导地位，非火工信号转化装置，由于其可检可测的特点，是未来分离技术发展的一个方向。

火工信号转化装置是指接收到控制系统发出的分离信号，激发内装火炸药发生燃烧、爆炸反应，将该信号转化成燃气或爆轰波输出的装置；典型的产品有电起爆器、激光起爆器、机械起爆器等。

火工信号转化方式可以将电能、光能、机械能等不同输入刺激能量转化成燃气和爆轰波输出。其中激光光能作为刺激能量，适应于安全性要求高的环境，如电磁、雷击、射频等复杂环境；电能作为刺激能量，目前应用得最广泛；机械能（如撞击、针刺、摩擦等）作为刺激能量，一般用于光能、电能难以提供能量的情况。

非火工信号转化装置中没有使用火炸药，直接将控制系统电能指令信息（或能量）转换为机械能，最终完成作功功能。常见的信号转化装置有记忆合金、电机等。利用记忆合金的形状记忆功能，通电后，达到相变温度，发生形变，驱动机构运动，从而实现分离功能。电机转化装置与之类似，通电后，电机转动，驱动机构解锁或机构运动，从而实现分离功能。

在实际应用中，一般信号转化装置只是起始的驱动源，需要与分离装置结合在一起才能实现产品的分离功能，如电爆炸螺栓、电机驱动分离装置；也可以在信号转化装置与分离装置之间增加传输装置，如导爆索组件。

4.2.1　基本结构

4.2.1.1　火工信号转化装置

火工信号转化装置目前一般被称为起爆器。

利用电能方式激发的起爆器目前有电起爆器、半导体桥（SCB）起爆器、冲击片（EFI）起爆器等，按照激发能源的不同，可分为电能、光能、机械动能三种激发方式。三种典型起爆器如图 4－1 所示。

(a) 电起爆器

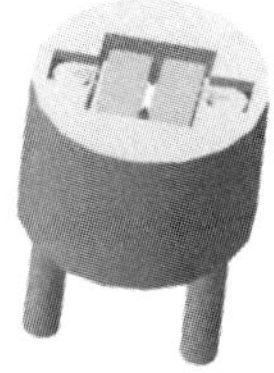

(b) 半导体起爆器

(c) 冲击片起爆器

图 4－1　电激发的三种典型起爆器示意图

电起爆器一般由壳体、极针、电桥（桥带、桥丝）、内装药剂、密封膜片等几部分组成。其能量转换的核心为桥带，结构如图 4－2 所示。极针通电后，电流通过桥带中间最窄的部位，使桥区灼热，温度迅速升高，激发与之接触的起爆药，然后根据各级不同的装药，将能量逐级放大，实现能量的输出。

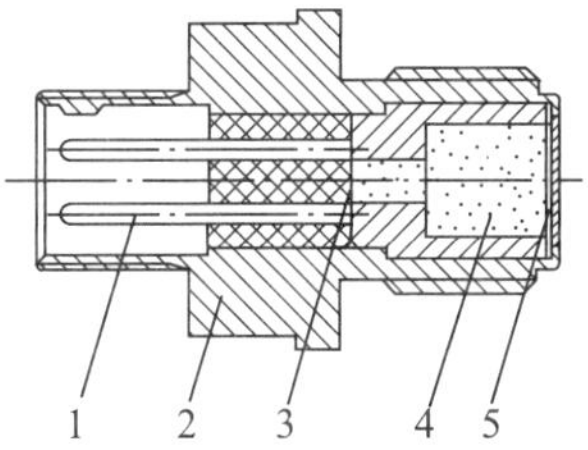

(a) 桥带式起爆器结构

1—极针；2—壳体；3—桥带；4—装药；5—密封膜片

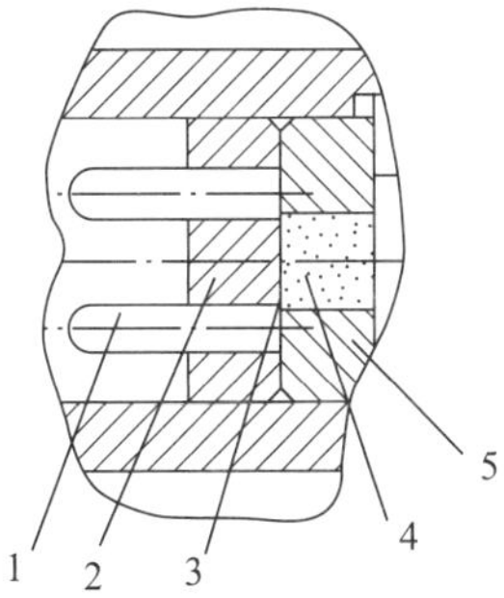

(b) 电桥结构

1—极针；2—散热套；3—桥带；4—药剂；5—装药套

图 4－2　桥带式起爆器和桥带结构

半导体桥起爆器的结构组成基本同电起爆器类似，只是能量转换的核心为半导体桥，其主要由电极、半导体桥、壳体、电极塞、始发装药、输出装药、绝缘环和密封板等组成，如图 4-3 所示。半导体桥指利用微电子制造技术，以硅基片或蓝宝石基片上重掺杂形成的多晶硅电桥。半导体桥起爆器工作时，给电极通以电流，电极塞上的半导体桥材料因热迅速气化形成等离子体，等离子体迅速扩散到始发装药中，使其受热达到燃点而发火。

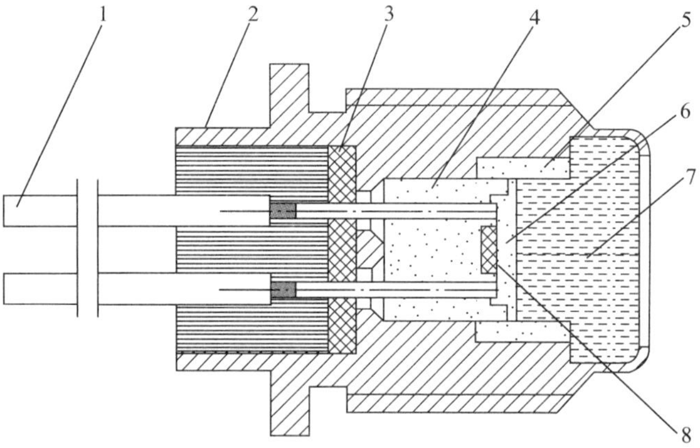

图 4-3　半导体桥点火器结构图

1—电极；2—壳体；3—密封板；4—电极塞；5—绝缘环；
6—始发装药；7—输出装药；8—半导体桥

冲击片起爆器用在冲击片起爆系统中，冲击片起爆系统的原理如图 4-4（a）所示。冲击片起爆器主要由底座（又称为反射片）、桥箔、冲击片、加速膛和药柱等几个部分组成，其基本结构如图 4-4（b）所示。底座用于提供金属桥箔支撑，并在桥箔爆炸时让能量集中从一个方向通过加速而施加到药柱上；桥箔是能量转化的关键元件，把电能转换为飞片的动能，驱动飞片撞击药柱起爆；冲击片是提供冲击药柱的“子弹”的原材料，在桥箔通电爆炸产生的等离子气体驱动下沿加速膛飞行，最终撞击药柱起爆；加速膛起到剪切飞片、限制飞片飞行途径的作用。

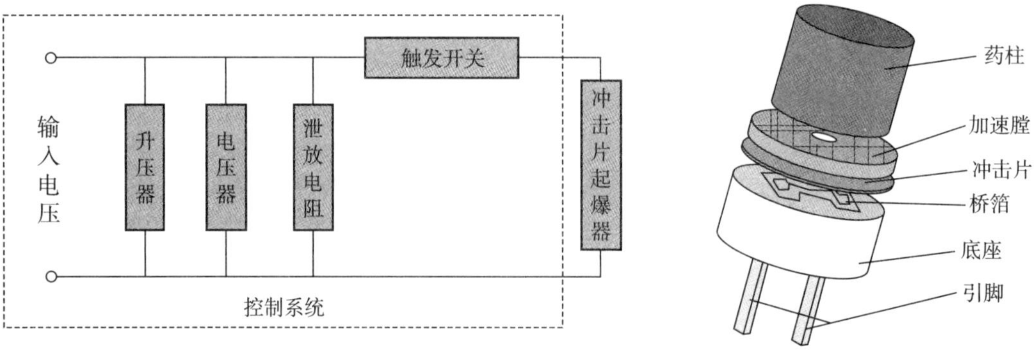

(a) 冲击片起爆系统原理图　　(b) 典型冲击片起爆器结构图

图 4-4　冲击片起爆系统原理图及典型冲击片起爆器结构图

激光起爆器用在激光起爆系统中，激光起爆系统的原理如图 4－5（a）所示，该系统是通过激光点火控制模块给激光器供电发出激光脉冲，激光能量通过光缆网传输给激光起爆器，激光起爆器输出火焰或爆轰，完成预定的功能。激光起爆器利用激光能量形式激发，能够转换为热能、等离子体、窄脉冲冲击等能量，典型结构由光连接器插座、透镜、激光发火药、主装药、壳体等组成，如图 4－5（b）所示。激光起爆器通过光连接器插座接受激光能量输入后，其内装的对激光敏感的激光发火药吸收光能，由于激光的光斑很小，能量密度很高，受激光照射的装药温度迅速升高，发生燃烧或爆炸，进而激发主装药工作，从而完成预定任务。

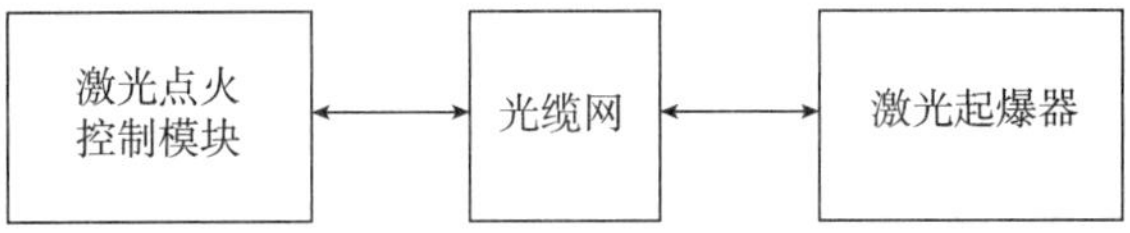

(a) 激光起爆系统原理图

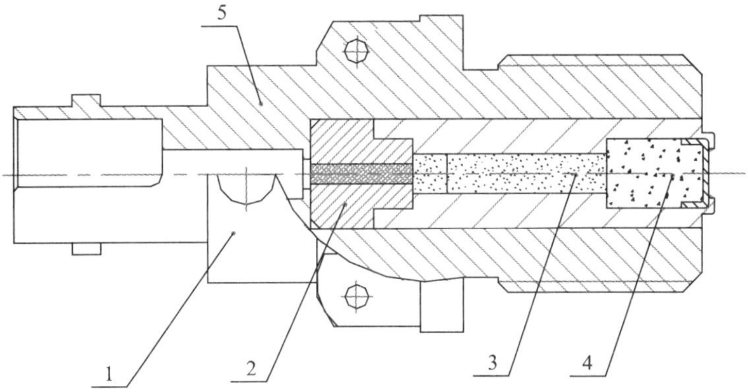

(b) 典型激光起爆器

图 4－5　激光起爆系统和典型激光起爆器原理图

1—光连接器插座；2—透镜；3—激光发火药；4—主装药；5—壳体

以机械动能（撞击、针刺、摩擦等）激发的起爆器称为机械起爆器，特点是使用雷汞、糊精叠氮化铅等敏感药剂，典型产品有雷管、火帽、底火等。图 4－6 是一种典型底火结构，工作时，机械结构解除限位，撞针撞击底火底壳，引药和底火砧座碰撞摩擦发火燃烧，然后经由引火孔进入弹壳，引燃装药。

4.2.1.2　非火工信号转化装置

目前非火工信号转化装置主要有电机和记忆合金，将电能转化为机械能，驱动解锁机构运动，实现解锁的方式。

形状记忆合金是 20 世纪 60 年代发现并逐步发展起来的一种功能材料。形状记忆效应是指材料在较低温度下发生塑性变形，当被加热至更高温度后，可以恢复到变形前的形状或尺寸。这种效应的产生是因为金属在冷却和加热过程中，发生了热弹性马氏体相变和逆

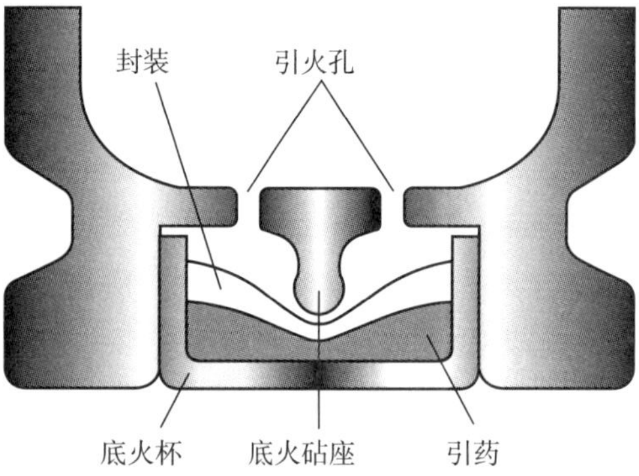

(a) 结构组成

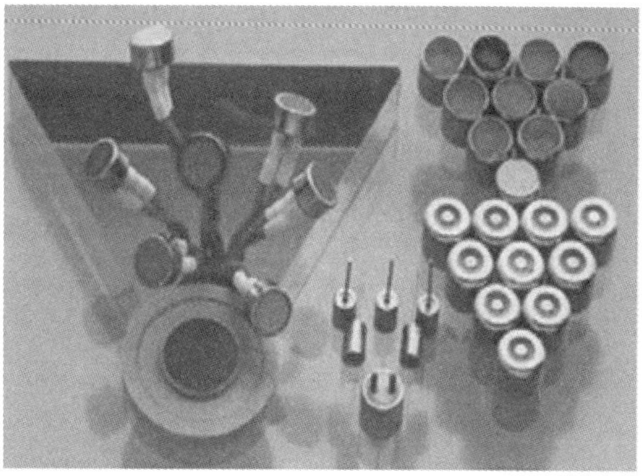

(b) 实物

图 4－6　典型起爆器结构示意图

相变的结果。在分离应用上，利用形状记忆合金的记忆特性，通电后，将记忆合金丝加热到超过其电阻转变温度，使得记忆合金丝发生应变，然后利用应变产生的收缩量转换为解锁机械能，实现分离解锁。QWKNUT 分离螺母是由 Starsys 研究公司研发的应用记忆合金换能元的典型产品，如图 4－7 所示，所需的电流（3～5 A，10～75 ms）与电起爆器所用电流相当。

产品内部解锁原理如图 4－7（b）所示，记忆合金驱动装置接触限位后，飞轮旋转，滚针落入凹槽内，分瓣螺母径向扩张，螺栓解锁。

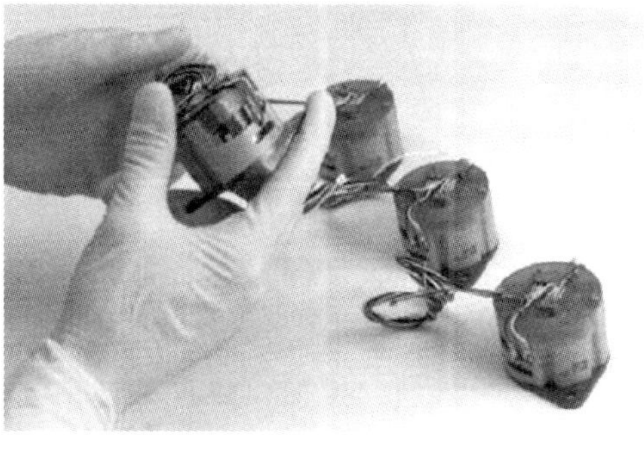

(a) 产品外形

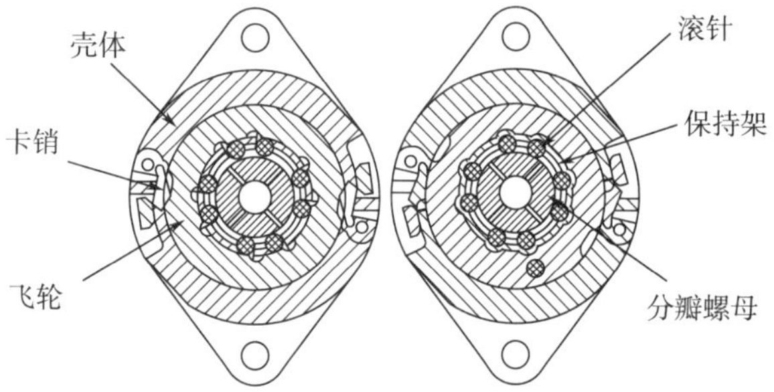

(b) 解锁过程示意

图 4－7　QWKNUT 产品结构示意

电机驱动分离装置利用电机释放连接解锁结构转动的机械能，最终完成解锁功能。这种装置采用小型无刷电机进行驱动解锁，规避了分离时火工品工作带来的较大冲击，具有可检可测、可重复使用的特点。Hi－shear 公司研制的 SN9700 系列分离螺母是一种典型产品，如图 4－8 所示。

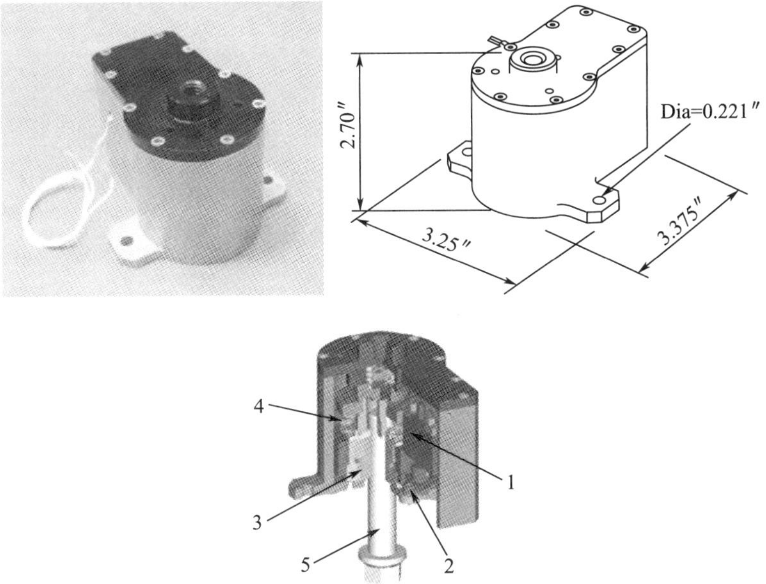

图 4-8 SN9700 分离螺母产品结构示意（见彩图）

1—电机转动；2—电驱动连接解锁结构运动；3—旋转缓释结构运动；4—解锁结构运动；5—螺栓脱出

4.2.2 设计方法

4.2.2.1 火工信号转化装置设计

在分离系统设计中，需要根据系统的特点选择相应的信号转化装置。如果要求同步性很高，工作时间很短，在 1 ms 以内，则可以选择半导体桥起爆器；如果要求安全性极高，则可以选择冲击片起爆器，但控制系统需要满足相应的充放电要求；如果要求安全性高，也可以选用激光起爆器，并通过光路的可检可测，确保光路传递可靠；若无法采用电驱动，则可以选择机械驱动的机械起爆器，当结构运动到一定位置后，解除保险，激发起爆器工作；若没有特别的要求，可采用应用广泛、成熟度较高的桥带式电起爆器，这种电起爆器满足 1 A/1 W/5 min 不发火的要求，工作时间一般在 50 ms 以内，工艺稳定、可靠性高。

无论是哪种信号转化装置，在设计上都应充分考虑可靠性、安全性、接口匹配性和能量匹配性的要求。电起爆器的相关设计理念如下。

（1）功能设计方法

火工信号转化装置的功能主要是输出燃烧火焰和爆轰波压力，从设计上有如下方法。

1）当要求输出能量为燃烧火焰时，装药序列一般为敏感起爆药、过渡药（少量起爆药）和点火药，点火药一般为烟火药或黑火药。当要求使用的输出能量为燃气压力时，装药序列不变，只是点火药一般为产气量大的烟火药或单质起爆药。点火药的设计参数主要是装药量和装药密度。设计时，首先根据使用要求选择合适的药剂；为提高药剂力学环境适应性，根据经验，点火药的装药密度一般不小于 1.6 g/cm^3；然后，根据药剂的火药力、容腔体积估算装药量；通过爆压测试的结果微调药量，根据标准规定的裕度要求（如 GJB 1307A—2004《航天火工装置通用规范》），进行与下一级装置的匹配试验，以确定最终装药量。

2）当要求输出能量为爆轰波压力时，装药序列一般为敏感起爆药、传爆药和猛炸药。猛炸药的设计参数有装药尺寸和装药密度。为形成稳定爆轰波，装药长径比一般设计为不小于 1∶1；根据经验，常用的黑索金装药密度选取 1.6 g/cm^3。

（2）接口设计方法

信号转化装置有输入端和输出端两个接口关系：

1）输入端接口和信号转化方式直接相关，例如电能→热能转化方式，其接口为电连接器，对于光能→热能转化方式，其接口则为光连接器。

2）输出端接口一般为机械接口，和下一级的分离装置通过螺纹相连。

（3）可靠性设计方法

信号转化装置的可靠性设计方法主要有：

1）感度设计：按照标准规定的评估方法进行感度试验（如 GJB/Z 377A—1994《感度试验用数理统计方法系列》中升降法、兰利法、D 优化法和步进法），根据结果统计推断在一定置信度下，满足一定可靠度的发火能量。

2）裕度设计：信号转化装置与下一级装置之间、信号转化装置内部组件界面之间，都应进行裕度设计，并经过验证。

3）冗余设计：信号转化装置通常采用冗余设计，排除单点失效。一般不应把双桥带（丝）的信号转化装置作为冗余设计。

（4）安全性设计方法

安全性是指在一定（全寿命周期内）条件下，含能材料保持其化学、物理性能不发生超过其允许范围变化的能力。要提高产品自身的安全性，有如下设计方法：

1）应尽可能使用钝感药剂，设计应能使人员、设备和器材的危险减至最小。

2）通过金属屏蔽壳、释放静电的锯齿桥带结构等，提高抗电磁干扰能力。

3）按照标准要求的感度试验法对最大不发火电流进行计算（如 GJB/Z 377A《感度试验用数理统计方法系列》），并按照标准要求进行安全电流测试（可参考 GJB 344A—2005《钝感电起爆器通用规范》）。

4.2.2.2 非火工信号转化装置设计

（1）基于形状记忆合金材料的信号转化装置

形状记忆合金材料是该类非火工信号转化装置的核心元件，设计时，根据实际应用需求（功能、性能、环境等），选择合适的形状记忆合金驱动源，并开展驱动源的相变温度、带载能力、弹性模量、电阻率等测试，还需对形状记忆合金材料的相变过程和回复能力进行分析。

常用的形状记忆合金驱动源按尺寸和形状进行分类，有形状记忆合金丝、形状记忆合金弹簧和形状记忆合金棒，它们之间的性能比较见表 4-1。

表 4-1　形状记忆合金驱动源性能比较

	形状记忆合金丝	形状记忆合金弹簧	形状记忆合金棒
驱动速度	快	中	慢
驱动力	小	中	大
驱动位移	小	大	小
升温速度	快	中	慢

(2) 基于电机的信号转化装置

电机是该类非火工信号转化装置的核心元件，设计时，根据实际应用需求（功能、性能、环境等），选择合适的电机。

根据电机的运动方式不同，可以分为旋转电机和直线电机。在航天飞行器机构上常用的旋转电机为步进电机、直流无刷电机和直流有刷电机，三者的特性对比见表 4-2。

表 4-2　三种直流旋转电机的特性对比

		步进电机	直流无刷电机	直流有刷电机
转速范围	低速	10 步/秒， <3 转/分钟	0～200 转/分钟	0～200 转/分钟
	高速	>200～1 000 步/秒， >60～300 转/分钟	>5 000～200 000 转/分钟	>10 000 转/分钟
名义扭矩/（N·m）		1～5	>1 000	>1 000
最大扭矩/名义扭矩/（N·m）		<2	>5	>5
名义扭矩/铜损/（N·m）		1.0	1.25（力矩电机）	1.25（常规电机）
转子与定子的间隙/mm		<0.1	<1.0	<1.0

4.3　分离装置

分离装置根据连接方式的不同可以分为线式分离装置和点式分离装置。本节中对火工分离装置的选用原则和方法不做详细介绍，仅对设计方法进行介绍，具体的选用原则和方法可参考《航天火工装置》中的相关章节。

4.3.1　线式分离装置设计

4.3.1.1　基本结构

线式分离装置是在两体接触面上实现连续线式连接，并能实现解锁的一类火工装置。具有承载能力强、可靠性高和连接刚度连续等优点，但也存在分离产生冲击大、拆卸不方便等缺点。

线式分离装置主要有切割索分离装置、导爆索分离装置、膨胀管-凹槽板分离装置、气囊分离装置等。其中以切割索分离装置、导爆索分离装置为典型代表的线式分离装置，技术发展成熟，应用广泛，一般由分离壳体、保护罩、索类火工品和连接紧固件等结构组成，如图 4-9 所示。

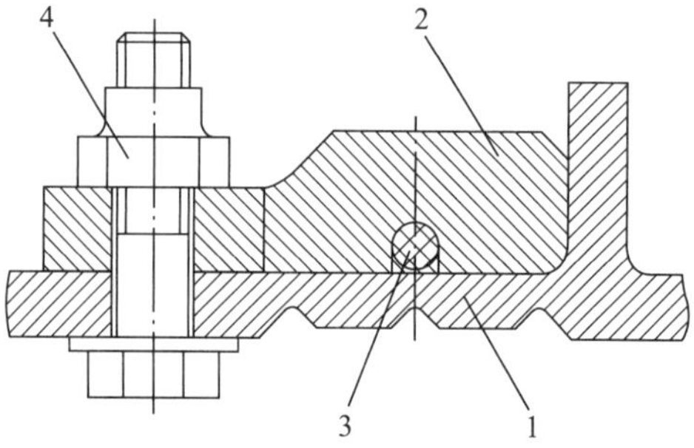

图 4-9 导爆索分离装置结构示意图

1—分离壳体；2—保护罩；3—索类火工品；4—连接紧固件

各种线式分离装置的优缺点见表 4-3，可根据具体的任务要求选取合适的装置。

表 4-3 不同线式分离装置的优缺点对比

序号	装置名称	优点	缺点	用途
1	导爆索分离装置	承载能力强、分离可靠性高、安装工艺性好、使用安全性较好，一般适用于切割厚度不超过 3 mm 的铝合金分离壳体	分离时冲击较大、有爆炸产物泄出和分离碎片产生	适用于航天飞行器级间或整流罩横向分离
2	切割索分离装置	对于均质、各向一致性好的金属材料切割效果比较好，在装药相同的情况下，可分离的厚度比导爆索分离装置大	切割索与分离结构上预制的削弱槽（分离部位）需要严格对准，并且切割索在装配过程中，型面容易发生变化，导致切割能力降低； 工作后产生较大的冲击，并泄出爆炸产物	适用于航天飞行器级间或整流罩横向分离
3	膨胀管-凹槽板分离装置	爆炸产生的气体和碎片等被封闭在膨胀后的扁平管内，对外不产生污染，冲击小	占用的结构空间和结构质量较大	适用于级间横向分离、整流罩横向分离、星箭分离和上面级的分离等
4	气囊分离装置	没有烟雾和碎片，具有无污染性和高可靠性特点	分离速度不高	适用于高空整流罩纵向的平推分离

4.3.1.2 设计方法

(1) 分离材料及分离结构型面的确定

分离壳体在分离工作前作为航天飞行器结构的一部分，兼顾承载和分离双重功能，而承载和分离是相互矛盾的两个方面。因此，分离壳体材料的选择和分离结构型面的设计在分离结构中是最为重要的。

分离壳体的材料一般为铝合金，常用的铝合金材料包括铸铝、锻铝、铝板材等。

分离厚度的确定要从两方面来考虑。一方面，作为壳体结构的一部分，要保证满足壳体的强度和刚度等承载要求；另一方面，从分离的角度考虑，在满足弹体结构强度、刚度和可靠性的前提下，应使分离厚度最小，这样不仅可以降低装药量、减小对内部仪器的冲击，同时对保护罩的设计要求也会降低，可以避免许多由大冲击带来的问题。下面简述分离厚度估算过程。

已知线式分离装置半径 R，轴压 T，弯矩 M，材料屈服极限 σ_s，分离壳体直径 R，安全系数 f，应力集中系数 k。结构示意如图 4－10 所示。

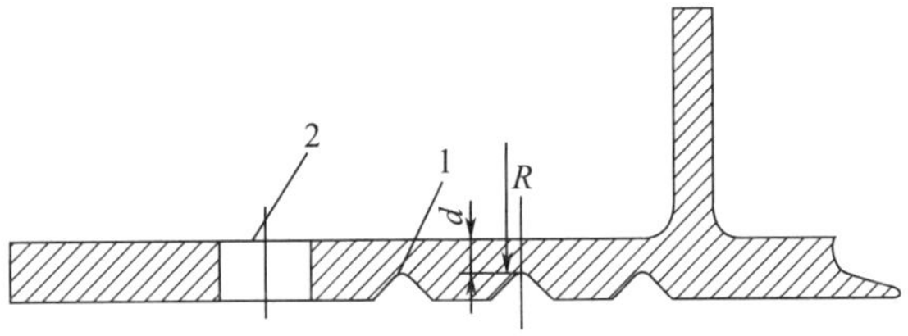

图 4－10　分离壳体截面示意图

1—削弱槽；2—螺栓连接孔

①确定分离装置的设计载荷

弯矩折合轴压

$$T_M = 2M/R \tag{4-1}$$

由此求出：

设计轴拉载荷

$$F_L = f \cdot | T - T_M | \tag{4-2}$$

设计轴压载荷

$$F_Y = f \cdot (T + T_M) \tag{4-3}$$

式（4－2）和式（4－3）中的安全系数 f 按照航天飞行器具体要求确定。

②初步估算分离厚度 d

按式（4－2）和式（4－3）计算得到轴拉载荷 F_L 和轴压载荷 F_Y，分别进行分离厚度的计算，然后取两者最大值，按照以下公式初步估算分离厚度

$$d = \frac{k \times \max(F_L, F_Y)}{\sigma_s \times \pi \times D} \tag{4-4}$$

其中应力集中系数 k 取 1.5～2。

(2) 保护罩材料及形式

保护罩的作用是防护索类火工品的反向冲击，阻止工作产物飞出损坏舱内的仪器，所以保护罩在分离过程中不能出现破坏现象。保护罩以铝合金材料为主，试验结果表明，在切割材料、切割厚度、发火环境条件均相同的情况下，不同材料的保护罩被破坏所对应的柔性导爆索装药量不同。

考虑可靠性、继承性和适于批生产的要求，也可以运用玻璃钢等复合材料作为保护罩

材料，其密度小（约 1.8 g/cm^3），结构质量轻，抗爆炸冲击性能较好，但缺点是成型尺寸误差较大，在药量较大的火工品作用下会出现层间分层或破坏现象。

（3）起爆结构设计

起爆方式一般有轴向引爆（如图 4－11 所示）和垂直引爆（如图 4－12 所示）两种。轴向引爆是指引爆装置直接引爆索类火工品（图中以切割索为例）端面，爆轰能量直接引爆药剂，引爆能量较低且可靠性高，在结构空间允许的情况下应该尽可能采用轴向引爆。垂直引爆是指起爆装置和切割索长度方向垂直，即爆轰能量直接作用在切割索背部，垂直引爆方式占用的结构空间相对较小，但是需要的引爆能量较大，通常需要在引爆装置和切割索之间安装传爆管等进行能量放大。引爆装置可根据需要选择电起爆或非电起爆器。

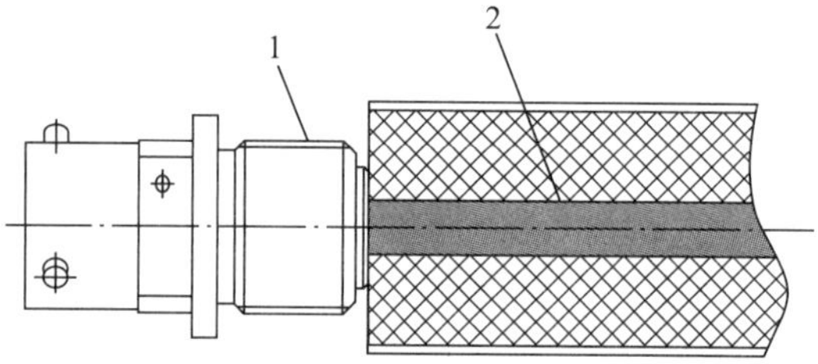

图 4－11　轴向引爆结构形式

1—起爆器；2—切割索

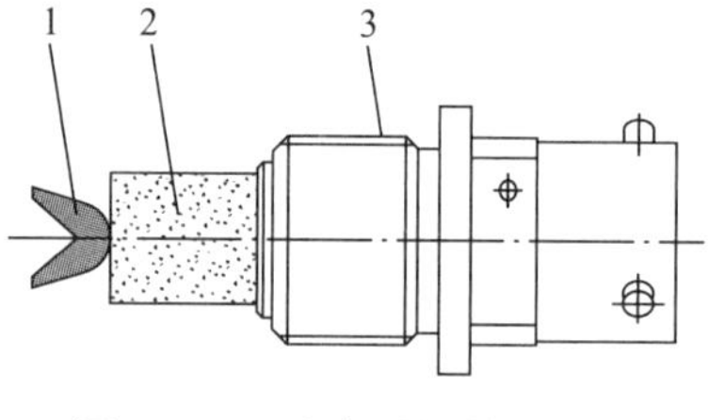

图 4－12　垂直引爆结构形式

1—切割索；2—传爆管；3—起爆器

起爆结构设计时应注意以下几点：

1）选用高强度、冲击韧性好，低温不易脆裂的材料制造；

2）连接螺纹尽量设计成细牙螺纹；

3）便于安装固定，药剂密封；

4）传爆间隙设计按照 GJB1307A 的相关规定执行，并考虑温度变化对其产生的影响；

5）结构设计时应充分考虑爆轰信号的路径和动态强度。

4.3.2 点式分离装置设计

点式分离装置作为最早应用的执行特定功能的分离装置，具有连接、展开、释放或分离功能，可用于舱段分离、舱盖弹射、降落伞释放、天线展开等任务中，在航天飞行器各种分离系统中得到了广泛应用，并随着现代航天技术需求的提升得到了纵深发展。

按照功能来划分，点式分离装置主要可以分为具有连接与解锁功能的爆炸螺栓、分离螺母和低冲击分离装置，具有推冲和拔销功能的推冲器和拔销器，以及具有连接、解锁和推冲功能的连接推冲装置。

4.3.2.1　基本结构

以爆炸螺栓为例，介绍其基本结构组成。爆炸螺栓一般有削弱槽式和剪切销式两种。典型的爆炸螺栓如图 4－13 和图 4－14 所示。削弱槽式工作时，内部装药爆炸产生的高压气体和冲击波作用在螺杆上，使削弱槽处的应力超过材料强度基线，螺栓杆从环凹形削弱槽处断裂，从而实现两个被连接物体的解锁。剪切销式爆炸螺栓则是在装药爆炸产生的冲击波和气体压力作用下推动螺栓杆运动，将连接销切断，实现螺栓杆和螺栓体的分离，从而实现两个被连接物体的解锁。

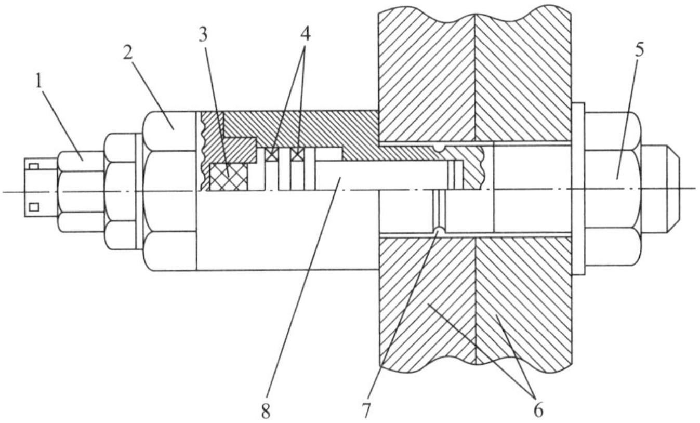

图 4－13　削弱槽式无污染爆炸螺栓

1—电起爆器；2—螺栓体；3—主装药；4—密封圈；5—螺母；6—连接件；7—削弱槽；8—活塞顶杆

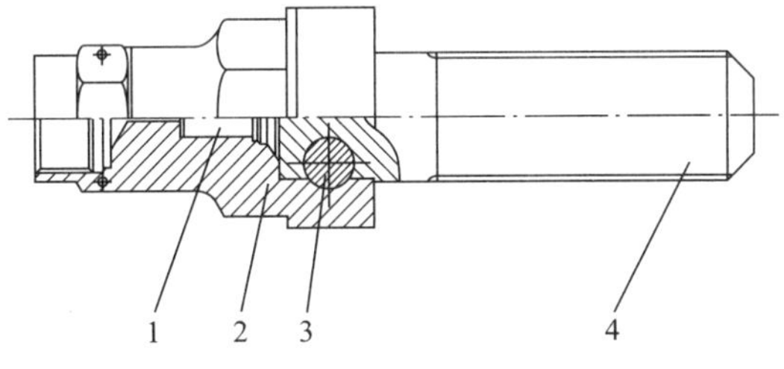

图 4－14　剪切销式爆炸螺栓

1—装药；2—螺栓本体；3—连接；4—螺栓杆

4.3.2.2　设计方法

（1）承载功能设计

点式分离装置需要承受两个方面的载荷，一个是外部载荷，即用于航天飞行器连接时所承受的拉伸、压缩或弯矩等载荷；另一个是内部载荷，即火工品工作时所产生的爆轰冲击或高温高压燃气等载荷。在设计时，从传力路径来考虑，确定能同时满足这两类载荷的结构尺寸。

（2）解锁功能设计

点式分离装置的解锁功能主要有两种设计方式，一种是通过破坏承载元件来实现解锁功能，如爆炸螺栓；另一种是通过内部机构运动释放承载元件从而实现解锁功能，如分离螺母。对于前者，装药设计时应根据承载元件的破坏载荷并考虑一定的设计裕度来确定；对于后者，设计驱动能源（火工药剂或非火工能源）时需要综合考虑零组件在最恶劣环境中的摩擦阻力，从而使得驱动能源能够克服零组件间摩擦阻力的作用并具有一定的裕度。

（3）捕获功能设计

对于爆炸螺栓来说，需要有一个爆炸螺栓盒，用于收集工作后的螺栓头；对于分离螺母来说，需要有一个捕获器，用于捕获工作后的对接螺栓。设计捕获功能时一般应考虑运动阻尼、缓冲结构以降低螺栓头/对接螺栓的速度。同时综合考虑实际使用环境，如安装空间和接口条件等。

（4）性能指标设计

针对不同的点式分离装置，按照总体要求的性能指标，根据以往类似产品的研制经验，开展工程及仿真优化分析，据此确定一个初始药量，进行药量摸索试验。

4.4 分离推力装置

本章简要介绍航天分离系统中分离推力装置的基本结构，并对主要的设计方法进行阐述。

4.4.1 基本结构

根据所使用的动力源的不同，分离推力装置主要分为火工分离推力装置和非火工分离推力装置两大类。

4.4.1.1 火工分离推力装置

在接收信号转化装置输出后，火工分离推力装置激发其内装药剂发生爆炸或燃烧反应，驱动机构做功或利用高温高压燃气产生反推力，进而带动分离体运动。

按照工作方式，将火工分离推力装置分为两大类，一类是依靠燃气反推做功的装置，如小型固体火箭；另一类是依靠燃气驱动机构做功的装置，如火工作动筒、气囊分离装置、连接推冲装置等。

小型固体火箭是使用最为广泛的分离推力装置。其工作时，通过点火器引燃点火药盒，点火药盒产生的高温燃烧产物流经装药表面，将装药迅速加热点燃，产生大量的高温燃气，燃气在燃烧室的限制下形成高压。高温高压燃气通过拉瓦尔喷管高速喷出，形成反作用力，推动与分离火箭连接的物体运动。基本结构如图 4-15 所示。

火工作动筒是依靠火工药剂产生的高温高压燃气驱动活塞杆运动，活塞杆带动被驱动的

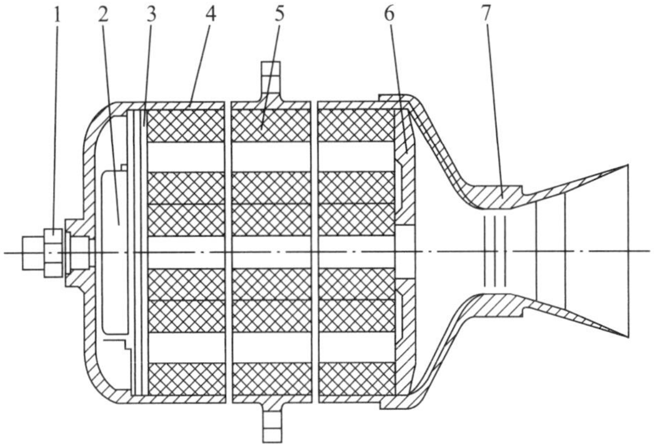

图 4-15　固体小火箭结构示意图

1—点火器；2—点火药盒；3—弹簧件；4—壳体组件；5—装药；6—挡药板；7—喷管组件

机构执行特定动作的分离推力装置，一般由装药、作动筒本体、活塞杆、连接接头等部分组成，其基本结构如图 4-16 所示。火工作动筒一般是单点作用，对被推物体局部结构的刚度和强度要求较高。常用于火箭和导弹的级间分离、整流罩分离、弹翼及舵面展开等任务中。

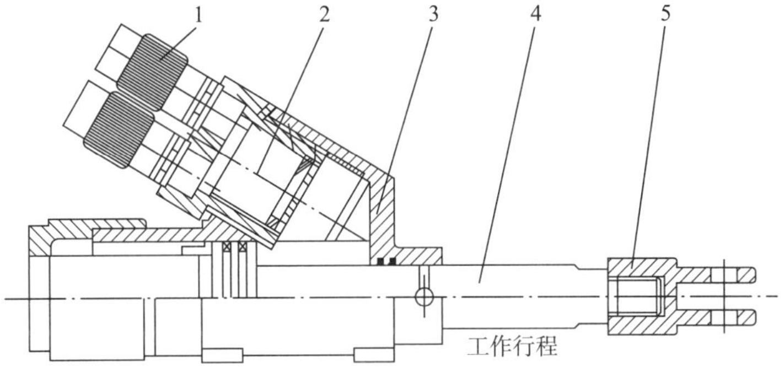

(a) 初始状态

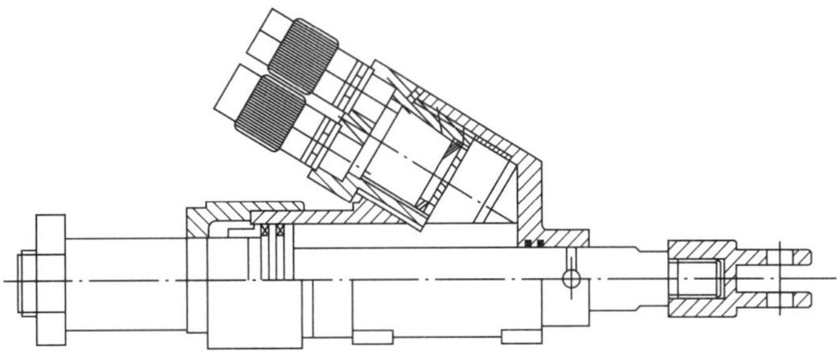

(b) 动作后状态

图 4-16　火工作动筒结构示意图

1—起爆器；2—装药；3—作动筒本体；4—活塞杆；5—连接接头

气囊分离装置是依靠导爆索产生的高温高压燃气，使气囊膨胀，剪断连接螺钉/铆钉，进而驱动相关结构运动的火工分离推力装置，实际也是线式分离装置的一种。其基本结构如图 4-17 所示。考虑到气囊的强度以及环境适应性，气囊分离装置一般用于整流罩纵向分离系统中，实现整流罩的连接、解锁和提供分离推力的功能。

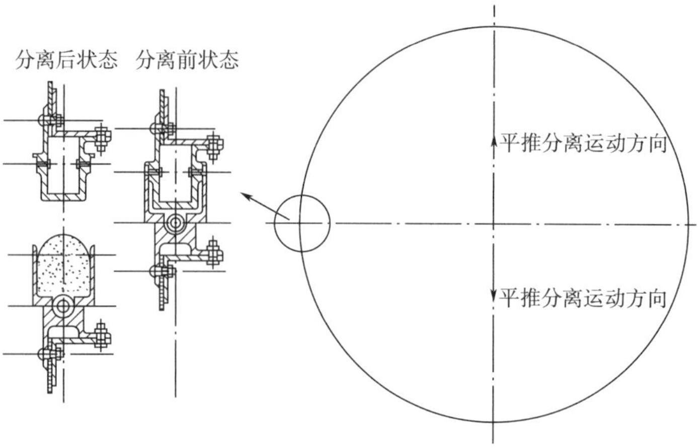

图 4-17　气囊分离装置基本结构及工作示意图

近些年还出现了一种具有连接、解锁和提供分离推力的多功能火工作动装置，它在结构设计上综合采用了分离螺母和火工作动筒的基本结构，进而在一个装置内实现了二者的功能。

4.4.1.2　非火工分离推力装置

非火工分离推力装置主要有弹簧分离推力装置和冷气驱动装置。前者依靠弹簧内的弹性势能对外提供分离推力，后者类似火工作动筒，依靠高压气体驱动机构对外提供分离推力。

(1) 弹簧分离推力装置

弹簧力可通过初始压缩量、分离行程等参数的设计进行精确控制，在需要使用多个分离推力装置时，通过地面筛选的方法，依据需要的分离力进行弹簧选配安装，从而降低分离过程中的姿态干扰。采用压缩弹簧作为分离能源的原理是利用释放压缩弹簧贮存的能量使两分离体分开。常用的弹簧分离推力装置有螺旋弹簧组件、蝶形弹簧组件等，下面重点介绍这两种弹簧分离推力装置的基本结构。

①螺旋弹簧组件

螺旋弹簧组件是一种常见的非火工分离推力装置，一般为柱形。在实际使用过程中，螺旋弹簧组件由内套筒、外套筒及顶杆等零组件组成，典型螺旋弹簧组件如图 4-18 所示。

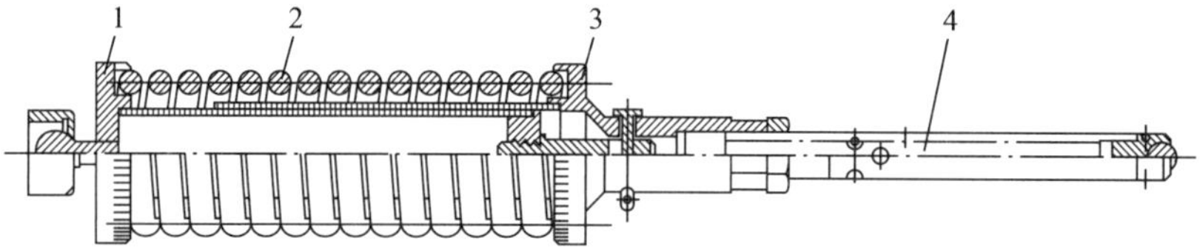

图 4-18　螺旋弹簧组件

1—内套筒；2—弹簧；3—外套筒；4—顶杆

②碟形弹簧组件

碟形弹簧又名贝勒维尔弹簧（belleville spring），碟形弹簧的形状为圆锥碟状，与传统螺旋弹簧不同，功能上有其特殊的作用。主要特点是单片几何高度小、刚度系数大，变形小，相对于螺旋弹簧具有冲量大、所需空间小、组合使用方便、维修换装容易、经济安全性高的优势，因此可满足空间小、质量大的分离需要，其压缩行程最佳使用范围在其最大压缩行程的10%～75%之间。为了提高分离冲量，一般将碟形弹簧组合使用，形成碟簧组件，通常采用对合组合的方式，以提高弹簧的运动行程，如图4-19所示。

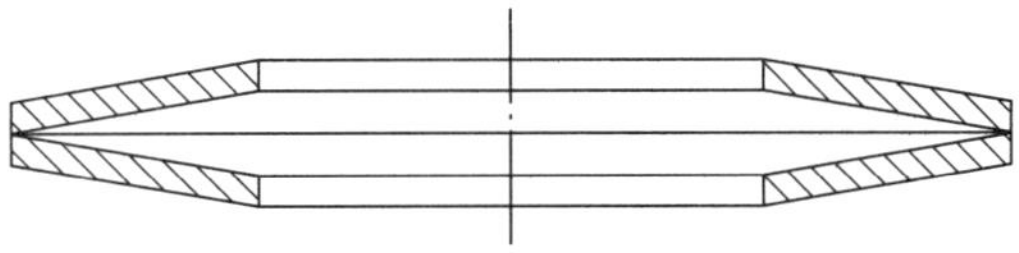

图4-19　对合组合的碟簧组件

（2）冷气驱动装置

冷气驱动装置与火工作动筒工作原理类似，不过它是依靠高压气体作为动力源，一般由气瓶、喷嘴、阀门、作动机构组成。其优点是用前可检可测、无污染、分离冲击低，其不足是结构较为复杂、推力效率较低，不适用于需要提供较大分离推力的场合。

4.4.2　设计方法

4.4.2.1　火工分离推力装置

火工分离推力装置中，燃气反推做功装置（固体小火箭）与燃气推动机构做功装置有较大的差别，前者的设计主要根据工作时间、工作推力的要求，设计装药、燃烧室壳体和喷管。后者根据推力和运动行程要求，设计装药、工作容腔、壳体结构、活塞杆、气囊和密封结构等。火工分离推力装置的具体设计方法详见《航天火工装置》和其他相关资料。

4.4.2.2　非火工分离推力装置

非火工分离推力装置中，冷气驱动装置应用较少，其工作原理和设计方法与火工燃气推动机构做功装置类似，只是用充气压力和流量代替装药设计。而弹簧分离推力装置，由于结构比较简单，可测量，使用方便，应用较多。本节只介绍用弹簧分离推力装置的设计原则及设计方法。

（1）螺旋弹簧组件

①设计原则

弹簧工作行程（即弹簧的变形量）、工作载荷（推力）应满足分离系统对分离能源指标的要求；其工作包络应与箭体结构相适应。

为提高弹簧的工作可靠性，弹簧应采用降额设计，分离弹簧均按照Ⅱ类（即工作次数在1 000～100 000之间）或高于Ⅱ类的标准即Ⅰ类（即工作次数在100 000以上）弹簧设计。

弹簧设计需进行稳定性分析，为增加弹簧的稳定性，需在弹簧外设置套筒，套筒要固定在结构上，便于弹簧的安装。

为提高弹簧的承载能力，弹簧生产后应全部采用强压考核，强压时间不小于 24 h。

应避免弹簧组件在工作过程中与弹（箭）结构、弹（箭）内设备出现干涉、卡滞等异常现象。

②设计方法

螺旋弹簧典型的结构形式如图 4－20 所示。依据分离系统方案确定的分离冲量大小，综合箭体结构、分离包络、安装协调等要求估算弹簧中径、簧丝直径、压缩量、材料弹性模量等参数，自由状态下螺旋弹簧按照下面公式进行刚度计算

$$K=\frac{G\times d^4}{8\times D^3\times n} \tag{4-5}$$

式中 K——弹簧的刚度；

G——切变模量，N/mm^2；

D——弹簧中径，mm；

d——簧丝直径，mm；

n——有效圈数。

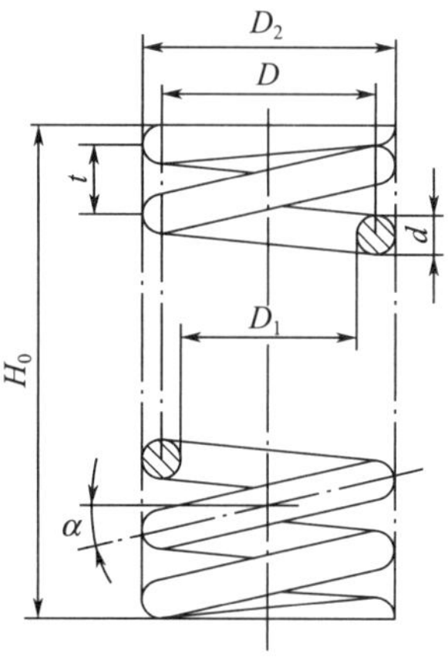

图 4－20　螺旋弹簧典型结构

D—弹簧中径；α—弹簧的螺旋角；t—螺旋线的节距；d—簧丝直径；

D_1—弹簧内径；D_2—弹簧外径；H_0—弹簧自由高度

为了在螺旋弹簧使用过程中保证稳定性，便于弹簧在使用过程中的压缩、解锁操作，螺旋弹簧一般与内套筒、外套筒及顶杆等组成弹簧组件，如图 4－19 所示。螺旋弹簧两端加工成平面结构，并通过内、外套筒间的齿状结构将螺旋弹簧和内、外套筒固连在一起，内、外套筒及顶杆一般为钢材，内、外套筒间一般应预留不小于 1 mm 的间隙，以补偿内、外套筒生产的误差，防止弹簧使用过程中内外套筒间出现卡滞等。其顶杆的设计长度主要与弹簧的安装支撑位置相适应，并考虑弹簧解锁操作的方便性、可靠性等。

(2) 碟形弹簧组件

碟簧组件安装如图 4-21 所示。为了避免分离后产生活动件或自由物，一般在碟簧组件外部增加套筒，根据径向安装空间并考虑套筒的因素选取单片碟簧的外径，优先按照国家标准《碟形弹簧》(GB/T1972) 中的尺寸系列选取单片碟簧的尺寸参数，计算单片碟簧的推力，根据分离系统方案中确定的冲量大小及轴向空间，确定碟簧的对合片数。其计算公式如下，相关参数代号及单位见表 4-4

$$P=\frac{4E}{1-\mu^2}\cdot\frac{f\cdot t^3}{K_1\cdot D^2}\cdot K_4^2\left[K_4^2\cdot\left(\frac{h_0}{t}-\frac{f}{t}\right)\left(\frac{h_0}{t}-\frac{f}{2t}\right)+1\right] \tag{4-6}$$

$$P_c=P_{(f=h_0)}=\frac{4E}{1-\mu^2}\cdot\frac{t^3\cdot h_0}{K_1\cdot D^2}\cdot K_4^2 \tag{4-7}$$

$$\sigma_{OM}=-\frac{4E}{1-\mu^2}\cdot\frac{f\cdot t}{K_1\cdot D^2}\cdot K_4\cdot\frac{3}{\pi} \tag{4-8}$$

$$U=\frac{2E}{1-\mu^2}\cdot\frac{t^3\cdot f^2}{K_1\cdot D^2}\cdot K_4^2\cdot\left[K_4^2\cdot\left(\frac{h_0}{t}-\frac{f}{2t}\right)^2+1\right] \tag{4-9}$$

其中

$$K_1=\frac{1}{\pi}\cdot\frac{\left(\frac{C-1}{C}\right)^2}{\frac{C+1}{C-1}-\frac{2}{\ln C}} \tag{4-10}$$

$$K_4=\sqrt{-\frac{C_1}{2}+\sqrt{\left(\frac{C_1}{2}\right)^2+C_2}} \tag{4-11}$$

$$C=\frac{D}{d} \tag{4-12}$$

$$C_1=\frac{(t'/t)^2}{[(1/4)(H_0/t)-t'/t+3/4]\,[(5/8)(H_0/t)-t'/t+3/8]} \tag{4-13}$$

$$C_2=\frac{C_1}{(t'/t)^3}\left[\frac{5}{32}\left(\frac{H_0}{t}-1\right)^2+1\right] \tag{4-14}$$

对于无支撑面蝶簧，$K_4=1$。

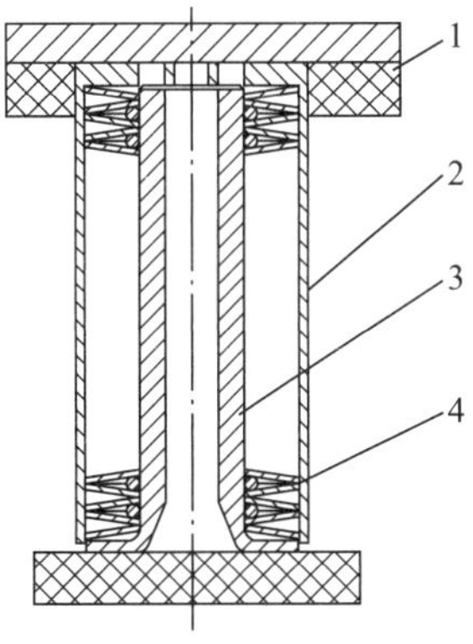

图 4-21　碟簧组件安装示意图

1—分离面；2—套筒；3—导杆；4—蝶磺组件

对有支撑面蝶簧，K_4 按式（4－11）计算，并在式（4－6）、式（4－7）、式（4－8）、式（4－9）中以 t' 代替 t，以 $h_0'=H_0'-t'$ 代替 h_0。

表 4－4　蝶簧相关的参数代号及单位

参数名称	代号	单位
外径	D	mm
内径	d	
厚度	t	
减薄碟簧厚度	t'	
单个碟簧的自由高度	H_0	
组合碟簧的自由高度	H_Z	
无支撑面碟簧压平时变形量的计算值 $h_0=H_0-t$	h_0	
有支撑面碟簧压平时变形量的计算值 $h_0'=H_0-t'$	h_0'	
单个碟簧的负荷	P	N
压平时的碟簧负荷计算值	P_c	
单个碟簧的变形量	f	mm
单片碟簧变形能	U	N · mm
直径比	C	
弹性模量	E	N/mm^2
中性点 OM 的计算应力	σ_{OM}	N/mm^2

碟形弹簧组件应用于分离推力装置时，需注意以下问题。

1）碟簧片与片之间无连接，安装、释放过程中若出现卡滞将影响分离性能，因此碟簧片表面一般需涂润滑脂。

2）长期承受负荷作用的碟簧，随着时间的推移，会产生一定的蠕变和松弛。发生蠕变时，碟簧自由高度会减少；发生松弛时，碟簧压缩同样的高度，负荷会减小。蠕变和松弛都会使碟簧工作时提供的分离能量降低。

3）单片碟簧的工作载荷存在散差，组合使用时需进行选配，以便严格控制其分离推力偏差，以减少对分离运动的干扰。

4.5　分离结构

根据对应分离装置的不同，分离结构形式主要有点式分离结构和线式分离结构。本节还介绍分离结构中的分离推力装置安装结构和分离运动约束结构。

4.5.1　点式分离结构

4.5.1.1　分离对接设计

（1）典型结构

点式分离一般是在分离面间安装多个爆炸螺栓、分离螺母等分离装置，爆炸螺栓类的点式分离典型结构如图 4－22 所示，其对接面布置关系如图 4－23 所示。

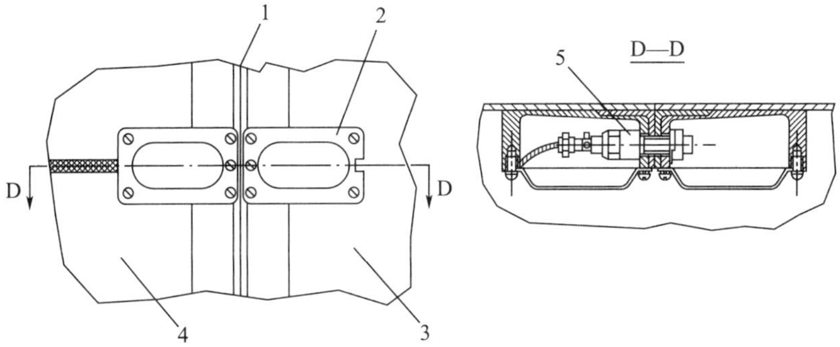

图 4－22　点式分离典型结构

1—对接面；2—爆炸螺栓盒；3—部段 1；4—部段 2；5—爆炸螺栓

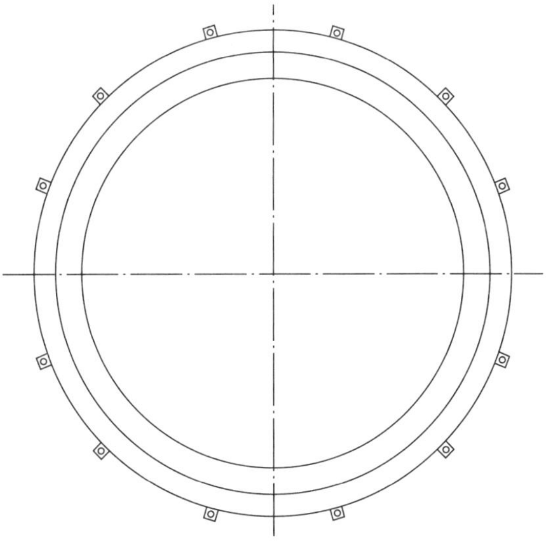

图 4－23　典型对接面布置关系示意图

（2）设计原则

1）在弹（箭）地面使用和飞行载荷作用下具有足够的连接强度，保证部段之间刚度连续；

2）点式分离用分离装置数量及其可靠性应满足分离系统的可靠性指标分配要求；

3）点式分离装置的布局应考虑壳段结构形式和传力特性，使单个分离装置及其部段结构的受力均匀、合理；

4）应控制分离装置安装的预紧力，保证部段连接刚度的连续性和连接的可靠性；

5）点式分离装置的防松结构应简单可靠、操作方便。

（3）设计方法

在各种外载荷作用下，分离连接面受到弯矩 M、剪力 Q 和轴向力 F 的共同作用，在进行点式分离装置的设计时，应首先将弯矩折合成轴拉载荷。考虑轴向力的大小及分离装置的性能参数，初步确定分离面的分离装置状态、个数，并通过分离面强度校核、分离可靠性评估，从而最终确定分离面的连接状态。

弯矩 M 和轴向力 F 作用在单个螺栓上的拉力 P_i^y

$$P_i^y = \frac{SM^y}{nJ} y_i + \frac{F^y}{n} \tag{4-15}$$

其中

$$S = \sum_{i=1}^{n} S_0 \tag{4-16}$$

$$J = \sum_{i=1}^{n} S_0 y_i^2 \tag{4-17}$$

式中 P_i^y ——使用载荷下作用在单个螺栓上的拉力，N；

M^y ——使用载荷下的弯矩，N·m；

F^y ——使用载荷下的轴向力，N；

y_i ——对接螺栓到中性轴的距离，m；

n——对接螺栓数量；

S——对接面连接件总面积，m^2；

J——部段之间螺栓连接截面惯性矩，m^4；

S_0——单个螺栓的公称应力横截面积，m^2。

当有弯矩作用时，受拉力最大的螺栓距离中性面最远（ y_i 最大），计算强度时，将作用在其上的拉力 P_i^y 选取为计算工况，表示为 $P_{i\max}^y$ 。

4.5.1.2 分离结构设计

（1）典型结构

点式分离结构是适应点式分离方式的结构，均属于集中力扩散结构，典型的结构形式主要为 L 型框和盒形结构，点式分离连接方式如图 4-24 所示。

对应的分离结构，归结为如图 4-25 所示的两类典型结构形式。

（2）设计原则

设计时需要正确确定与分离有关的连接面载荷。载荷条件是进行分离结构与连接结构设计的重要输入条件，所以设计时首先必须明确分离结构在寿命周期内承受的各种工况，诸如导弹或运载火箭在地面停放、起吊、翻转等操作过程，以及运输、发射、飞行等阶段受到的弯矩、剪力、振动、冲击、加热等力学条件。

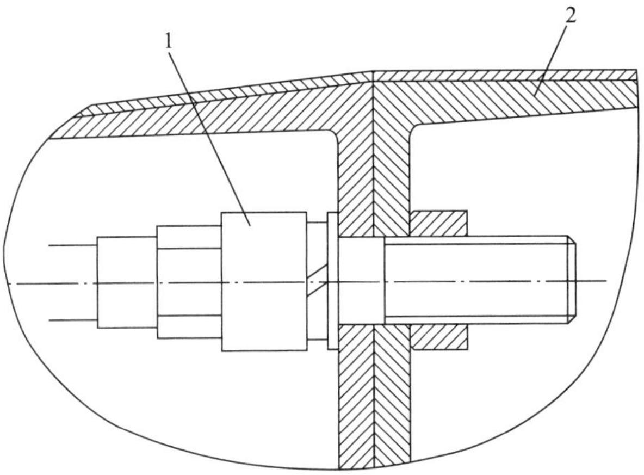

图 4-24　点式分离方式连接示意图

1—爆炸螺栓；2—爆炸螺栓盒

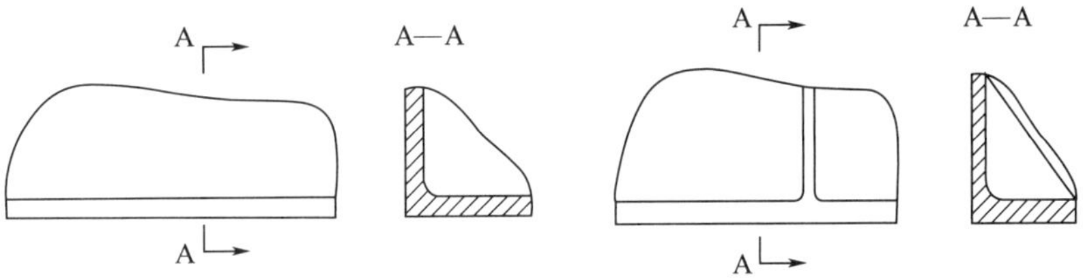

(a) L型框结构　　(b) 盒形结构

图 4-25　典型结构图

点式结构的主要设计原则及需要考虑的因素如下。

1）分离结构中应设计有承载抗剪载荷的结构，例如抗剪销。

2）满足点式分离装置的安装空间及分离装置运动空间等要求，特殊情况下需满足点式分离装置捕获结构的设计要求，例如防反弹结构设计、分离结构件收集等。

3）满足点式分离结构的连接尺寸、形位公差、抗冲击等环境要求。

4）根据连接操作要求设计安装分离装置操作窗口结构。

5）在有抗剪锥套的点式分离结构中，抗剪锥套产品一般采用过盈配合安装。

6）同一分离面的多个点式分离装置接口一般由工装进行保证。

7）若分离过程中产生气体压力，设计结构时应考虑泄压问题，如设计泄压孔等。

（3）设计方法

为了保证连接的可靠性，必须进行分离结构强度、刚度校核，同时考虑分离装置连接预紧力的影响。分离结构强度、刚度校核过程中可以使用工程算法进行初步的预估，但详细结果需要经过精细的有限元分析进行计算，最终通过试验考核验证。

航天飞行器结构中的点式分离装置对应的分离结构一般是端框、爆炸螺栓盒、连接接头等，结构设计时重点设计，校核框、盒等连接结构。

典型连接框计算模型如图 4-26 所示。工程计算中使用下列方法进行校核。

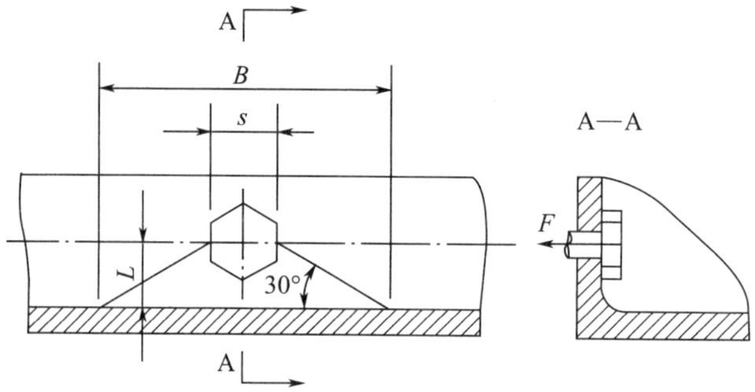

图 4-26　单点集中力连接框计算模型

①弯矩计算

$$M=\frac{1}{2}Fl \tag{4-18}$$

式中　M ——弯矩，N·mm；

F ——连接螺栓的拉力，N；

l ——螺栓中心至框的计算剖面距离，mm。

②普通框剖面断面系数计算

$$W=\frac{Bt^2}{6} \tag{4-19}$$

$$B=S+3.5l \tag{4-20}$$

式中　W ——普通框剖面的断面系数，mm^2；

S ——连接件（例如螺栓、螺母）端头最小尺寸，mm；

B ——计算剖面宽度，mm；

t ——框板厚度，mm。

③剖面的最大弯曲应力计算

$$\sigma=\frac{M}{W}\times 10^{-2} \tag{4-21}$$

式中　σ ——剖面的最大弯曲应力，N/mm^2；

M，W ——见式（4-18）和式（4-19）。

④对于有局部加强筋的端框（如图 4-27 所示），在校核集中载荷引起的弯曲应力时

$$B=2C_1+\frac{1}{2}\pi C_2 \tag{4-22}$$

式中　B ——计算剖面长度，mm；

C_1——集中载荷作用点至自由边的距离，mm；

C_2——集中载荷作用点至加强筋的距离，mm。

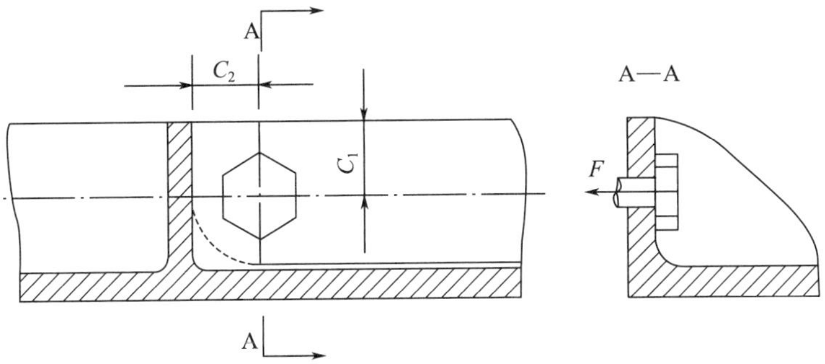

图 4-27 有加强筋的连接盒计算模型

4.5.2 线式分离结构

4.5.2.1 典型结构

线式分离方案对应的线式分离结构一般为带有削弱槽的分离环或分离舱段，其典型结构如图 4-28 所示。

线式分离结构型面一般设计有削弱槽，柔性导爆索中心和削弱槽中心对正，在满足结构强度、刚度和可靠性的前提下，分离面厚度应尽量小。在分离面削弱槽的两侧可各设计一道削弱槽（如图 4-28 所示），从而可以有效控制分离面的变形和裂纹扩展，改善结构爆炸冲击环境。

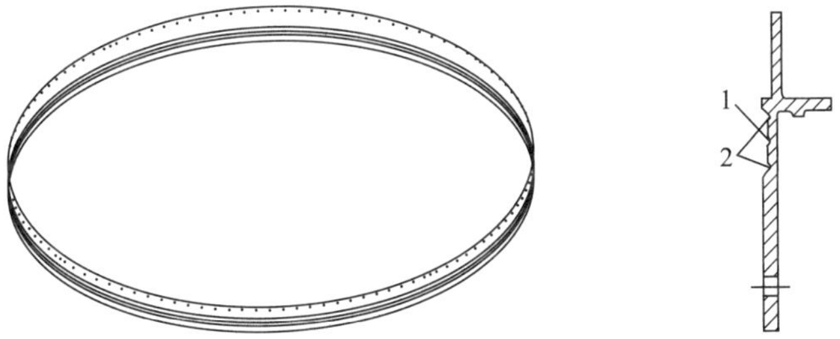

图 4-28 典型线式分离环结构

1—分离面；2—削弱槽

4.5.2.2 基本原则

线式分离结构设计基本原则及其需要考虑的内容如下。

1）完成分离槽设计后的结构强度应满足寿命周期剖面载荷要求。

2）与分离功能相关的参数应满足分离装置所需的区间，例如：外形尺寸、削弱槽厚度、材料性能、形位公差等。

3）满足分离装置所承受的振动、热环境等方面的要求。

4）分离后结构应整齐，分离后在继续飞行产品上不能残留多余的活动结构。

5）从分离可靠性角度考虑，分离壳体的材料一般为铝合金，常用的铝合金材料包括铸铝、锻铝、铝板材等。相同承载能力下，ZL205A 的分离厚度较小，但延伸率较高，不利于分离，所以通常优选铝锻件 2A15 T6 作为分离壳体材料。

4.5.2.3 设计方法

分离厚度的确定要从两方面来考虑。一方面，作为壳体结构的一部分，要保证满足壳体的强度和刚度等承载要求；另一方面，从分离的角度考虑，在满足弹体结构强度、刚度和可靠性的前提下，分离厚度应最小，这样不仅可以降低分离装置的装药量、减小分离对内部仪器的冲击，同时对线式分离装置的保护罩的设计要求也会降低，可以避免许多由大冲击带来的问题。

（1）分离结构设计

参见 4.3.1.2 节的内容。

（2）分离装置与其他壳体结构的连接紧固件设计

当分离装置与其他结构通过 n 个螺栓径向连接时，如图 4-29 所示，需计算连接厚度 h 。设连接处螺栓光杆直径为 d_0，螺栓材料的抗剪切强度 τ_b ，剩余强度系数为 k_0，分离壳体材料的破坏极限为 σ_b 。

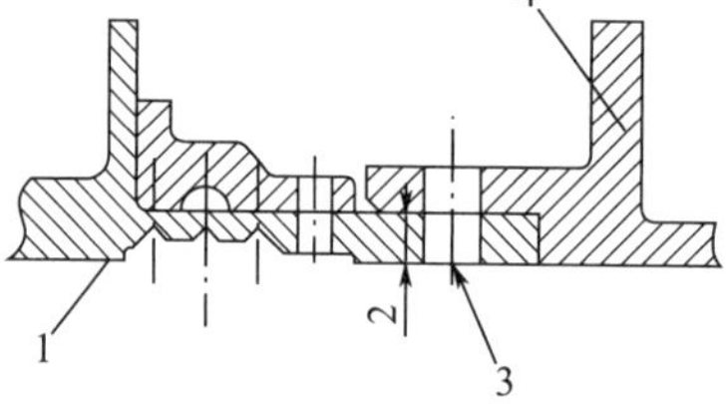

图 4-29 分离装置与对接结构的径向连接示意图

1—分离装置；2—连接厚度；3—连接螺栓；4—对接结构

①计算单个螺栓承受的剪切载荷

单个螺栓承受的剪切载荷为

$$Q_P = \frac{\pi}{4} d_0^2 \tau_b \tag{4-23}$$

则至少需要螺栓数目为

$$n_{\min} = \frac{F_Y}{Q_P} \tag{4-24}$$

②计算连接螺栓抗剪强度剩余系数 k_0

连接螺栓抗剪强度剩余系数为

$$k_0 = \frac{n}{n_{\min}} \tag{4-25}$$

③计算许用挤压应力 σ_{jy}

计算许用挤压应力为

$$\sigma_{jy} = K_{jy} \sigma_b \tag{4-26}$$

当用可拆卸、不可活动的螺栓连接时，$K_{jy} = 1$。则许用挤压应力为

$$\sigma_{jy} = \sigma_b \tag{4-27}$$

④计算径向连接挤压剩余强度 k_1

分离壳体的轴压载荷

$$F_Y = n \cdot d_0 \cdot h \cdot \sigma_{jy} \tag{4-28}$$

则最小连接厚度为

$$h_{\min} = \frac{F_Y}{(n \cdot d_0 \cdot \sigma_{jy})} \tag{4-29}$$

故径向连接挤压剩余强度为

$$k_1 = \frac{h}{h_{\min}} \tag{4-30}$$

4.5.3 其他分离结构设计

除了点式分离和线式分离外，还有点式和线式相结合的分离方式，如包带式分离装置和膨胀管—凹口螺栓分离装置等。

膨胀管—凹口螺栓分离装置一般应用于有效载荷整流罩的纵向分离面，与整流罩对接框连接的典型结构如图 4－30 所示。

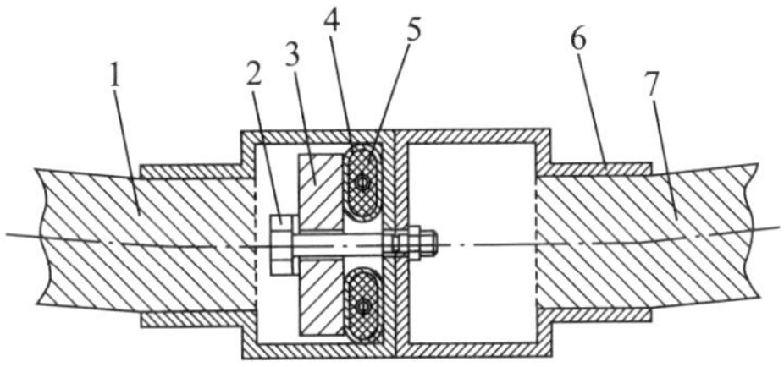

图 4－30　纵向分离装置安装示意图

1—半罩 I；2—凹口螺栓；3—支架；4—扁平管；5—异型导爆索组件；6—对接桁；7—半罩 II

根据膨胀管-凹口螺栓分离装置的结构形式，整流罩纵向分离面处一般采用 U 型对接框与线式分离装置连接。U 型对接框采用高强度铝合金挤压型材制成，其剖面形状由线式分离装置的结构参数决定，应具有足够的刚度和强度，能顺利与线式分离装置相连接，剖面尺寸应尽可能小。

膨胀管-凹口螺栓分离装置结构在设计时需考虑的问题如下。

1）分离装置与整流罩对接框的连接件强度满足承载能力要求。连接件规格和数量通过分析、计算确定。

2）整流罩对接框的强度和刚度满足分离要求。对接框的材料和截面参数通过分析和计算确定。

3）整流罩对接框与分离装置的连接装配尺寸相协调，满足分离要求。

4.5.4 分离推力装置安装结构

分离推力装置的安装结构在分离过程中直接承受分离推力装置产生的推力，安装结构的好坏一方面影响分离推力能否正常传递到分离体上，另一方面还可影响推力装置的正常工作。

4.5.4.1 固体小火箭安装结构

(1) 典型结构

分离用的固体小火箭（以下称分离火箭）支架形式有所不同，一般采用支架结构或支架与包带组合结构，典型结构形式如图 4－31 所示。

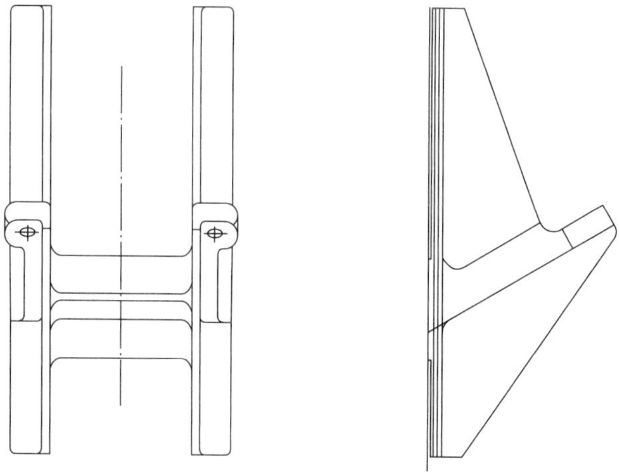

图 4－31 火箭支架典型结构示意图

(2) 设计原则

分离火箭工作时产生推力，对被推动的物体做功，使物体具有一定的运动速度和加速度，用于完成级间分离、助推器分离、推进剂管理等预定功能。

分离火箭工作时，通过高温高压燃气形成的反作用力，推动与分离火箭连接的物体运动。分离火箭的最大推力一般从几 kN 到数十 kN，推力爬升时间一般为 30 ms。

分离火箭支座设计一般应考虑如下因素：

1) 根据部段结构方案（半硬壳结构、复合材料结构、夹层结构等）考虑分离火箭支座方案。

2) 根据结构设计要求及载荷，确定剖面尺寸和形状，一般采用铝锻件机加而成或者钣金件＋托板螺母的形式；支座在固体小火箭推力作用下，除强度满足要求外，其变形量也不能超出允许范围，以避免推力损失和给小火箭增加外载荷。

3) 保证分离火箭安装接口正确。

(3) 设计方法

针对半硬壳式结构、复合材料结构、蜂窝夹层结构等结构形式，按照强度计算规范，进行分离火箭支座本体强度计算及局部连接结构强度计算。

4.5.4.2 压缩弹簧支座

(1) 典型结构

压缩弹簧推力装置一般包括支座和弹簧整流罩结构，支座提供机械接口及承受载荷，整流罩维持气动外形，典型支座结构如图 4－32 所示。

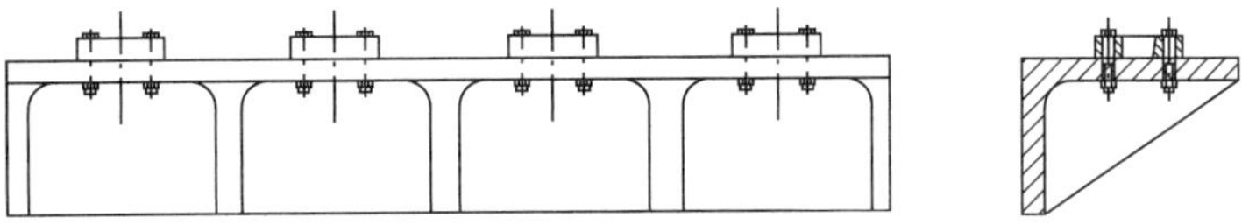

图 4-32　典型弹簧支座结构示意图

（2）设计原则

设计基本要素为：

1）根据弹簧压缩产生的力确定弹簧支撑结构材料、结构形式、结构剖面参数等；

2）根据弹簧压缩产生的力确定弹簧支撑结构与弹箭体连接紧固件的数量、规格等。

此外，为满足导弹或火箭分析过程中对气动加热及气动外形的需求，弹簧冲量结构设计时均设计有弹簧整流罩结构，将弹簧组包围在结构内部，从而避免了影响分离冲量损失，维持了导弹气动外形。

（3）设计方法

分离弹簧结构设计分析一般采用工程计算方法与有限元分析相结合的方法进行。

工程计算主要计算分析弹簧支座结构强度、刚度及连接结构件的结构强度，分析方法同点式分离中的单点集中力角盒一致。

4.5.5　分离运动约束结构

分离运动约束结构，用于约束分离运动过程中分离体相对运动的方向，尤其是在分离运动初期。

4.5.5.1　旋转分离铰链结构

用于约束旋转分离运动，当分离体旋转到一定角度后解除约束，实现分离。

（1）典型结构

以整流罩旋转分离为例，典型结构如图 4-33 所示。

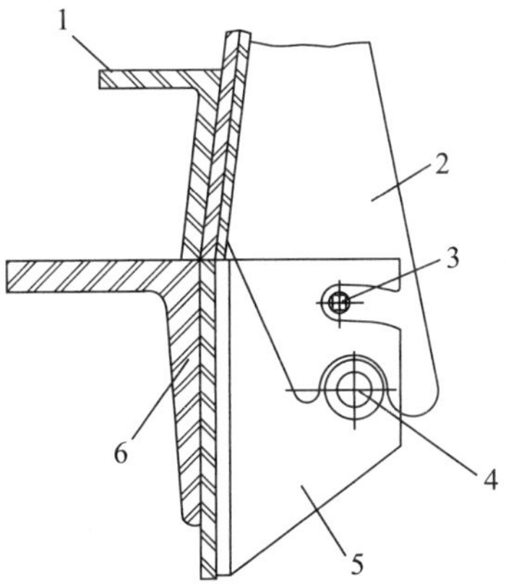

图 4-33　典型分离铰链结构

1—整流罩；2—铰链上支座；3—限位轴；4—转轴；5—铰链下支座；6—箭体

（2）结构设计

旋转分离铰链用于对解锁后的整流罩半罩的运动进行限位。整流罩旋转铰链结构由铰链支座（上、下支座）、限位轴和转轴等组成。

旋转铰链安装在后端框上非分离面象限的两侧，同时与箭体上的铰链支座协调安装，共同完成整流罩的旋转分离、限位功能。

铰链与转轴之间要求转动灵活，不得有机械卡死现象，铰链与转轴要有足够的强度和刚度。

（3）设计方法

旋转分离铰链结构需要具有足够的强度和刚度，满足分离时的承载能力要求。通过对旋转铰链各部件的材料选取和结构参数的选择，以满足分离要求。

旋转分离铰链与铰链支座的装配协调尺寸需满足分离要求。为避免铰链与转轴之间在整流罩分离前有较大载荷，要求在整流罩分离前铰链与转轴之间有 0.5～1 mm 的间距。通过设计专用装配工装满足协调要求。

整流罩瓣罩抛罩时的脱钩角设计、瓣罩分离角速度和飞行过载有关，当瓣罩旋转角速度产生的离心力大于过载在离心力方向产生的离心力时，瓣罩开始脱钩，瓣罩脱钩角一般在 60°～70°，即当瓣罩运动参数满足公式时，整流罩铰链开始脱离转轴

$$R\omega^2 - Ng\cos\alpha \geqslant 0 \tag{4-31}$$

式中 R ——瓣罩旋转半径，即瓣罩质心到转轴轴线的距离，m；

ω ——瓣罩转动角速度，rad/s；

N ——弹箭体飞行过载系数；

G ——重力加速度，$9.8\mathrm{m/s^2}$；

α ——飞行过载与瓣罩质心和旋转轴连线间夹角，rad。

4.5.5.2 导向销及导向杆

导向销及导向杆用于分离过程中对两分离体进行轴向限位，确保分离过程中不发生径向干涉或碰撞。导向杆长度较导向销长度要长，一般导向销长度不大于 100 mm。

（1）典型结构

典型导向销结构如图 4-34 所示。

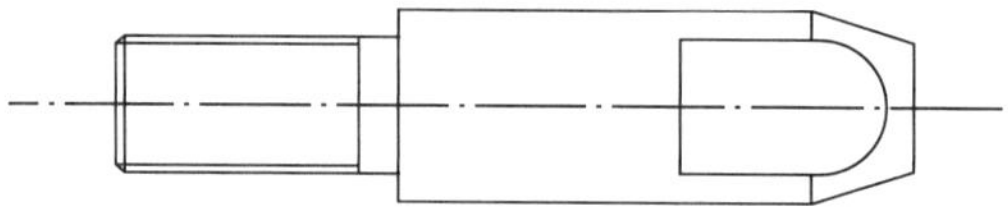

图 4-34 典型导向销结构示意图

（2）设计原则

1）在结构运输、飞行等过程中具有足够的强度和刚度；

2）在分离过程中应具有足够的分离导向强度、刚度，分离过程不允许出现卡滞；

3）在分离过程运动的构件间的摩擦力应尽量小；

4）分离过程不能产生自由物或活动件；

5）分离导销或导向杆一般成组对称布置；

6）应能保证两分离体顺利对接。

（3）设计方法

1）根据两体分离的相对行程和分离间隙的大小等综合确定导向销及导向杆的有效长度；

2）根据总体分离过程中产生的径向载荷，确定导向销到导向杆的直径，确保分离过程中动态间隙满足分离设计要求；

3）根据分离过程中导向销或导向杆受到的径向载荷及弯矩，并考虑分离过程中动态间隙的要求，确定导向销或导向杆的刚度或弹性变形要求；

4）导向销与销孔配合、导向杆与导向滑块配合间隙要综合考虑承载能力、对接安装、摩擦卡滞等因素，配合面应尽可能做光滑处理或倒角处理，减小摩擦，避免卡滞。

4.6　小结

航天分离系统产品是实现航天分离的基础，产品性能直接关系到分离功能能否正常实现乃至飞行任务的成败。本章对航天飞行器分离系统中的典型产品设计进行了介绍，包括信号转化装置、分离装置、分离推力装置及分离结构等，对各分离系统产品的基本结构、设计方法等进行了论述。随着现代航天技术的发展与进步，航天飞行器总体设计对分离系统产品的各项指标提出了更高的要求，作为影响航天飞行器性能的关键产品，分离系统产品的研究必须具备一定的前瞻性和先进性，简单、安全、可靠、不产生有害影响是分离系统产品的发展方向。

参考文献

[1] 刘竹生，王小军，朱学昌，王国辉，等．航天火工装置．北京：中国宇航出版社，2012.
[2] 王凯民．火工品工程．北京：国防工业出版社，2014.
[3] 于登云，杨建中，等．航天器机构技术．北京：中国科学技术出版社，2011.

第5章　航天分离仿真分析

5.1　概述

系统仿真技术是以相似原理、模型理论、系统技术、信息技术以及仿真应用领域的有关专业技术为基础，以计算机系统与应用相关的物理效应设备及仿真器为工具，利用模型对已有的或设想的系统进行研究、分析、试验与运行的一门多学科的综合技术。系统仿真本质上是一种知识处理的过程，典型的系统仿真包括系统模型建立、仿真模型建立、仿真程序设计、仿真试验/运行和数据分析处理等，其涉及多学科多领域的知识与经验[1]。

航天分离仿真也是一种系统仿真，它贯穿于分离系统方案设计、分离系统产品设计、地面试验和飞行试验各环节中。

1）分离仿真是支撑系统方案设计和产品设计的重要手段。

在分离系统方案设计过程中，根据分离的初步功能需求和约束条件，通过建立仿真计算模型，开展不同分离条件的仿真计算分析，获得不同状态下的分离过程参数，通过参数比较分析，可以初步确定适宜的分离方案。基于此，通过进一步的参数优化，可以基本确定分离系统的设计参数，如分离能源的冲量大小、分离时序及判据、分离装置和分离推力装置设计指标、分离结构及仪器电缆的安装边界等。

2）分离仿真是支撑分离系统地面试验设计和飞行试验评估的主要基础。

根据分离系统设计方案和分离系统产品的设计参数，开展地面试验状态的分离仿真预示分析，是确定地面试验方案、试验场地设置、试验安全区设计的基础，同时对试验结果进行复现分析，对无法通过仿真分析准确获得的设计参数进行辨识，如导向装置的摩擦力，用于对分离仿真计算模型进行验证和修正。另外，可根据分离系统产品的实际指标参数、箭上结构实际布局状态等相关信息，开展飞行状态的分离仿真分析，其结果既可以对飞行状态分离系统的适应性进行确认，又可以对飞行后获得的真实分离参数进行评估。

航天分离仿真主要针对分离系统的运动过程进行建模和分析。分离系统运动过程一般可分为两个部分，一是分离系统接收信号转化装置输入后，分离装置内部工作实现分离体解锁的过程，其仿真分析被称为分离装置动力学仿真；二是分离体解锁后在分离能源作用下，实现分离体达到安全分离的过程，其仿真分析被称为分离系统动力学仿真。

就目前看来，随着计算技术的不断发展，航天分离仿真技术也已从简单的两体运动动力学仿真发展到了多体动力学仿真，从自编程仿真发展到了数字样机仿真，从单一学科相互迭代仿真发展到了初级的多学科交叉实时耦合仿真，从分离体宏观动力学仿真发展到了兼顾分离装置内在的微观结构动力学和爆炸动力学的综合仿真。

本章主要就分离系统动力学仿真和分离装置动力学仿真的一般方法和具体案例予以介绍。

5.2 分离系统动力学仿真

5.2.1 刚体动力学仿真

刚体动力学仿真主要在于仿真分析中不考虑分离过程中的弹性效应，可分为二维三自由度仿真和三维六自由度仿真。其中二维三自由度仿真仅考虑刚体的平面运动，多用于分离系统的方案设计阶段，相对比较简单，本章不作赘述。

三维六自由度仿真相对比较复杂，可以拓展构造多体动力学仿真。仿真过程中涉及严格的时序控制、冗余约束处理、外力及过载场的施加、分离体间的最小间隙检测以及分离前后姿态的变化等，同时可以考虑各项偏差因素，如质量特性偏差、分离冲量装置偏差、解锁延迟偏差等。结合运载火箭助推器分离案例，对三维六自由度刚体运动仿真予以介绍。

助推器分离动力学仿真流程如图 5－1 所示，主要包括三维数字样机建模、载荷施加、仿真运算和结果后处理四个主要环节。在三维数字样机建模环节，需要分别建立运载火箭芯级、助推器的几何模型，并赋予分离体质量、转动惯量等质量特性数据，同时建立参考坐标系，设定系统初始位置、速度和方向；在载荷施加环节，需要根据侧推火箭的安装位置、火箭推力的大小，以力矢量的方式将分离外力施加至分离体，同时助推器后效推力、气动力、过载力等外力也需合理施加；在仿真运算环节，需要按照分离时序对仿真过程进行设计，并正确定义分析类型、时间、步长、精度等关键参数，调试仿真结果并校验；在结果后处理环节，需要调用结果绘制各种仿真曲线，例如助推器与芯级之间的间隙、助推器分离后的姿态、分离速度等参数随时间的变化，通过以上数据变化可以进行进一步的统计和计算，比较不同偏差条件下对分离的影响规律。

在仿真过程中，根据仿真设计参数的不同，可分为标称工况仿真、偏差工况仿真和蒙特卡洛仿真。标称工况仿真中不考虑分离设计参数的偏差，均按照标称值进行仿真计算，某运载火箭分离结束时刻助推器与芯级之间的位置情况如图 5－2 所示。偏差工况仿真中取分离设计参数的偏差值，分析偏差值对分离的影响以及极限偏差情况下分离的适应性。蒙特卡洛仿真中针对特定的分离设计参数，按照其概率分布，开展一定子样的仿真计算，分析分离仿真结果的散布特性。

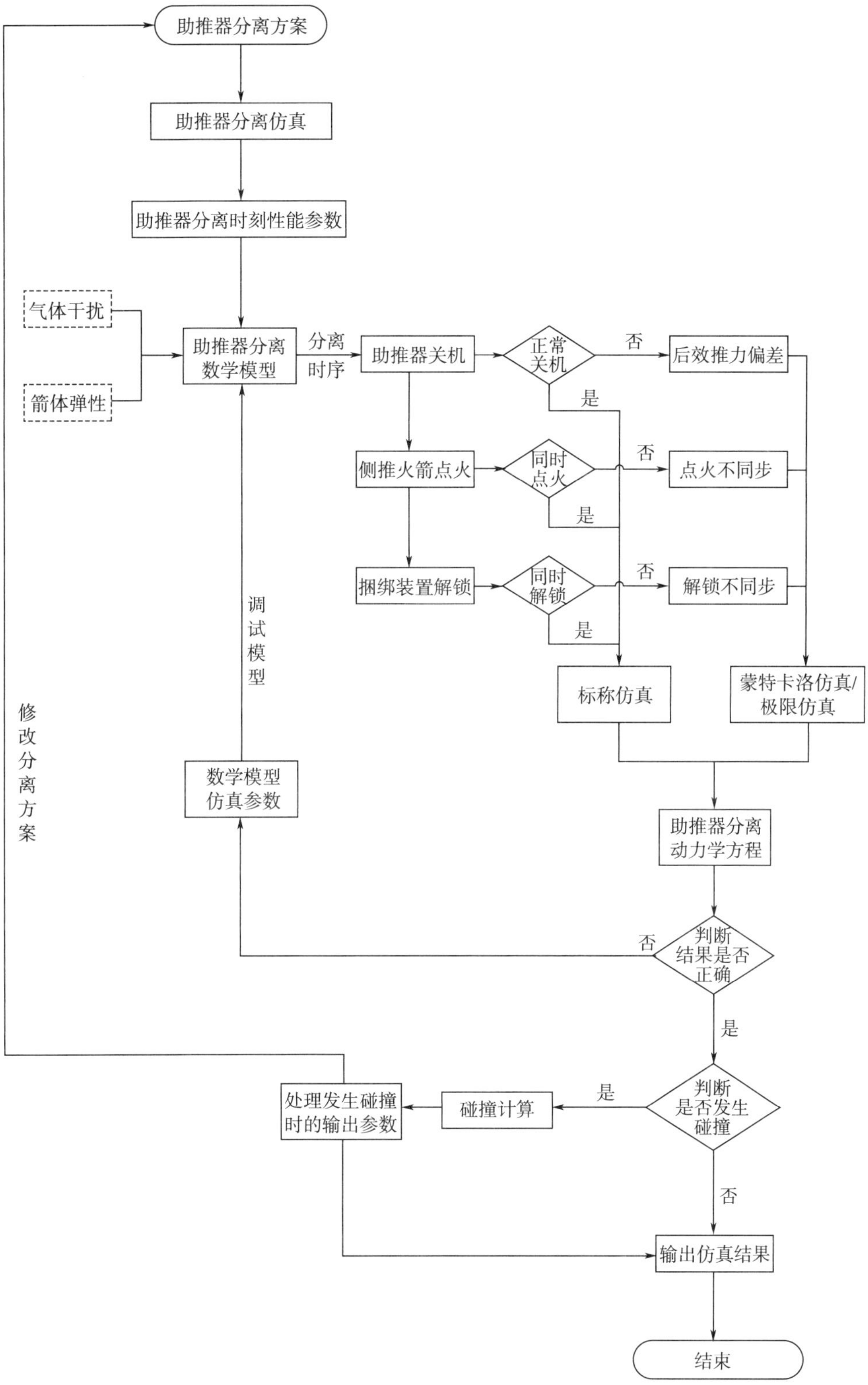

图 5-1　助推器分离仿真流程

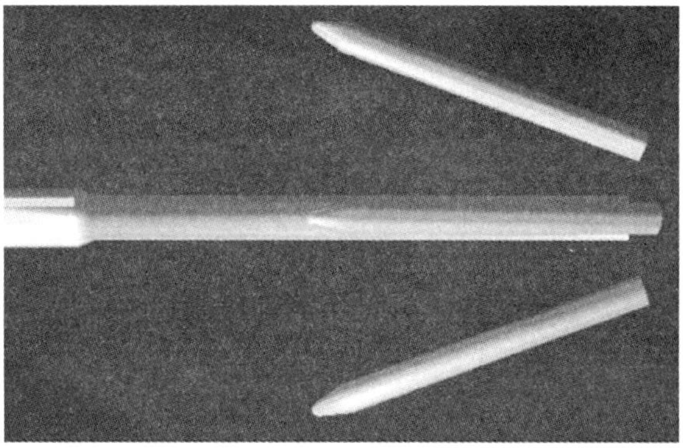

图 5-2 某运载火箭标称工况下分离结束时刻分离状态示意图

5.2.2 弹性体动力学仿真

分离过程中，对于整流罩等薄壁结构组成的分离体来说，分离体的弹性效应不能忽略时，需开展弹性体分离仿真分析，属于柔性多体动力学问题。柔性多体系统动力学主要研究可变形体及刚体组成的系统在经历大范围空间运动时的动力学行为。根据第 2 章，多柔体系统动力学求解分为模态叠加法和非线性有限元法。

5.2.2.1 模态叠加法

模态叠加法一般适用于大柔性、以线式分离和低冲击推动作用为主的分离仿真分析。但该方法的使用过程中，参与模态与载荷的耦合关系受到参与模态的限制，导致对局部的冲击、接触及摩擦不易准确模拟。

模态叠加法基于给定的模态矩阵。分离体的模态矩阵可以通过理论分析、地面试验的方式给出，也可以通过有限元的方式给出。本节以运载火箭大型整流罩分离仿真分析为例简要介绍仿真过程，其中模态矩阵通过有限元仿真的方法获取。首先按照结构方案进行整流罩有限元建模，整流罩蒙皮采用壳单元，中间框及桁条采用梁单元，复合材料胶体、连接紧固件的质量通过增加复合材料夹层密度施加。为了使得在模态分析中整流罩的弹性变形特性与分离过程中的一致，按照整流罩分离运动过程中所受的约束条件建立铰链处节点的边界条件，有限元分析模型如图 5-3 所示。

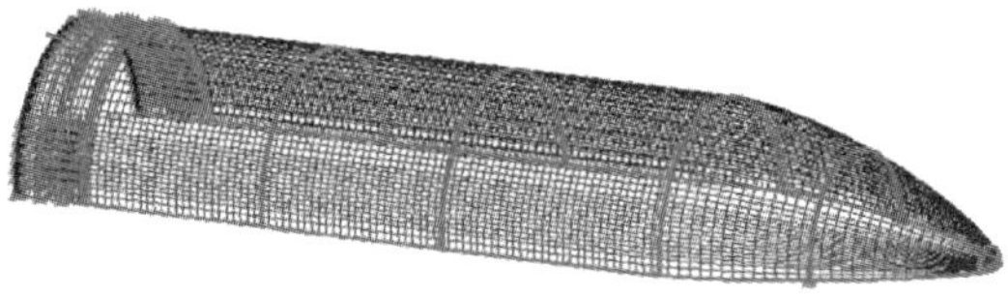

图 5-3 整流罩半罩有限元模型

而后利用模态分析软件开展整流罩模态分析，选取半罩前若干阶弹性模态生成嫁接文件，建立火箭箭体结构的刚体模型，并指定箭体的质心、质量及转动惯量。导入嫁接文件，建立弹性整流罩模型。分离仿真结果如图 5-4 所示，在分离初始阶段，柱段下端、锥柱对接区域有明显的弹性变形。

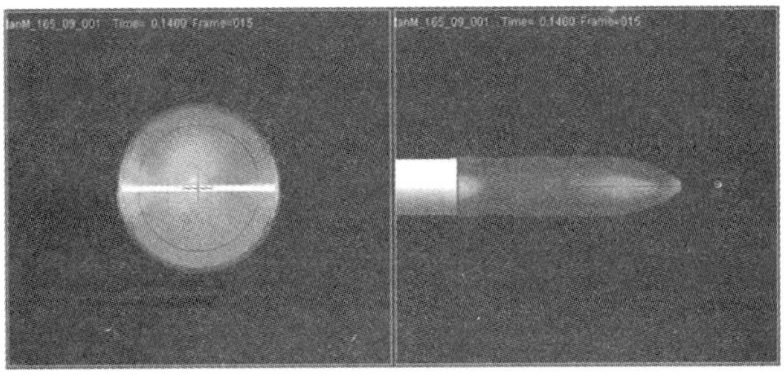

(a) 初始阶段

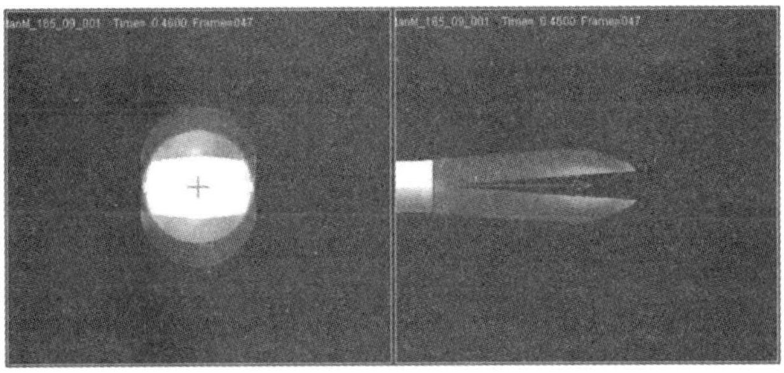

(b) 过顶时刻

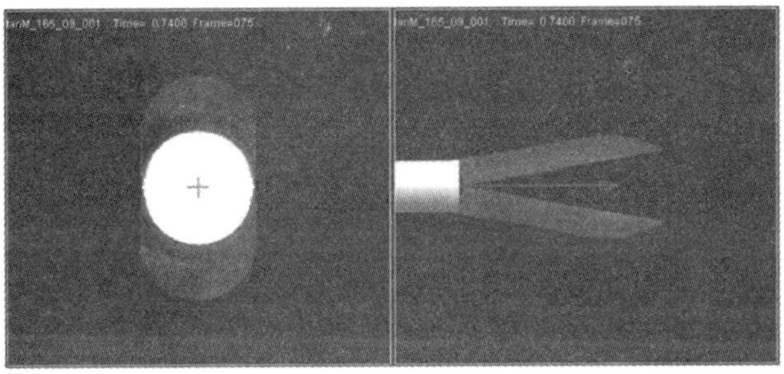

(c) 过顶后

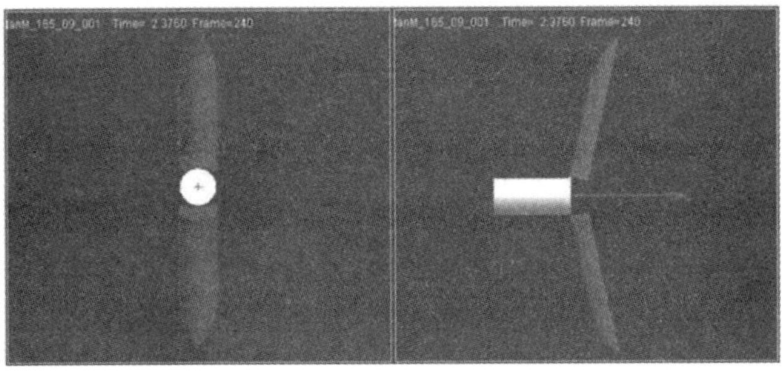

(d) 脱钩时刻

图 5-4　整流罩分离过程

整流罩分离过程中由于呼吸运动导致整流罩内可用包络空间减小，经分析，影响最大的区域为整流罩柱段下侧，如图 5-5 所示。

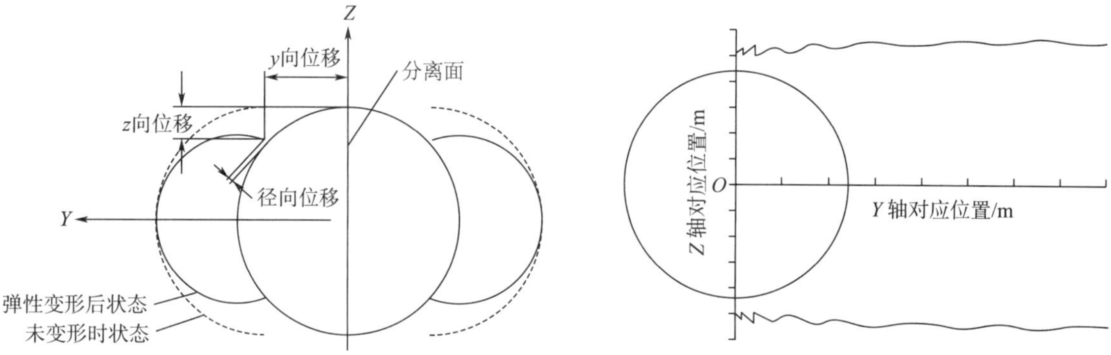

图 5-5　整流罩的呼吸变形

5.2.2.2　非线性有限元法

航天分离多为多体动力学问题，运动过程中会涉及到大变形及许多物体间的相互作用，如接触、冲击和碰撞。针对大变形和接触等非线性问题，用隐式算法求解容易导致不收敛，而且也非常耗时，工程上通常采用显式有限元方法对这类问题进行求解。

显式有限元方法适用于求解含有接触、冲击等非线性因素的大变形问题，对局部结构的分析较为精细，能够模拟局部结构之间的受力情况和约束作用。但其主要缺点是计算精度不易控制，需要通过建模和求解控制来保证计算精度；此外，较大的求解规模对计算机硬件要求较高，通常需要并行进行求解。由于显式方法多为单点积分，为降低沙漏能等数值耗散，建模中应尽量控制畸形单元的数量以提高分析精度；此外，显式方法的求解步长取决于模型中最小单元的边长，还应尽量控制单元尺寸以提高计算效率。

采用显式方法进行分离过程的仿真分析，由于计算量大，且计算的精度和准确性会受计算模型以及计算过程控制的影响，为此在采用该方法进行仿真计算前一般先完成刚性体的分析与计算，以便对仿真计算结果进行合理性判断和验证，同时在仿真模型建立时尽量合理地进行模型简化，提高计算效率。

以尾罩分离仿真分析为例，首先进行三维数字样机建模，其中几何模型的建模主要是建立箭体及尾罩等的三维模型，其中设计关注的局部结构（如旋转铰链部位等）需模拟真实结构采用实体建模，其他部位可根据需要进行适当简化。而后划分计算网格，网格划分的基本原则是分离过程中重点关注的结构，如加密可能碰撞部位的网格，并保证网格质量。在此基础上，定义分离体的物性参数，包括质量、质心、转动惯量等质量特征参数。最后定义边界、施加载荷并求解，所施加的载荷包含分离推力装置的推力、气动力、发动机推力等。

5.2.3　多学科联合仿真

分离动力学仿真主要通过动力学和运动学的方法对分离体的运动过程进行建模和分析。当分离体的运动过程中，存在流固耦合或者与其他专业交联的现象时，需开展多学科联合仿真，以提高分离运动对真实分离过程的模拟程度，进一步提高分离运动仿真的合理性和准确性。

5.2.3.1　气动与分离联合仿真

当运载火箭在大气层内抛去整流罩或者进行级间热分离时，气体流动对分离过程的干扰和影响会比较突出，一方面气动力会影响分离体的运动轨迹、姿态及分离体的弹性变形，另一方面分离体的运动轨迹、姿态和弹性变形也影响周围气动流场的分布，二者相互耦合叠加，属于流固耦合问题。因此在这种情况下的分离仿真过程中，需要将气动和分离进行耦合分析。气动与分离耦合仿真一般包括松耦合和紧耦合两种方式。

松耦合方法一般通过对分离体不同位置、不同姿态、不同分离距离下的气动特性进行定常计算，再将之作为分离运动学和动力学计算的输入，相互插值迭代，对分离运动过程进行计算分析。工程设计过程中一般采用松耦合仿真分析方法，并通过必要的风洞试验或地面试验对结果进行修正。松耦合分离仿真流程如图 5－6 所示。

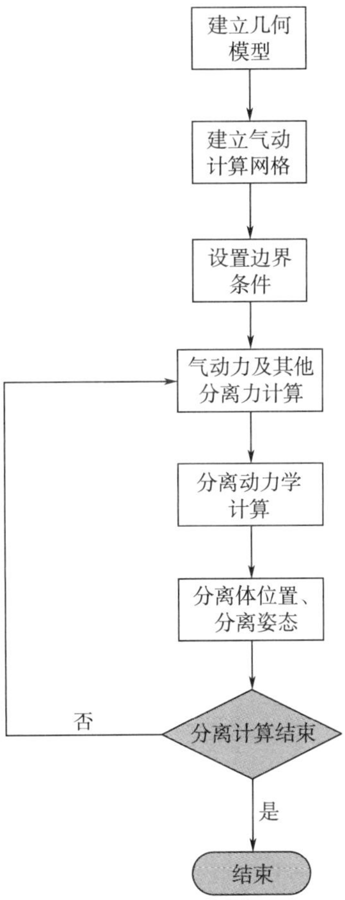

图 5－6　气动和分离松耦合的分离仿真流程

紧耦合方法一般通过建立分离体气动网格、气动计算模型及边界条件、结构网格及分离多体动力学模型，计算过程同时存在两套网格系统（气动网格和结构网格），气动力和分离动力学、运动学等数据需要在这两套网格上交换，在每个时间步长相互迭代完成计算，进入下一步计算，直至全部计算完成。紧耦合分离仿真流程如图 5－7 所示。

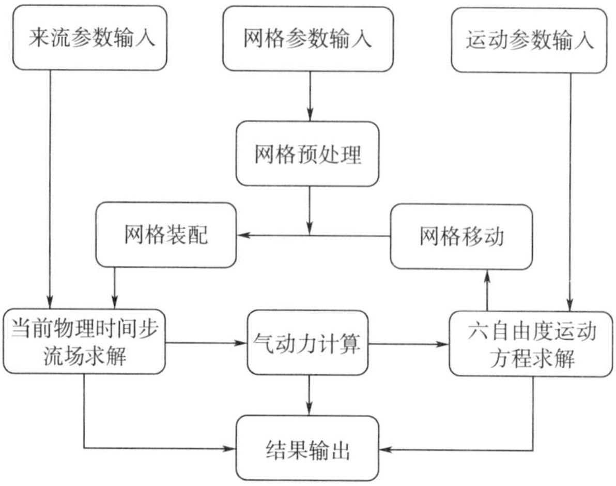

图 5－7　气动和分离紧耦合的分离仿真流程

以整流罩低空分离为例，分离仿真计算采用气动和分离紧耦合的方法。建立整流罩分离过程中多体气动网格、气动计算模型及边界条件、结构网格及多体动力学模型，计算过程同时应用两套网格系统（气动网格和结构网格），气动力和位移运动等数据在这两套网格上交互。整流罩分离过程气动与分离耦合仿真结果如图 5－8 所示。

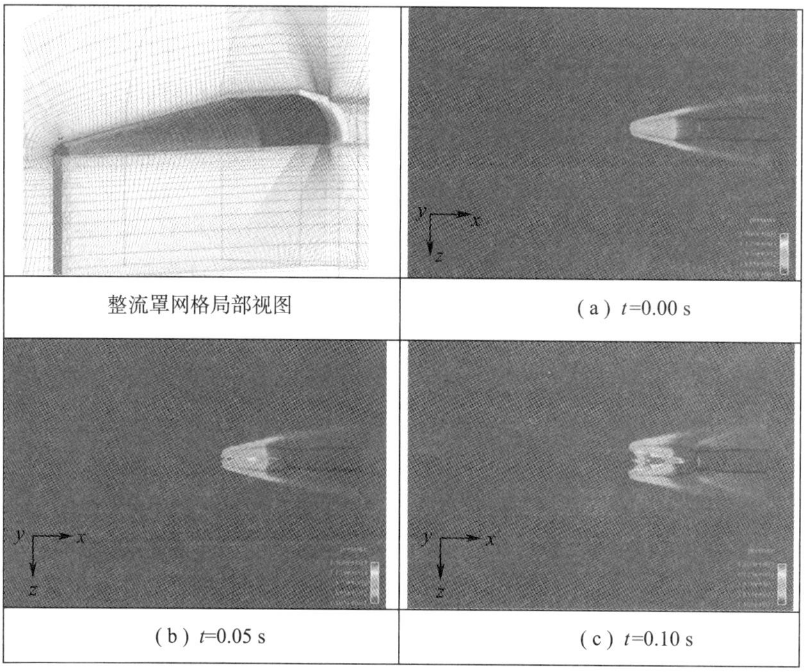
整流罩网格局部视图

(a) t=0.00 s

(b) t=0.05 s

(c) t=0.10 s

图 5－8　整流罩分离过程气动与分离耦合仿真结果

5.2.3.2　姿控与分离联合仿真

在火箭级间分离过程中，为了减少姿控系统对分离过程的干扰和影响，通常在分离前需要姿控系统停止工作，达到安全分离后，上面一级姿控系统才可起控，发动机喷管才可摆动，但可能会引起失控。对于姿控能力有限的火箭，要求上面一级发动机尽早起控工作，因此在分离过程中需考虑姿控系统的作用。

同样对于多有效载荷部署的分离，若采用有效载荷逐次释放分离方式，在分离过程中分离体会存在较大的质心横移过程，若不对箭体进行姿态控制，箭体会绕其质心进行大的姿态翻转，可能会造成箭体和有效载荷之间的碰撞，这种情况下的分离仿真也需要耦合姿控的动态过程。

姿控与分离联合仿真分析中，同样需要建立三维数字样机，并赋予分离体质量、转动惯量等质量特性数据，并按分离体的布局建立分离仿真模型，并建立参考坐标系，设定系统的初始姿态、角速度等参数。施加载荷过程中，需根据分离推力装置、发动机、姿控发动机的安装位置、推力等，以力矢量的方式将其施加至分离体。在分离过程中，需引入姿态控制网络，根据箭体的姿态和姿态角度情况，控制姿控发动机工作以实现箭体姿态的稳定控制。

多有效载荷部署的分离仿真计算结果如图 5－9 所示，在分离过程中，由于增加了姿态控制律，实现了箭体末级的姿态稳定控制，确保分离过程中不会产生干涉和碰撞问题。

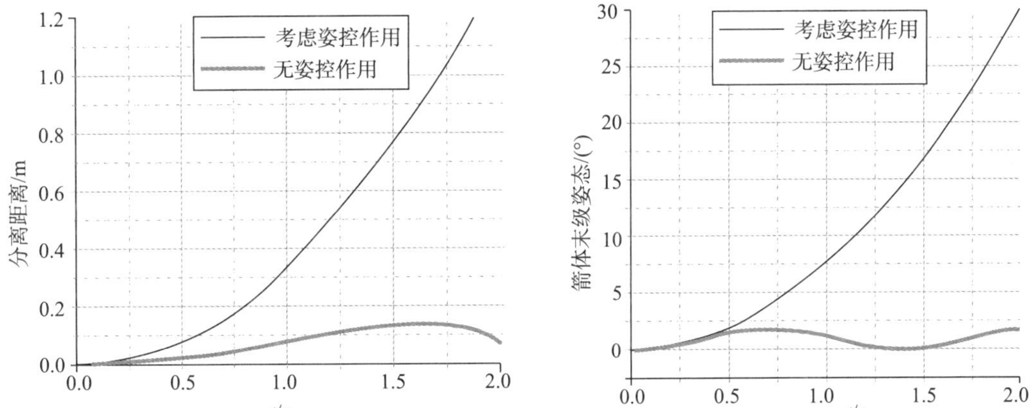

(a) 有效载荷和箭体末级分离距离　(b) 箭体末级的姿态角

图 5－9　多有效载荷部署的分离仿真计算结果

5.3　分离装置动力学仿真

分离装置动力学仿真主要通过爆炸动力学、结构动力学的方法，开展分离装置内部的仿真分析，用以确定分离装置设计参数，以及分析分离装置解锁过程的运动参数和相关影响。

5.3.1　爆炸动力学仿真

爆炸动力学仿真分析为高度非线性动力学问题，涉及材料非线性（材料在爆轰波作用下的动态力学行为)、几何非线性（大变形）和接触非线性。动力学分析中需要建立多种金属和非金属材料的非线性模型，如弹塑性、超弹性、炸药及起爆燃烧等。对于爆炸冲击这种高速高压碰撞下的结构材料，除材料模型外，还须采用状态方程来描述各种不同状态下的压力和密度以及比内能之间的函数关系。常用的状态方程有结构材料（EOS_GRUNEISEN)、线性多项式（EOS_LINEAR_POLYNOMIAL)、炸药（EOS_JWL)、推进剂燃烧（EOS_IGNITION_AND_GROWTH_OF _REACTION_IN_HE）等。对于大变形造成的几何非线性问题，一般采用任意拉格朗日欧拉（ALE）算法解决。任意拉格朗日欧拉算法的特点是采用的网格每一步都是根据物质区域的边界构造一个合适的网格，以避免在严重扭曲的网格上进行计算。同时，为了克服爆炸过程中结构材料大变形导致单元严重畸变引起的数值计算困难，在拉格朗日网格变形超过设定值后自动删除。

分离装置爆炸动力学仿真分析由于存在高度的非线性，其计算结果的有效可用性与计算模型及方法的合理性、计算网格质量、计算参数的设置均有直接关系，对于分离装置爆炸动力学仿真问题，应通过简化的验证模型，通过验证模型的仿真与试验结果对比，修正计算模型以及相关参数，以确保计算结果的有效性。

以分离装置为例介绍爆炸动力学的仿真过程，分离装置爆炸动力学仿真分析流程如图 5-10 所示。首先建立几何模型，在此过程中，原则上应尽量准确按照实际物体的几何

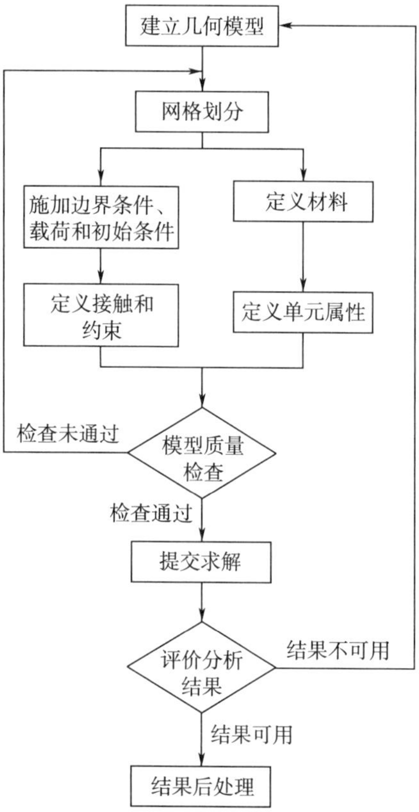

图 5-10　分离装置仿真分析流程

结构来建立，对于非关键的局部位置，可根据情况对其进行简化；而后建立有限元模型，根据分离装置的结构和材料、分析工况、载荷和边界条件，建立能够正确反应真实结构及其实际状态的有限元模型，包括几何模型的网格划分、定义材料、定义单元属性、施加载荷和边界条件及定义炸药起爆点、定义接触和约束等；最后进行求解，求解前应对分析类型参数、输出内容等进行设置，需对分析步长、算法、收敛判据、接触等相关内容进行设置或检查确认。

某膨胀管—凹槽板分离装置爆炸分离过程的仿真如图 5-11 所示，根据仿真分析结果，此状态下分离时间约为 26 μs。

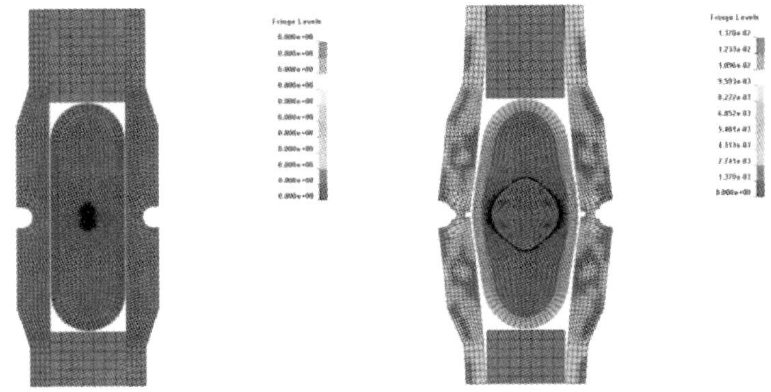

(a) t=0μ s时刻的应力变化情况　　(b) t=20μ s时刻的应力变化情况

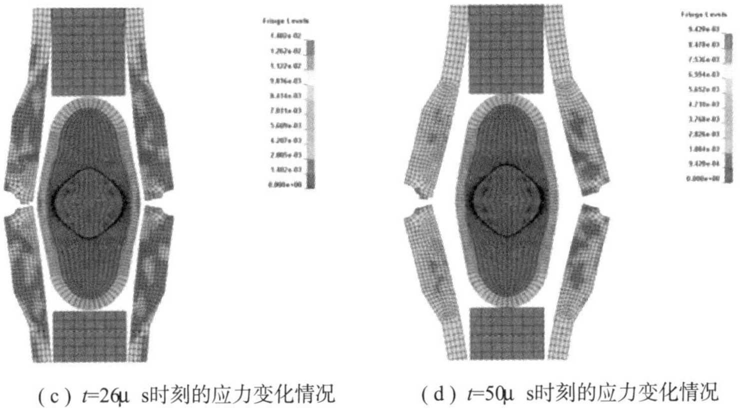

(c) t=26μ s时刻的应力变化情况　　(d) t=50μ s时刻的应力变化情况

图 5-11　分离装置分离过程中的应力变化云图

5.3.2　结构动力学仿真

结构动力学仿真分析涉及接触碰撞、大位移等非线性问题，一般采用显式分析方法求解。仿真分析中，网格质量、接触关系定义以及分析步长设置直接影响仿真分析结果的有效性。对于形状不规则的结构体，一般通过分割成若干个规则的实体以获得较好的网格质量。在接触分析中，可以通过定义自动接触设置实现零件之间的接触属性，而对于需要提取接触力的接触对，需另外手动定义接触对。

结构动力学仿真分析流程与爆炸动力学仿真分析流程相同，主要区别在于分离装置解锁工作中，各部件不会发生高应变率的变形，材料模型中一般不需要状态方程，对于部分不关注其变形且其变形不影响分析结果的零部件，可按照刚体简化处理。

以包带解锁装置的解锁过程仿真为例，通过结构动力学仿真分析包带解锁过程中各运动部件的动态包络情况。有限元计算模型如图 5－12 所示，其中重点为包带组件。

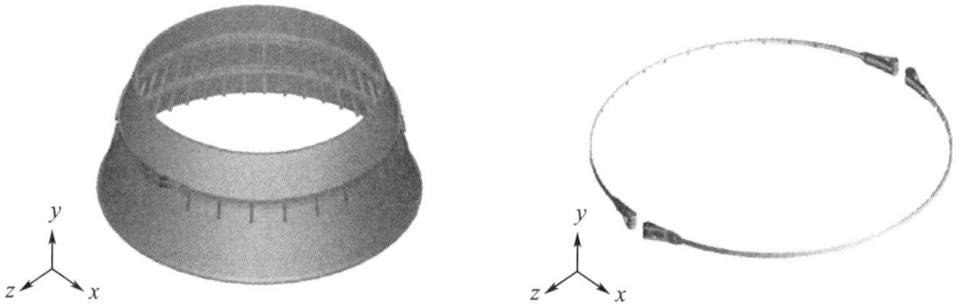

图 5－12　星箭包带解锁装置仿真模型

V 形块的最大径向位移是包络分析的重点，由于结构和受力的对称性，只取位于同一个象限里的 10 个 V 形块进行分析，爆炸螺栓解锁前及解锁后 10 ms、22 ms 和 30 ms 时刻各 V 形块的径向位置如图 5－13 所示。仿真结果通过了地面试验校验，仿真结果和试验结果相对偏差最大为 18.3%，表明动力学模型仿真结果与试验结果吻合良好。

(a) 爆炸螺栓解锁前

(b) 爆炸螺栓解锁后10 ms时刻

(c) 爆炸螺栓解锁后22 ms时刻

(d) 爆炸螺栓解锁后30 ms时刻

图 5－13　不同时刻各 V 形块的径向位置

5.4　小结

航天分离仿真贯穿于分离系统方案设计、分离系统产品设计、地面试验和飞行试验各环节中，是支撑分离方案设计和系统设计的重要手段，是分离系统地面试验设计和飞行试验评估的主要理论基础。本章从分离动力学仿真和分离装置动力学仿真两个方面，系统介绍了航天分离仿真中应用的刚体动力学仿真、弹性体动力学仿真、多学科联合动力学仿真、爆炸动力学仿真、结构动力学仿真的一般方法和仿真流程，并结合具体案例进行了说明。

参考文献

[1] 周彦，戴剑伟．HLA仿真程序设计．北京：电子工业出版社，2002.

[2] 孙海霞，范瑞祥．星箭包带锁紧装置分离过程动态包络的动力学仿真．导弹与航天运载技术，2004，4：15－18.

[3] 李东旭．航天飞行器分离动力学．北京：科学出版社，2013.

[4] 张兵，岑拯．多星分离的ADAMS仿真．导弹与航天运载技术，2004，(2)：1－6.

[5] 王恒，等．火箭尾罩导向段分离仿真分析．导弹与航天运载技术，2011，(5)：15－19.

[6] 徐永成，等．某卫星整流罩分离仿真分析．上海航天，2009，(1)：53－56.

[7] 王江，李虹．线式分离装置分离性能仿真．强度与环境，2011，(4)：28－33.

第6章 航天分离试验设计

6.1 概述

系统级分离试验是航天飞行器研制过程中重要的大型地面试验项目。它是指运载火箭（或导弹）在试验室或其他试验场地，通过分离系统环境模拟，按照预定的分离时序全面系统地对分离系统功能进行考核，获得分离系统性能参数及环境参数，并对与分离产生的环境有关的设备进行考核。通过分离系统地面试验获取的数据可验证或修正分离系统仿真数学模型，为通过仿真验证真实飞行状态下分离系统设计的正确性提供依据。

飞行环境模拟是指模拟分离系统工作时刻，航天飞行器的飞行载荷、气动力、气动热环境等。

航天分离试验按试验性质可分为原理性试验、可靠性试验、验证性试验，按照试验规模又可分为系统级试验和单机试验。原理性试验一般在模样研制阶段进行，用以验证设计方案的可行性；可靠性试验多在初样阶段进行，用来验证分离系统的可靠性或分离系统的冗余措施；验证性试验一般在初样进行，用以验证分离系统工作的正确性、协调性和数学模型的正确性等。本章仅对分离系统验证性试验进行介绍，单机产品的验证试验见《航天火工装置》[1]。

按照分离系统实现的功能，分离系统试验可分为有效载荷（头体）分离试验、整流罩分离试验、助推器分离试验、级间分离试验、尾罩分离试验、逃逸分离试验以及一些特殊的分离试验等。

无论哪种分离试验，分离系统试验设计时都应遵循以下准则：

1）应综合进度、经费、场地、保障条件等要求，制定合理可行的试验方案，满足试验的目的和要求；

2）试验产品状态应真实，不影响试验的结果和结论，对于不影响试验结果的产品允许用模样件替代；

3）试验边界一般应真实，若为模拟状态，应有不影响试验结果的结论；

4）试验环境条件应尽可能接近分离环境条件；

5）合理确定试验项目，优化试验程序。尽量将相关试验考核项目综合到一个试验项目中考虑，以达到缩短试验周期、控制试验经费的目的。

分离试验属于大型试验，其规模大、经费多、周期长。在开展此类试验之前，需以试验目的为根本、理论研究为基础，综合考虑时间、经费等影响，制定一个全面、系统的工作策划，即试验方案。

试验状态的确定应考虑分离系统状态、试验的目的、试验规模、试验环境的条件模拟等因素，确定试验模拟失重状态还是非失重状态，参试产品状态为竖直状态还是水平状态。参试产品状态的确定主要依据分离系统地面试验的目的，允许部分产品用模拟件或工艺件替代。

试验程序根据试验次数、试验产品状态和试验考核内容等方面确定，是指导试验实施的具体步骤，保证试验顺利进行的文件依据。

试验考核内容主要根据分离系统地面试验的目的确定。

测量的内容要根据试验考核的内容进行确定。一般包括：分离速度及姿态、姿态角速度、位移、加速度、冲击、应变、压力和热环境等。

试验结果评估是分离地面试验的最终和最重要的环节，是评价分离系统技术方案正确性、系统设计、产品生产及数学分析模型正确性的重要依据，是分离系统技术方案改进设计的重要参考，是修正分离计算模型的重要依据。试验结果评价主要针对试验考核内容逐一进行确认，并结合试验中是否出现问题及其对试验结论有无影响进行评估。

6.2 有效载荷分离试验

目前有效载荷分离试验主要采取悬挂释放方式，即采用有效载荷及末级组合体倒置悬挂，按照设定的分离时序释放，试验组合体呈自由落体下落，有效载荷与运载火箭间解锁，在分离能源作用下完成有效载荷分离，并利用回收系统进行回收。

6.2.1 试验目的

分离试验的目的主要有：

1）验证有效载荷分离系统设计的正确性和工作的协调性；

2）获得有效载荷分离过程中的运动参数，验证有效载荷分离仿真数学模型的正确性；

3）考核有效载荷分离过程中分离包络的协调性；

4）获得分离过程中的冲击环境。

6.2.2 试验方案

该项试验一般在大型试验厂房或室外试验场地进行。

一般情况下，有效载荷都是入轨后分离，分离时不受气动力的影响，而在地面进行有效载荷分离系统试验时却会受到大气环境的影响，但对有效载荷分离特性的影响较小，一般情况下可忽略不计。

有效载荷及火箭载荷支架、末级模拟件按照试验状态组合成一体，组合体经倒置并通过释放装置固定在地面试验架上。试验时，释放装置解锁，有效载荷与火箭末级组合体呈自由状态下落，并按照预定的分离时序完成头体分离，有效载荷和火箭末级在分离能源作用下完成分离动作，有效载荷由地面回收装置回收，火箭末级由上回收装置系留回收，有效载荷分离试验方案如图 6-1 所示。

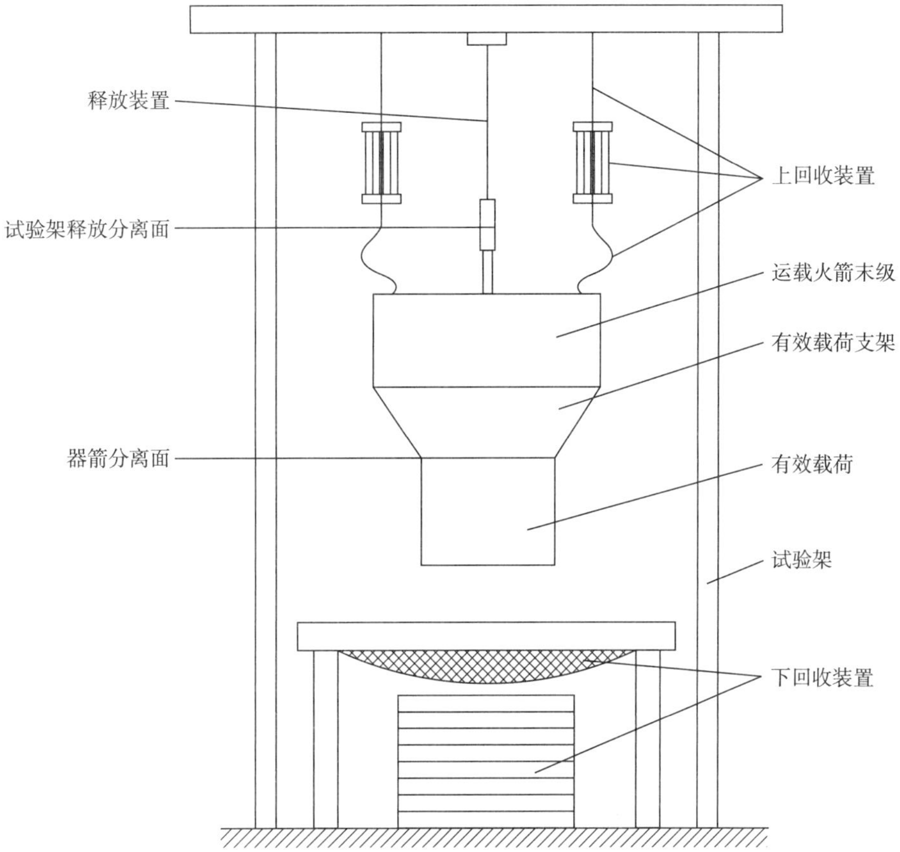

图 6-1　无旋状态下有效载荷与火箭分离试验示意图

一般情况下，有效载荷分离前组合体都存在姿态角速度。姿态角速度对多载荷分离运动是有影响的，但因分离研究的是有效载荷和箭体间的相对运动，正常有效载荷分离时刻的姿态角速度比较小，为简化试验方案，在地面试验中可以忽略，但在飞行仿真中要考虑这个因素。

分离试验架的高度需要依据参试产品的外形尺寸、分离时序及分离速度等，通过分离仿真的预示，计算得到有效载荷完成分离时的运动距离，再参考释放装置、回收装置的状态，考虑一定的安全余量，确定分离试验架的高度。

如果有效载荷在轨采用起旋分离，在进行分离试验方案制定时，一般应模拟有效载荷分离时刻的自旋角速度，这时应将有效载荷与火箭末级组合体通过起旋装置固定在试验架上，通过测量或计算有效载荷与火箭末级组合体质心位置，使组合体起旋轴过组合体质心。测量组合体沿自旋轴的转动惯量，考虑分离时刻的角速度得到起旋装置的启动能量，并经过有效载荷组合体角速度的调试，满足起旋角速度的要求后，才能开展有效载荷分离试验，有效载荷起旋分离方案如图 6-2 所示。

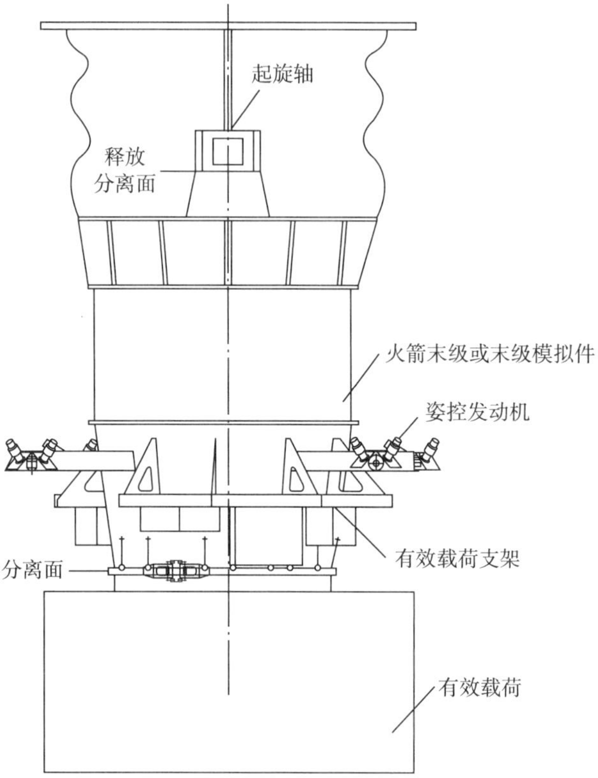

图 6－2　有效载荷与火箭起旋分离试验示意图

6.2.3　试验方法

为考核有效载荷分离系统的可靠性和分离运动的一致性，有效载荷地面分离试验一般安排不少于 3 次。为提高有效载荷分离系统工作的可靠性，有效载荷与其支架间的连接解锁装置一般为冗余结构，试验状态可安排一次一度故障状态下的分离试验。

通过设计回收系统可实现对分离后有效载荷和火箭末级的安全回收，以便重复使用。

参试产品一般为：有效载荷（或有效载荷模拟件）、有效载荷支架、连接解锁装置、火箭末级（或火箭末级模拟件）和分离能源。有效载荷和火箭模拟件需分别模拟有效载荷和火箭的质量特性、接口包络边界。在进行有效载荷分离试验时，一般在有效载荷分离面处进行分离冲击的测量。如需对有效载荷内部结构进行分离冲击响应的测量，试验时应采用状态真实的有效载荷，以获取较为真实的冲击环境。

用安装在有效载荷、火箭末级上的加速度计测量有效载荷分离过程的加速度，通过积分获得有效载荷与箭体之间的相对分离速度；用安装在有效载荷、火箭末级上的速率陀螺测量有效载荷分离角速度参数，通过高速摄影获取有效载荷分离时的运动轨迹，通过高速摄像或角速率曲线获取有效载荷分离完成的时间、分离速度和角速度等。

通过记录发火控制器的发火顺序或火工装置的动作时间，验证有效载荷分离时序设计的正确性。

通过录像或位移传感器测量有效载荷分离过程中的包络设计的正确性。

通过试验后参试产品的结构完整性检查，确认分离结构设计的合理性。如连接解锁装置、有效载荷与载荷支架对接面、有效载荷与火箭间突出物等，有效载荷及其支架间是否存在刮蹭痕迹、是否有飞溅物、连接解锁装置工作后的限位状态等。

6.3 整流罩分离试验

国内外运载火箭整流罩的分离方式主要有旋转式分离、平抛式分离和拔罩分离等。目前整流罩地面分离试验有两种：地面大气环境下的整流罩分离试验和真空环境下的整流罩分离试验。

6.3.1 地面大气环境下的整流罩分离试验

旋转式分离和拔罩分离的整流罩分离试验一般在地面大气环境下进行。

旋转式分离的整流罩一般采用铰链约束的方式，分离能源主要为分离弹簧、作动筒或冷气装置等。整流罩横向分离面一般采用爆炸螺栓、膨胀管＋削弱槽线性解锁装置、包带连接等，纵向分离面采用爆炸螺栓、膨胀管＋凹口螺栓或机械锁钩式连接。

拔罩分离的整流罩一般采用导向约束方式，分离能源主要为固体火箭。整流罩横向分离面一般采用爆炸螺栓、膨胀管＋削弱槽线性解锁装置、包带连接等连接。

6.3.1.1 试验目的

该项试验的目的为：

1）验证整流罩分离系统设计的正确性和工作的协调性；

2）考核整流罩分离仿真模型的正确性；

3）考核整流罩分离过程中分离包络的协调性；

4）获取分离系统工作过程中产生的冲击和污染环境。

6.3.1.2 试验方案

该项试验一般在大型试验厂房或室外试验场地进行。

一般来讲，真实飞行中，整流罩分离的高度在 100 km 以上，分离时不受气动力的影响。而在地面进行分离系统试验时却受到大气环境的影响，这种影响是不可忽略的。

当大气环境使地面分离过程难以完成时，可以不对产品采取开孔等措施，在整流罩地面分离试验的仿真模型中加入由于内外压差和运动速度产生的气体阻力模型，并采用地面试验结果验证仿真预示模型的正确性。之后，用去除大气阻力模型的分离仿真模型进行飞行状态的分离仿真。由于这个大气阻力模型与整流罩内的空间容积、整流罩打开速度等多种因素有关，一般没有精确的理论模型，需要依靠在分离试验中测量整流罩的内外压差，通过处理获得工程模型。

当大气环境使得分离过程难以完成时，需要采取整流罩开通气孔、增加整流罩内空间气体容积的方式减缓这种影响，使分离过程能够顺利完成。

整流罩开通气孔的方式使得整流罩分离开始的瞬间，整流罩外的气体能够通过气孔迅速补充到整流罩内，使得内外压差减小，进而减小罩体的气动阻力。这种方式改变了整流罩产品的真实特性，如质量、质心、转动惯量、刚度等。对于质量特性的影响，可以通过修正仿真模型的方法解决，但一旦影响到整流罩的刚度，其模型的修正非常困难。采取这种方式时，要求气孔不能影响到整流罩的强度和刚度，因此该方式适用于蒙皮、桁条类型的整流罩，而不适用于蜂窝夹层类型的整流罩。

当整流罩内空间气体初始容积很小时，整流罩分离瞬间的内部气体压力的下降将非常明显，因此利用增加初始气体容积的方式可以明显降低气体压差阻力。增加整流罩内气体容积的方法是去除罩内部分或全部有效载荷。这种处理方式将影响到整流罩和有效载荷间动、静间隙的考核。在整流罩与有效载荷动、静间隙比较紧张的情况下，不推荐这种方式。

飞行中整流罩分离时刻存在姿态角、姿态角速度和角加速度。由于分离研究的是物体的相对运动，姿态角没有影响，但姿态角速度和角加速度是有影响的。一般情况下，整流罩分离时刻，姿态角速度、角加速度都比较小，因此在地面试验中可以忽略，但在飞行仿真中要考虑这个因素。

飞行中整流罩分离时刻存在轴向、横向、法向速度和加速度。这三个因素对分离均有影响。地面试验时轴向过载为1，另外两个方向为零。这个区别用仿真方法能够精确修正。

分离试验时整流罩呈竖直状态停放在地面支撑工装上，整流罩试验状态如图6-3所示。

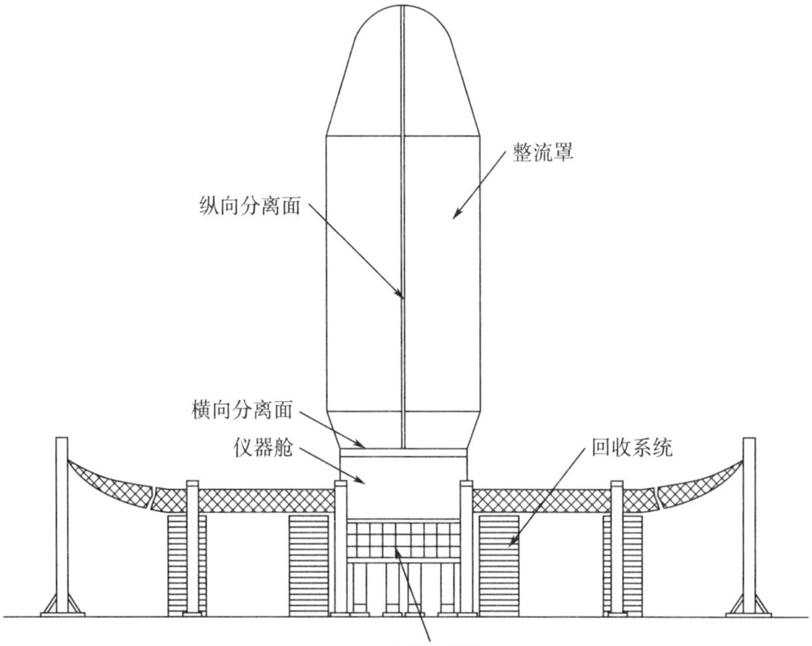

图6-3　整流罩分离试验示意图

开通气孔的整流罩分离试验图如图 6 - 4 所示。

图 6 - 4　整流罩分离试验

从火箭起飞至整流罩分离，整流罩均受到气动加热的影响，温度呈上升趋势，且其不同截面的温升程度不同。一般的点式、线式连接解锁装置对这样的温度变化并不敏感，因此地面试验可以在常温下进行。机构类的连接解锁装置对温度的敏感性较强，因此对使用了机构类连接解锁装置的整流罩需安排热分离试验考核。严格地讲，整流罩热分离试验并不是一个完整的分离试验，它验证的是连接解锁机构同整流罩一起在热环境条件下的连接解锁性能，即仅需要它完成解锁并展开一个合适的角度即可。

整流罩热解锁试验时，加热方案是关键，一般用石英灯加热。整流罩外设置一个可移动桁架，桁架应具备加热后快速移动定位功能，桁架上固定石英灯。在地面模拟热试验时，为提高加热效率和模拟高空热辐射状态，一般情况下，整流罩外表面需进行涂黑处理，用来模拟真实飞行环境下整流罩吸收辐射热的能力。

通过石英灯数量、位置调整来保证整流罩表面的热流密度与预示热流或温度一致。试验中按照整流罩表面的热环境条件进行加热，加热完成后应迅速移动试验桁架以满足整流罩分离到预定的角度，整流罩热解锁试验如图 6 - 5 所示。

整流罩整体拔罩分离一般适应于尺寸较小、刚度较大的整流罩。该方式是在航天飞行器飞至预定高度或预定时刻，将其整流罩整体向前拔出并侧推，从而偏离原有飞行轨迹，实现两体分离。

地面试验中，一般将整流罩与航天飞行器按正式状态对接安装，整体固定在地面试验工装上，按实际整流罩分离时序依次发出分离相关指令，实现整流罩分离面解锁、整流罩分离动力能源工作、整流罩整体拔出并侧推。

整流罩拔罩分离的试验方案如图 6 - 6 所示。

图 6-5　整流罩热解锁试验

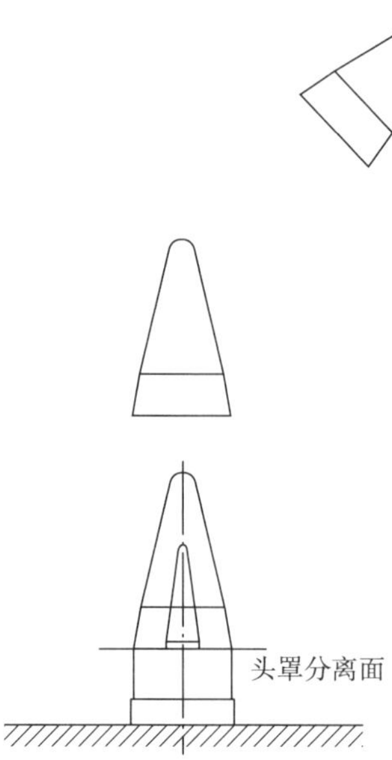

图 6-6　整流罩整体拔罩分离试验示意图

6.3.1.3　试验方法

为考核整流罩分离系统的可靠性和分离运动的一致性，整流罩分离地面试验一般安排不少于 3 次。由于点火起爆环节一般为二度冗余点火，试验状态可安排一次一度故障状态的点火分离试验。

通过设计回收系统可实现对分离后整流罩瓣罩的安全回收，以便重复使用。

参试产品一般为：整流罩、模拟有效载荷、有效载荷支架、转接框和仪器舱。模拟有效载荷是为了模拟有效载荷的外形包络边界。仪器舱参加试验是为了测量仪器舱中重要仪器安装位置处的冲击环境，如果条件允许，重要仪器安装处要采用模拟配重，以获取较为真实的冲击环境。

应用安装在半罩上的速率陀螺测量半罩角速度参数，通过高速摄影或角速率积分获取整流罩分离时的运动轨迹，通过高速摄像或角速率曲线获取过顶时间、过顶角速度、脱钩时间、脱钩角速度。

通过压力传感器测量整流罩展开过程中的内外压差。由于整流罩打开瞬间，整流罩内表面的压力分布是不均匀的，因此压力测点应沿周向和轴向多点布置。

通过应变传感器测量关键部位的载荷情况，如旋抛整流罩的转轴处。通过记录发火控制器发火时间。通过试验后参试产品的结构完整性检查、确认分离结构设计的合理性，如爆炸螺栓盒、收集器、缓冲垫、有效载荷是否存在刮蹭痕迹，是否有飞溅物等。

为考核整流罩纵向分离解锁机构在飞行热环境作用下工作的可靠性，整流罩热分离地面试验一般安排 2 次。由于点火起爆环节一般为二度冗余点火，试验状态可安排一度故障状态的点火引爆分离试验。

整流罩热分离试验仅考核纵向分离装置在预示热环境下工作的可靠性，所以应适当减少整流罩分离能源，减小整流罩半罩分离后的回收冲击，并通过设计回收系统可实现对分离后整流罩瓣罩的安全回收，以便重复使用。

参试产品一般为整流罩、转接框等。应用安装在半罩上的热流传感器测量加热热流密度，并通过高速摄影或角速率积分获取整流罩纵向分离机构分离的可靠性、解锁的一致性等。

通过试验后对整流罩及其纵向分离解锁装置的结构完整性检查，确认整流罩分离结构及其纵向连接解锁装置对飞行热环境的适应能力。

整流罩整体拔罩分离试验主要有整流罩、有效载荷（或模拟有效载荷）及有效载荷支架、转接框、仪器舱、固体火箭等。模拟有效载荷是为了模拟有效载荷的外形包络边界。

应用安装在整流罩上的加速度计和速率陀螺测量整流罩拔罩时的加速度和角加速度参数，通过积分获得整流罩分离速度和分离角速度，也可用高速摄影获取整流罩分离时的运动轨迹，整流罩上的测量数据通过数据存储装置存储。整流罩拔罩分离后的安全回收有一定难度，但数据存储装置需要保证妥善回收，应进行充分的分析预示。

6.3.2　真空环境下的整流罩分离试验

当大气环境使得整流罩的分离无法在地面大气环境下完成时，可在真空环境下完成地面整流罩分离试验。平抛式分离的整流罩即属于这种情况。

6.3.2.1　试验目的

整流罩试验的目的主要有：

1）验证整流罩分离系统设计的正确性及整流罩分离特性；

2）验证整流罩分离数学模型，特别是整流罩弹性分离模型；

3）获取分离系统工作过程中的冲击环境。

6.3.2.2 试验方案

该项试验一般在真空罐中进行。除了分离后的半罩回收方式外，其他与大气环境下的分离试验基本相同。

平抛整流罩的分离力一般是由纵向连接解锁装置的气囊提供的。它的特点是推力大、作用时间短，很容易激起整流罩的低频弹性振动。在真空环境下的整流罩分离试验中，获取整流罩半罩的弹性振动响应，修正仿真模型。为此在分离试验开始之前，还需要单独进行整流罩动态特性试验。

6.3.2.3 试验方法

在真空状态下的整流罩分离试验的试验次数、产品状态、测试方法等与地面环境下的分离试验相同。除了整流罩回收方式的差别外，不同之处在于弹性振动的测量和处理。

整流罩真空试验时，其真空试验室和真空罐由于空间狭小，应在综合整流罩分离特性测量和试验室空间的基础上进行整流罩分离后的半罩回收设计，一般利用罩内结构或真空室顶部结构对分离后的半罩进行牵拉回收，如图 6－7 所示。

图 6－7 真空试验时半罩分离回收

分离试验中模态响应的测量是由多个加速度传感器来完成的。整流罩各位置处的总变形是影响分离间隙安全的关键要素，而这个总变形量是由弹性变形、刚体运动等因素造成的，因此在试验中还需要通过高速摄像装置或其他方式对总的变形量进行测量。

6.4　助推器分离试验

助推器的分离试验有两种方式，即：地面大气环境下的全尺寸助推器分离试验、风洞缩比分离试验。对于分离过程受气动力影响的助推器分离，既要开展风洞缩比分离试验，也要进行全尺寸的助推器分离试验。而对于不受分离过程中气动力影响或影响较小的助推器分离，仅进行地面全尺寸分离试验即可。

6.4.1　全尺寸助推器分离试验

6.4.1.1　试验目的

全尺寸助推器分离试验的主要目的为：

1）验证助推器分离系统方案设计的正确性及系统工作的协调性；

2）测量助推器分离速度、姿态角、姿态角速度及分离碰撞边界，验证分离仿真模型的正确性；

3）验证固体小火箭喷流对芯级和其他助推器热防护措施的影响；

4）考核箭上系统设备对助推分离系统工作环境的适应性，包括与分离过程产生的力、热、电磁环境有关的设备。

6.4.1.2　试验方案

全尺寸助推器分离试验一般在室外试验场进行。

真实飞行中，为了减小助推器分离对芯级的扰动，一般采用对称助推器分离或全部助推器一起分离的方式。分离的干扰是由对称的两个助推器分离动作不同步引起的，干扰力的主要来源是助推器分离能源——固体小火箭。分离设计中用火工品工作不同步的最大值作为干扰，能够保证芯级飞行的稳定。综合考虑试验目的和规模，在地面试验中，一般采用单个助推器进行分离试验；如果需要考核其他目的，可以采用多个助推器进行试验。

助推器分离时刻，火箭飞行高度一般不低于 60 km，分离时刻的气动影响较小。而在地面进行助推器分离试验时却受到大气环境的影响，如果大气环境使助推器地面试验难以完成时，可以通过在助推器分离仿真的计算模型中加入气动阻力模型，并用地面试验结果验证仿真计算模型的正确性。但如果助推器地面分离过程中气动影响对助推器成功分离的影响较大或气动阻力对助推器分离过程中的姿态影响较大时，一般应通过缩比模型在风洞中进行助推器分离试验。

飞行中助推器分离时刻存在姿态角、姿态角速度和角加速度。由于分离研究的是助推器和芯级的相对运动，姿态角没有影响，但姿态角速度和角加速度是有影响的。一般情况下，助推器分离时刻，姿态角速度、角加速度都比较小，在地面试验中可以忽略，但在分离仿真中要考虑这个因素。

飞行中助推器分离时刻存在轴向、横向和法向速度和加速度。这三个因素对分离均有影响。地面试验时轴向过载为 1，另外两个方向为零。这个差别可以通过仿真方法能够精确修正。

助推器分离时刻，一般情况下贮箱内会残留一定的剩余推进剂，其会改变助推器的质量特性，影响到助推器分离的速度和姿态，因此在地面试验时一般用等质量的液体（如水等）来模拟贮箱内的剩余推进剂量。

对于耗尽关机的液体助推器来说，分离时刻助推器发动机虽然存在一定的后效推力，但对助推器分离性能的影响较小，地面试验中一般忽略助推器发动机后效推力的影响，但在分离仿真分析时应考虑助推器发动机的后效推力并对地面试验结果进行修正。而在固体助推器或发动机后效推力较大时，需要在试验中进行考虑。

全尺寸助推器分离试验状态如图 6－8 所示。

图 6－8　试验装置整体示意图

6.4.1.3　试验方法

为考核助推器分离系统的可靠性和分离运动轨迹的正确性，助推器地面分离试验一般安排多次。对于分离起爆环节为二度冗余设计的，试验状态可安排一次一度故障状态的点火引爆分离试验。

通过设计回收系统实现对分离后助推器的安全回收，以便重复使用，因助推器尺寸、质量及分离冲量比较大，为了验证回收系统工作的可靠性，试验前一般应进行回收系统的调试及验证试验。

参试产品一般为助推器、芯级或模拟芯级、捆绑分离结构、侧推火箭等。芯级或模拟芯级为了模拟助推器分离的试验边界，如果需要真实测量助推器分离时芯级捆绑点附近的冲击环节，一般应采用真实的芯级结构，否则可用捆绑接口及外形包络真实的模拟件。

应用安装在助推器上的加速度计、速率陀螺测量助推器分离的加速度、角加速度，并通过高速摄影或加速度、角速率积分获取分离时的运动轨迹。通过录像观察助推器的分离碰撞及回收情况。

通过温度传感器、热流传感器来获取助推器分离时侧推火箭喷的热流环境，如用热流传感器测量侧推火箭工作时的热流环境，用壁温传感器测量热影响区的温度。

通过应力传感器测量助推器分离过程中侧推火箭支架、固体发动机喷流区域结构的应力水平，用以评估固体火箭工作时的结构强度。

通过试验后参试产品的结构完整性检查，确认分离结构设计的合理性。如捆绑连接分离结构、防护罩、固体火箭支架及其保护罩、芯级热防护状态，助推器分离过程是否存在刮蹭痕迹、是否有飞溅物等。

6.4.2 助推器缩比分离试验

6.4.2.1 试验目的

该试验的目的：

1）获取分离过程中芯级、助推器的气动力特性参数；

2）获取在特定马赫数与雷诺数下助推器的分离姿态；

3）验证特定马赫数与雷诺数下助推器分离时的碰撞边界及其干涉情况；

4）获取助推器分离的速度与角速度参数。

6.4.2.2 试验方案

该项试验一般在风洞中内进行。

当助推器分离时刻的气动环境对分离姿态的影响不能忽略或助推器与芯级火箭间隙较小且对气动环境、分离前姿态较为敏感时，可考虑在风洞中进行助推器缩比分离试验。

风洞应能提供飞行过程中助推器分离前后的气流马赫数，且试验段空间能够适应助推器缩比模型的分离空间要求。

飞行中助推器分离时刻存在姿态角、姿态角速度和角加速度。在进行助推器分离缩比试验时可设定分离时的姿态角和姿态角速度，从而验证不同飞行姿态下助推器分离的可靠性、安全性。

飞行中助推器分离时刻存在轴向、横向和法向速度和加速度。这三个因素对分离均有影响。地面试验时重力方向过载为 1，另外两个方向为零。这个区别用仿真方法能够精确修正。

分离试验时助推器与芯级模拟件呈水平状态悬挂在支撑工装上，航天飞机助推器分离缩比试验状态如图 6－9 所示。

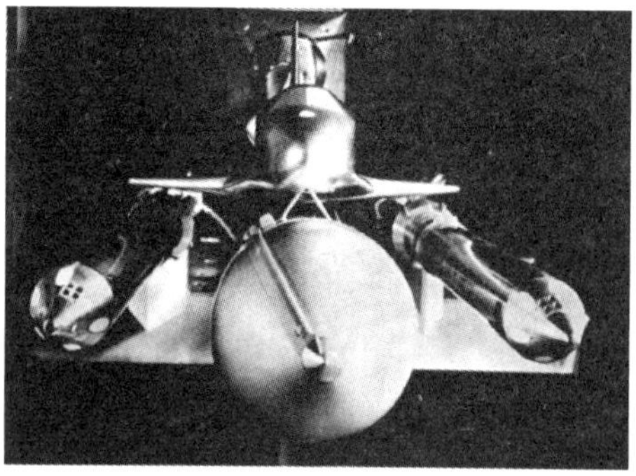

图 6－9　助推器缩比分离试验

6.4.2.3　试验方法

缩比分离试验一般采用网格测力法[2]或风洞模型自由飞法。网格测力法是在风洞流场中缩比模型周围一定区域内的网格点上，采用六自由度机构驱动模型，逐点放置缩比助推器（助推器处于不同位置和不同的姿态），测量处在干扰流场中助推器分离时的气动载荷，该实验项目多，周期长，缩比助推器分离数据要通过大量的试验数据解算得出。比如，据NASA官网报道，NASA兰利研究中心对0.89 m长的SLS助推器分离进行了风洞试验，从800次试验中收集了高置信度的数据。风洞模型自由飞法是指将模型投放到风洞均匀流场中自由飞行，通过高速摄影获取助推器的运动轨迹图像，对图像数据进行量化，采用数据识别方法拟合给出气动系数。由于风洞模型自由飞试验在飞行器设计中的重要作用，美国兰利研究中心、欧洲、日本、中国等相关大学和研究机构均在开展该项试验。

参试产品一般为助推器、芯级及分离连接结构、分离能源的缩比模型。缩比模型应模拟助推器的外形边界，以准确获得助推器分离时的气动环境。自由飞模型还需动力学相似、运动学相似，尽可能增加助推器在风洞观察窗的运动周期数，以增加和改善分析精度。

6.5　级间分离试验

国内外运载火箭的级间分离按照分离方式分类主要有冷分离、热分离，按照分离次数分类有一次分离和二次分离等。目前级间分离的主要试验方法有大气环境下的地面级间分离试验和风洞试验室模拟飞行气动环境下的级间分离试验等。

大气环境下的地面级间分离试验方案按照级间分离时的结构状态又分为竖直状态下级间分离试验和水平状态下级间分离试验，而竖直状态下级间分离试验分离试验状态与有效载荷分离试验方案和方法类似，此处不再介绍。

风洞试验室模拟飞行气动环境下的级间分离一般在大型风洞试验室内进行，参试产品状态有全尺寸级间分离结构（如宇宙神和半人马座的级间分离试验）和缩比级间分离结构两种状态，两种试验方案类似。

大气环境下水平状态的级间分离试验与风洞室内全尺寸级间分离试验除气动环境外，其试验方案与试验方法类似。

6.5.1 试验目的

该项试验的目的为：

1）获取在特定马赫数与雷诺数下级间分离的分离姿态；

2）验证特定马赫数与雷诺数下级间分离时的碰撞边界及其干涉情况；

3）获取级间分离的速度与角速度参数。

6.5.2 试验方案

该项试验一般在风洞实验室内进行。

当级间分离时的气动环境对分离姿态的影响不能忽略时或级间分离时碰撞间隙对气动环境、分离时刻姿态较为敏感时，应考虑在风洞实验室内进行全尺寸级间分离或缩比级间分离试验。

风洞实验室应能提供飞行过程中级间分离前后的气流马赫数，且风洞实验室空间能够适应级间分离过程中的空间要求，宇宙神-半人马座[3]级间分离风洞实验室平面如图 6－10 所示。

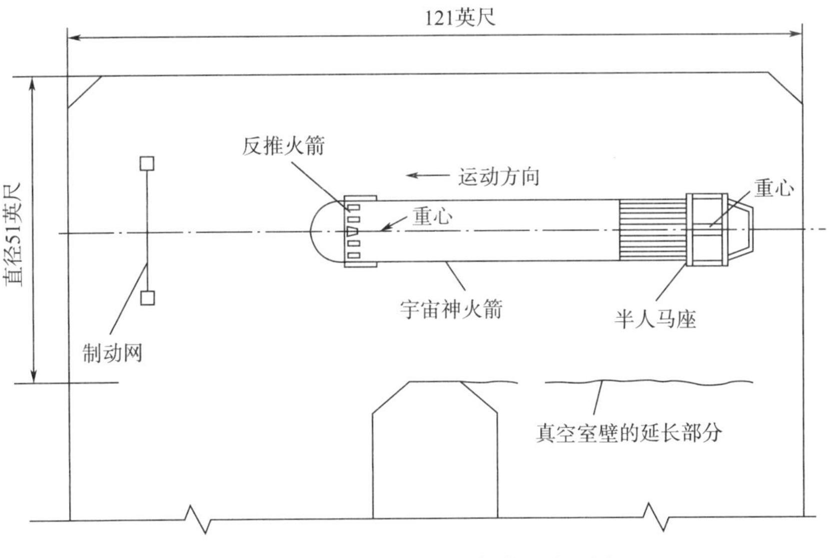

图 6－10　级间分离风洞实验室平面图

注：1 英尺＝0.304 8 m。

级间分离试验产品的吊挂系统安装在风洞实验室的屋顶上，由双轨天车和升降机组成，并利用配重使吊挂级间分离试验件的天车加速，以模拟级间分离时刻的相对分离运动。

级间分离运动结束时，由垂直安装在实验室末端的回收网制动回收。级间分离试验件的吊挂在其中心处摆动和旋转铰接接头上，可以进行俯仰、偏航和滚动三个方向的运动。

火箭的运动由高速摄影机和运动敏感元件记录，运动敏感元件有飞行用的速率陀螺、加速度计等，宇宙神-半人马座[3]级间分离试验方案如图 6-11 所示。

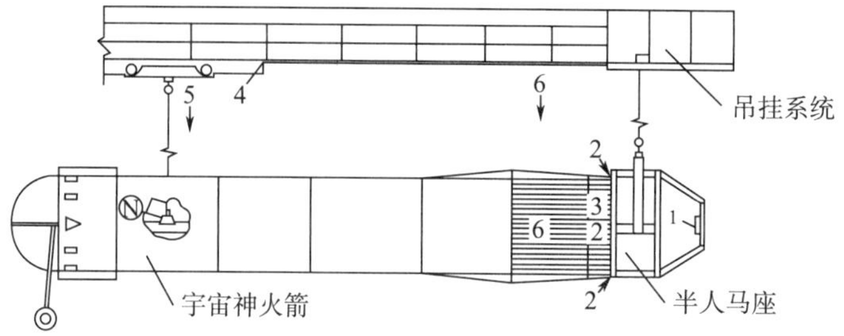

图 6-11 级间分离试验状态示意图

1—宇宙神-半人马座速率陀螺；2—位移计，测量宇宙神的纵向位移；3—位移计，测量宇宙神的纵向位移；
4—位移计，测量天车的纵向位移；5—安装在天车上的摄像机，监视宇宙神和天车的对准；
6—摄像机，间隔 90°安装，监视级间段与半人马座级间外围间隙

6.5.3 试验方法

为考核在飞行气动环境下级间分离系统的可靠性和分离运动的协调性，级间分离试验一般按照不同的初始姿态、环境条件并考虑覆盖分离时刻的箭体姿态安排多次试验。比如宇宙神-半人马座在风洞实验室内共进行了 18 次全尺寸级间分离试验。

通过设计回收网系统可实现对分离后的试验件进行安全回收，以便试验中重复使用。

参试产品一般为级间分离试验件及其分离连接结构、分离能源、配重件等。级间分离试验件的外形应与实际产品状态一致，以保证级间分离时气动干扰的真实性。

应用安装在级间分离试验产品上的加速度传感器和速率陀螺测量级间分离时的速度和角速度参数，通过高速摄影或角速率积分获取级间分离时的运动轨迹和碰撞间隙。

6.6 尾罩分离试验

国内外弹箭采用弹射发射时，一般在弹箭的尾部安装尾罩。弹箭起飞后需要将尾罩分离，分离方式有轴向分离、轴向拉开＋横向侧推分离、旋抛分离三种。目前尾罩地面分离试验为地面大气环境下的尾罩分离试验。

6.6.1 试验目的

尾罩分离试验的目的有：

1）验证尾罩分离系统设计的正确性和工作的协调性；

2）验证尾罩分离计算模型的正确性；

3）考核弹上系统对尾罩分离系统工作环境的适应性；

4）获取分离系统工作过程中的力、热等环境参数。

6.6.2　试验方案

该项试验一般在地面室外场地进行。

一般情况下，尾罩都是在弹箭起飞后分离，分离时受气动力的影响，而在地面进行尾罩分离系统试验时一样会受到大气环境的影响，这种影响可通过仿真对模型进行修正。

尾罩及其弹箭芯级按照试验状态组合成一体，组合体通过释放装置固定在地面试验架上。试验时，释放装置解锁，尾罩与弹箭芯级组合体呈自由状态下落，并按照预定的分离时序完成尾罩分离，尾罩与弹箭芯级在分离能源的作用下完成分离动作，尾罩由地面回收装置回收，弹箭芯级由上回收装置系留回收，尾罩分离试验方案详如图 6－12 所示。

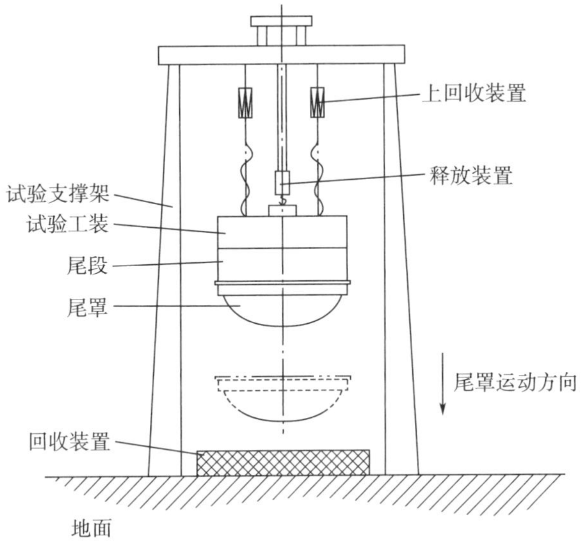

图 6－12　尾罩分离系统示意图

分离试验架的高度需要依据参试产品的外形尺寸、分离时序及测量周期等参数，并通过尾罩分离仿真的预示，得到尾罩完成分离时的运动距离，再参考释放装置、回收装置的状态，考虑一定安全余量的基础上确定。

6.6.3　试验方法

为考核尾罩分离系统的可靠性和分离运动的一致性，尾罩地面分离试验一般安排若干次。为提高尾罩分离系统工作的可靠性，尾罩与弹箭芯级间的连接解锁装置一般为冗余结构，试验状态可安排一次一度故障状态下的尾罩分离试验。

通过设计回收系统可实现对分离后尾罩和弹箭芯级的安全回收，以便重复使用。

参试产品一般为尾罩、芯级或芯级模拟件、连接解锁装置和分离能源。芯级或芯级模拟件是为了模拟芯级的接口包络边界，在进行尾罩分离试验时，一般在芯级尾罩分离面附近进行分离冲击的测量，以获取尾罩分离时的冲击环境。

用安装在尾罩、弹箭芯级上的加速度计测量尾罩分离后的加速度，通过积分获得尾罩的相对分离速度；用安装在尾罩、弹簧芯级的速率陀螺测量尾罩分离的角速度参数，通过高速摄影或角速率积分获取尾罩分离时的运动轨迹，通过高速摄像或角速率曲线获取尾罩分离完成的时间、分离速度和角速度等。

通过记录发火控制器发火顺序，验证尾罩分离时序设计的正确性。

通过录像或位移传感器测量分离过程中尾罩分离过程中的安全性、包络设计的正确性。

通过试验后参试产品的结构完整性检查，确认尾罩分离结构设计的合理性。如连接解锁装置、尾罩与芯级间突出物间是否存在刮蹭痕迹，是否有飞溅物、连接解锁装置工作后的限位状态等。

6.7 逃逸分离试验

当载人运载火箭从待发段至抛离整流罩前飞行出现故障时，运载火箭的逃逸系统工作，负责将航天员带离危险区，并为航天员的返回提供必要的条件，逃逸飞行的状态有待发段逃逸、跨音速逃逸、最大动压逃逸、抛塔前逃逸和高空逃逸等，其中待发段逃逸是逃逸系统主要的设计状态，逃逸设计指标大多是由零高度（待发段）逃逸决定的。

逃逸飞行时主要的分离动作有逃逸分离面分离、逃逸塔分离和返回舱与逃逸飞行器分离，其中逃逸分离面分离、逃逸塔分离与级间分离类似，其地面试验方案可参照级间分离试验方案，本章主要介绍零高度逃逸救生的分离试验。

6.7.1 试验目的

零高度逃逸试验的主要目的：

1）验证零高度逃逸设计指标及低空逃逸程序的合理性；

2）考核逃逸飞行器各系统工作的协调性；

3）验证逃逸发动机的工作性能；

4）上下支撑机构、栅格翼及其释放机构的动作特性、灭火装置的工作情况。

6.7.2 试验方案

该项试验一般在室外空旷试验场地进行。

一般来讲，鉴于零高度逃逸是逃逸飞行器设计的主要设计考虑因素，所以在地面进行的零高度逃逸飞行试验所经历的气动环境与待发段真实逃逸飞行环境一致，通过该试验对逃逸飞行器的风洞试验值和返回舱与逃逸飞行器的分离进行验证。

为覆盖待发段逃逸飞行的工况，零高度逃逸飞行试验按照正常发射工况（逃逸飞行器呈竖直状态）和逃逸故障（逃逸飞行器具有一定倾斜角）两种状态安排试验。

利用试验场的电影经纬仪和高速摄影机对逃逸飞行器的外弹道进行测量、记录，并通过辨识获得逃逸飞行的运动轨迹。利用高速摄像记录返回舱与逃逸飞行器分离运动轨迹。

零高度逃逸救生分离试验方案如图 6－13 所示。

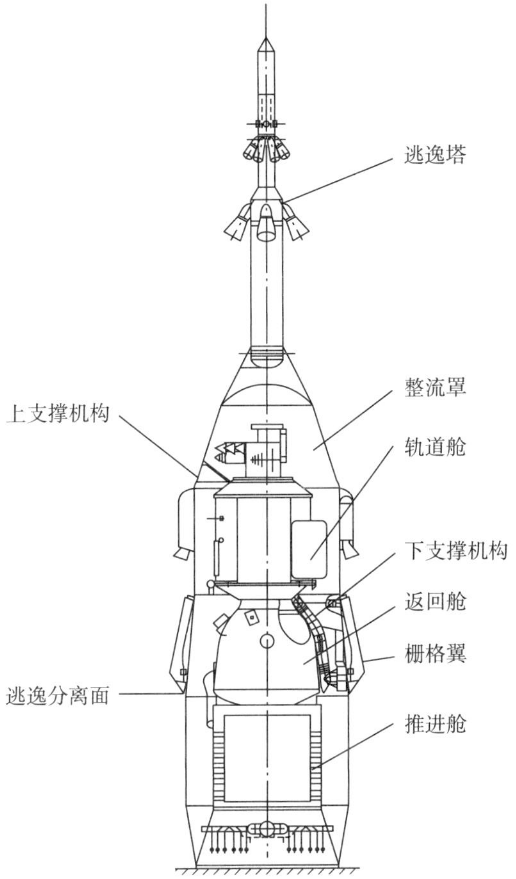

图 6－13　零高度逃逸飞行试验示意图

6.7.3　试验方法

为考核零高度逃逸分离的可靠性和运动的一致性，并覆盖逃逸飞行器的逃逸工况，零高度逃逸飞行试验一般安排垂直发射和故障倾倒两个逃逸工况状态的试验，每个试验状态不少于 1 次。由于逃逸发火控制环节为二度冗余点火，试验状态可安排一度故障状态的零高度逃逸飞行试验。

参试产品一般为逃逸飞行器、返回舱和轨道舱组合体、转接框、整流罩、飞船支架、栅格翼、上下支撑及逃逸动力系统等。如果条件允许，可在零高度逃逸飞行试验中搭载测量逃逸分离面和上下支撑工作时与飞船接触处的冲击环境。

用安装在逃逸飞行器上的加速度计和速率陀螺测量逃逸飞行时的加速度和角加速度，通过高速摄影或速率积分获取逃逸飞行器的运动轨迹。

通过记录发火控制器的发火顺序，验证逃逸飞行时序设计的正确性。

6.8　分离系统试验技术的改进和发展趋势

6.8.1　分离系统试验技术的改进

（1）试验的广度和覆盖性

目前分离系统试验主要集中在星箭分离试验、整流罩分离试验、助推器分离试验上，各种分离试验从试验考核内容的全面性、验证广度和深度、试验类型、试验环境模拟等均与先进水平存在一定的差距。其主要表现在：

1）分离试验的覆盖性不足，星箭分离、整流罩分离及助推器分离试验开展的比较普遍，大型的级间分离、1：1的星箭分离等试验开展得相对较少；

2）在已经开展的运载火箭分离试验中，试验考核内容的针对性不强，测量数据的分析不全面（受限于天地换算能力不足和相关分析技术能力不足），降低试验效率。

（2）试验技术及设备条件

1）目前的分离试验方案在设计上缺乏技术储备，方案大多继承已有型号的方案，创新不足；

2）分离试验的设备资源落后，比如整流罩分离试验因没有相应的真空罐，多半在低海拔大空气密度的条件下进行，然后进行天地换算；级间分离试验多停滞在仿真计算阶段，应该开展风洞试验的方式，使级间分离时的气动特性得到充分的模拟和考查。

（3）试验分析和保障能力

1）对于各种分离试验得到的数据进行快速综合处理分析的能力还应加强和提高；

2）缺乏改变传统的测量方法，提高精确测量的手段和能力。

6.8.2　分离系统试验的发展趋势

（1）重视分离系统试验预示技术的研究

随着分离系统仿真分析技术的发展，近几年，分离系统的地面试验预示引起高度重视，立足于大型商用软件和多专业（气动、分离、姿控等）联合仿真技术的发展，分离系统地面试验的预示技术得到了快速发展，为确保分离系统地面试验方案的合理性奠定了坚实的基础。

（2）提高地面分离试验环境与真实分离环境的一致性

分离系统作为影响运载火箭成败的关键系统，其工作时的环境条件对分离的可靠性具有较大影响，为保证分离系统地面试验的有效性，真实试验环境条件的保障非常重要，所以，分离系统地面试验验证的发展趋势之一就是尽可能模拟真实的分离环境。

（3）开展分离系统的可靠性试验

在起爆器、传爆装置、分离装置、动力作动装置及分离结构件完成可靠性工程试验和可靠性统计试验的基础上，适当安排分离系统的可靠性试验是非常必要的。在分离系统试验中就要既安排正常工况、冗余工况下的验证试验，也要适当安排模拟故障情况、极限偏差条件下的验证试验，以充分考核分离系统可靠性设计措施的有效性和对产品制造偏差、输入条件偏差、环境条件偏差等因素的设计裕度。

6.9 小结

分离试验设计技术伴随航天分离设计技术而逐步发展，经过型号几十年大量航天分离的研制，积累了一整套分离试验设计的方法，本章梳理和回顾了多种航天分离试验设计的目的、试验方案及方法。

随着航天技术的飞速发展和未来航天飞行器的需求，航天分离试验技术也在快速发展，同时结合国内外航天分离试验的现状以及未来航天分离试验技术的进步，对航天分离试验的改进和发展趋势进行了分析和展望。

参 考 文 献

［1］ 刘竹生，王小军，朱学昌，王国辉，等．航天火工装置．北京：中国宇航出版社，2012.

［2］ 李周复．风洞特种试验技术．北京：航空工业出版社，2010.

［3］ RICHARD W H，等．宇宙神-半人马座级间分离的分离动力学和分离系统研究［J］．导弹与航天运载技术，1982，(4).

第7章　航天分离技术展望

7.1　国外航天分离发展

美国、苏联都从仿制V-2导弹入手发展火箭技术。经过70多年的技术发展，美国、苏联/俄罗斯、法国、日本、印度等国家竞相发展并拥有了各种类型的弹道导弹、运载火箭、宇宙飞船、航天飞机、空间站、深空探测器等航天飞行器。

航天分离系统是航天飞行器的一个重要分系统，特别是在以运载火箭和战略导弹为代表的多级航天运输系统中，存在着级间分离、助推器分离、星箭分离、有效载荷整流罩分离等诸多分离系统。本节对国外典型航天飞行器的分离方式进行梳理和分析。

苏联的卫星号运载火箭是世界上第一个航天火箭系列，它开创了人类航天的新纪元，发射了世界上第一颗人造地球卫星。卫星号运载火箭在助推器分离过程中，下端连接结构先分离，在外侧推力室的推力作用下使其绕上端球碗向外转动，达到一定角度时上端解锁，然后助推器液氧箱排气阀门打开，其增压气体产生侧向推力，将助推器推离芯级；后来的质子号运载火箭对助推器不实施独立分离。国外运载火箭助推器一般采用横向分离、斜侧向分离的方式，连接捆绑方式一般采用两点连接，也出现了三点连接的方式。

国外运载火箭级间分离有采用热分离的，也有采用冷分离的；上面级采用低温推进剂的火箭多采用冷分离，未见采用热分离的，同时当上面级规模较小或作为火箭末级时，也常采用冷分离方式。

整流罩分离主要采用旋转分离和平抛分离方式，大型整流罩采用平抛分离方式；对于星箭分离一般采用包带式弹射分离或减速分离方式[1]。

航天分离的整体发展趋势：一是分离的功能类型越来越多，如从原来只有头体分离，到现在有级间分离、助推器分离、整流罩分离、保温壳分离等。二是实现一种分离功能的分离系统越来越简化、可靠。如第一代液体导弹雷神改进成德尔塔运载火箭的一二级间分离采用连接解锁装置、气动作动器以及高压氮气等比较复杂的一套连接解锁机构，发展到土星V采用线式分离装置，大大简化了分离系统，提高分离可靠性。

国外主要运载火箭所采用的分离方案见表7-1。

表 7-1 国外主要运载火箭分离方案

序号	型号	国别	分离方式	分离装置	分离能源
			助推器分离		
1	卫星号	苏联	斜侧向分离	上支点：球头/球碗连接件 下支点：管形杆件（含火工品）	助推器液氧箱中增压气体
2	质子号	俄罗斯	不分离	—	—
3	大力神ⅣA	美国	横向分离	两支点连接 上：分离螺母 下：爆炸螺栓	分离火箭
4	德尔它 IV/H	美国	横向分离	上下两支点都是分离螺母	分离火箭
5	阿里安Ⅴ	欧洲	横向分离	上下两支点都是爆炸螺母	侧推火箭
6	H－2A	日本	斜侧向分离	上下两支点都是推力杆（含火工品）	分离火箭
7	GSLV	印度	横向分离	上中下三支点都是分离螺母	—
8	航天飞机	美国	斜侧向分离	上下两支点都是分离螺母	分离火箭
			级间分离		
1	闪电号	俄罗斯	一二级：热分离	爆炸螺栓	二级发动机＋反推火箭
			二三级：冷分离	爆炸螺栓	反推火箭
2	质子号 K	俄罗斯	一二级：热分离	爆炸螺栓	二级发动机＋反推火箭
			二三级：热分离	爆炸螺栓	三子级游机＋反推火箭
3	隆声号 KM	俄罗斯	一二级：热分离	爆炸螺栓	二子级游机＋反推火箭
			二三级：冷分离	爆炸螺栓	反推火箭
4	土星 I	美国	一二级：冷分离	爆炸螺栓	反推火箭＋推进剂沉底火箭
5	土星 V	美国	一二级：冷分离（两次分离）	线性解锁装置	反推火箭＋正推火箭
6	大力神系列	美国	一二级：热分离	气压盒式连接解锁装置	二级发动机
7	M-3C	日本	一二级：冷分离	分离螺母	分离弹簧
			二三级：冷分离	包带	分离弹簧
8	PSLV	印度	一二级：冷分离	柔性导爆索	反推火箭
			二三级：冷分离	包带	反推火箭
			整流罩分离		
1	宇宙号 3M	俄罗斯	旋转分离	机械锁扣	分离弹簧
2	安加拉 1.1	俄罗斯	旋转分离	纵向：机械锁扣 横向：爆炸螺栓	弹簧
3	德尔它Ⅱ	美国	平抛分离	纵向：无污染爆炸索 横向：爆炸螺母	活塞/气筒推冲

续表

序号	型号	国别	分离方式	分离装置	分离能源
4	飞马座	美国	旋转分离	爆炸螺栓	燃气发生器
5	阿金纳 D	美国	旋转分离	包带	分离弹簧
6	阿里安 V	欧洲	平抛分离	纵向：导爆索 横向：导爆索	气囊
7	M-3 SII	日本	平抛分离	纵向：联锁机构 横向：包带	火工品作动筒＋活塞
8	H-2	日本	旋转分离	膨胀型密封导爆索＋易碎分离螺母	弹簧

7.2　中国航天分离发展

本节追随中国航天事业发展的脚步，对航天分离技术的发展进行回顾。中国现代航天事业起始于 20 世纪 50 年代中期，从研制导弹开始起步。从 1956 年 10 月 8 日成立我国第一个弹道研制机构——国防部第五研究院，到 1970 年 4 月 24 日发射我国第一颗人造地球卫星东方红一号，14 年间，我国成功研制了东风一号、东风二号、东风二号甲、东风三号、东风四号等多型地地弹道导弹和长征一号（CZ-1）运载火箭。又经过 40 多年的发展，战略导弹发展出了多级固体机动陆基和潜射弹道导弹[2]。运载火箭方面，中国已成功研制出了长征二号（CZ-2）系列、长征三号（CZ-3）系列、长征四号（CZ-4）系列，近几年又成功研制出了长征五号（CZ-5）、长征六号（CZ-6）和长征七号（CZ-7）等新一代无毒无污染液体运载火箭，以及长征十一号（CZ-11）固体运载火箭。航天器方面研制出了各种卫星，并发射了载人飞船（神舟）、空间实验室（天宫）和月球探测器（玉兔）。

航天分离也随着航天飞行器的发展而进步。航天分离的功能类型越来越多，从最初的三型导弹只有头体分离，到东风四号导弹出现级间分离，再到运载火箭出现整流罩分离、助推器分离、逃逸分离等多种类型。航天分离的方式越来越多，可靠性逐步提高，例如，有效载荷分离（头体分离）从最初用的爆炸螺栓、弹簧和铰链分离方式，到爆炸螺栓、推力筒方式，再到爆炸螺栓、反推火箭方式，进一步发展到星箭分离用包带、反推火箭方式，逐步向减少分离冲击、减小分离对有效载荷姿态和入轨精度的影响、提高分离可靠性等方向发展。再如，级间分离方式，也从点式爆炸螺栓连接、热分离，发展到膨胀气囊、切割索等线型解锁分离方式，逐步提高了分离可靠性。下面介绍一些我国火箭上的分离方式。

CZ-1 于 1965 年开始研制，1970 年发射了我国第一颗人造地球卫星。CZ-1 飞行中共有 4 次分离，依次为一二级分离、整流罩分离、二三级分离和星箭分离。一二级采用爆炸螺栓点式连接解锁，利用二级发动机喷流作用的热分离方式；整流罩采用爆炸螺栓点式连接解锁，利用火工作动筒提供动力的平抛分离方式；二三级分离采用爆炸螺栓点式连接解锁、利用反推火箭作为分离力的冷分离方式；星箭分离采用弹簧力的弹射分离方式。CZ-1D一二级分离同CZ-1一样，整流罩采用气囊实施横向平抛分离方式，二三级采用冷分离方式，星箭采用包带+分离弹簧分离方式。

CZ-2系列火箭研制的起始时间为1970年，典型型号为CZ-2C、CZ-2F。CZ-2C飞行中共有3次分离，依次为一二级分离、整流罩分离和星箭分离。一二级分离采用热分离方式；整流罩分离采用旋转分离方式；星箭分离采用包带或爆炸螺栓连接解锁，利用分离弹簧或反推火箭提供动力的分离方式。CZ-2F火箭增加了助推器分离和逃逸塔分离，其中助推器与芯级之间设置前、后两个捆绑点，采用分离火箭作为动力的横向分离方式；逃逸塔采用固体火箭发动机提供向前和侧向动力实施远离箭体的分离。

CZ-3系列火箭研制的起始时间为1978年，典型型号为CZ-3A、CZ-3B、CZ-3C。CZ-3A飞行中共有4次分离，依次为一二级分离、整流罩分离、二三级分离和星箭分离。一二级分离采用热分离方式；整流罩分离采用旋转分离方式；二三级分离采用冷分离方案；星箭分离采用包带+分离弹簧或者分离反推火箭的分离方式。CZ-3B、CZ-3C与CZ-3A相比，还增加了助推器分离，方式与CZ-2F相似。

CZ-4系列火箭研制的起始时间为1979年，典型型号为CZ-4A、CZ-4B、CZ-4C。CZ-4C飞行中共有4次分离，依次为一二级分离、整流罩分离、二三级分离和星箭分离。一二级分离采用热分离方式；整流罩分离采用平推分离或旋转分离方式；二三级分离采用冷分离方式；星箭分离采用包带式分离方式。

CZ-5系列为我国新一代运载火箭，飞行过程中包括助推器分离、整流罩分离、一二级分离、星箭分离等分离动作。助推器采用横向分离方式，整流罩采用旋转分离方式，一二级采用冷分离方式，星箭分离采用弹射分离方式。

中国主要运载火箭所采用的分离技术具体见表7-2。

表7-2　中国主要运载火箭分离技术统计

序号	型号	分离方式	分离装置	分离能源
级间分离				
1	CZ-1	一二级：热分离	爆炸螺栓	二级发动机喷流
		二三级：冷分离	爆炸螺栓	反推火箭
2	CZ-1D	一二级：热分离	爆炸螺栓	二级发动机喷流
		二三级：冷分离	爆炸螺栓	反推火箭
3	CZ-2C	一二级：热分离	爆炸螺栓	二级发动机喷流
4	CZ-3A	一二级：热分离	爆炸螺栓	二级发动机喷流
		二三级：冷分离	爆炸螺栓	下面级反推火箭+上面级正推小火箭
5	CZ-5	一二级：冷分离	膨胀管+削弱槽线式分离装置	下面级反推火箭+上面级正推小火箭

续表

序号	型号	分离方式	分离装置	分离能源
整流罩分离				
1	CZ－1	平抛分离	纵向：爆炸螺栓 横向：爆炸螺栓	火工作动筒
2	CZ－1D	平抛分离	纵向：爆炸螺栓 横向：爆炸螺栓	气囊
3	CZ－2C	旋转分离	纵向：爆炸索 横向：爆炸螺栓	爆炸索＋分离弹簧
4	CZ－3A	旋转分离	纵向：导爆索＋爆炸螺栓 横向：爆炸螺栓	分离弹簧
5	CZ－5	旋转分离	纵向：凹口螺栓＋膨胀管＋爆炸螺栓 横向：膨胀管＋削弱槽	分离弹簧
有效载荷分离				
1	CZ－1	弹射分离	爆炸螺栓	分离弹簧
2	CZ－1D	弹射分离	包带	分离弹簧
3	CZ－2C	弹射分离或减速分离	包带或爆炸螺栓	分离火箭或反推火箭
4	CZ－3A	减速分离或弹射分离	包带	反推火箭或分离弹簧
5	CZ－5	弹射分离	低冲击分离装置	分离弹簧

7.3　航天分离技术的展望

随着导弹、运载火箭、卫星、飞船、空间站、深空探测器等航天飞行器的广泛应用，对航天分离技术提出了更高的要求。总体来看，未来航天分离技术将向高可靠、高精准、低危害、低成本方向发展。

（1）高可靠

高可靠是指设计的分离系统能以很高的可靠性完成预定的分离功能。高可靠的实现途径有简化分离方案、关键产品采用冗余措施等。简化分离系统方案就是减化系统组成，对组成部分进行集成或取消使分离系统简化，方式主要有：

1）分离装置与分离能源融合。将解锁与提供分离作用力的分离能源合并在一起，目前已有分离装置实现了这样的功能，后续这类装置的应用会逐步增多。

2）取消单独的分离能源。利用气动力、上一级发动机推力、过载等飞行过程中的条件，提供分离作用力，不单独设计分离能源，从而简化分离系统。分离高度低、空气动力较大的情况下，可以采用空气动力作为分离动力，如低空高速状态下的整流罩分离。分离力还可以是燃气动力和压力，如小发动机工作中排出的燃气提供动力。上一级发动机产生的推力在热分离中已经得到应用，由于其分离方案相对简单，并随着热防护技术的提高，后续还会广泛用于分离方案中。

3）线式分离装置代替多个点式分离装置。分离中若选择点式分离装置，由于连接强度和刚度的需要，用的点式分离装置数量一般较多，有时需要几十个。若能用一套线式分离装置（如切割索分离装置）代替多个点式分离装置（如爆炸螺栓），在两种分离装置可靠性水平相当的情况下，能大幅提高分离可靠性。

关键产品采用冗余措施，可以提高分离系统关键环节（或薄弱环节）可靠性，从而提高整个系统的可靠性。冗余设计需要增加结构质量，也使分离系统复杂化，比较可行的是对信号转化装置、分离装置采取适当的冗余设计。

（2）高精准

高精准是指分离系统能以很高的精度，控制分离参数，完成分离。高精度的分离参数有分离时间、分离速度、分离距离以及分离后航天飞行器的姿态等。

（3）低危害

低危害是指分离系统完成分离功能时，尽可能减小对其他系统产生的危害。这些危害包括分离产生的冲击环境、分离装置释放的碎片和污染物等。低危害也包括在分离系统产品的生产、安装、测试等操作中减少对人身健康的危害，如采用低毒或无毒的火工药剂等。

（4）低成本

低成本是指降低分离系统从设计、生产、试验、使用、维护到销毁整个寿命周期内的成本，途径主要有对分离产品实现标准化、系列化，采用成熟可靠的技术，简化分离系统等。

7.3.1 航天分离方案设计

伴随着航天飞行器复杂程度的进一步提高，以及飞行剖面的进一步拓展，航天分离方案向多样化和高度集成化的方向发展。

多样化方面，横向分离、纵向分离和旋转分离都有应用，而且多种方式的组合也开始应用，如旋转一定角度后再横向推开的分离。分离作用力也逐步从应用推力装置向借用现有作用力的方向发展，如在低空飞行过程中采用气动力作为分离作用力[3]，火箭飞行过程中利用火箭关机时的轴向过载骤降效应实现卫星整流罩的分离[4]。

高度集成化方面，把分离与一些特定的功能结合起来，如多个有效载荷在高速旋转下的自旋分离，既解决了分离，又实现了有效载荷的起旋要求；如气囊式的分离能源与分离装置一体结构已应用于整流罩平抛分离中。

高超声速航天飞行器的应用价值受到各国关注，为掌握这一极具潜力的技术，各国已开展研制并进行了多次飞行试验。高超声速分离属于较为前沿的分离技术，所涉及的领域较多。环境对高度相对较低的高超声速飞行的分离产生的影响较大，尤其是气动外形为非轴对称的分离体，分离过程受到气动力的干扰更加严重，且气动力的预示较为困难。美国的 X-43A 在研制阶段对于航天飞行器和运载器的连接和分离方式作了大量研究工作，并提出了多种方案。从这些方案中可以看出，考虑气动力存在的条件下保证分离安全可靠是方案设计的关键技术问题，其中不乏大胆的创新思想，值得我们在类似问题中参考。

7.3.2 航天分离系统产品设计

航天分离系统产品是分离方案实现的基础，分离产品向产品化、系列化、通用化等方向发展，产品性能要求向高可靠、低冲击、可测试等方向发展。

分离装置一直都是航天大国航天技术发展的重要推动力量。美国、苏联、欧盟和日本在航天分离专业基础技术研究、新概念产品研制及应用方面都投入了巨大的精力，取得了大量的研究成果，为提高航天飞行器性能和保障航天探索活动的顺利开展奠定了重要的基础。

现有航天飞行器采用的火工装置已经形成了一系列的成熟产品，包括点式分离装置和线式分离装置。点式分离装置有爆炸螺栓、分离螺母、钢球锁等，线式分离装置有导爆索分离装置、切割索分离装置、膨胀管－凹口螺栓分离装置等[5]。

点式分离装置作为最早使用的分离装置，在航天飞行器中得到了广泛应用，并随着现代航天技术需求的提升得到了纵深发展。早期分离装置几乎都是借助机械装置或火工品-机械装置的释放来实现的，后期基于非火工化设计思想出现的热切割器、快速作用无冲击分离螺母、石蜡驱动器、旋转释放分离螺母和形状记忆合金分离螺母装置等，基本上解决了传统火工分离装置中存在的冲击、操作及系统费用、重复使用性、污染及燃气排放和危险性等多方面的问题。目前，多项非火工技术被成功应用于新型分离装置的研发，非火工分离技术已经成为未来航天分离技术的一个发展方向。

线式分离装置为了提高分离的可靠性和改善结构的连接形式，在 20 世纪 50 年代末提出。早期的线式分离装置主要是柔性导爆索分离装置和聚能切割索分离装置。相对于点式分离方式来说，其优点是结构简单、安全性和同步性高、工作可靠，但其工作过程会产生大量的烟雾，具有较大污染和比较恶劣的冲击环境。在 20 世纪 60 年代早期，美国洛克希德公司首先提出了膨胀管分离装置的概念，其具有低冲击、无污染的特点，并在多个型号上获得应用，如美国载人飞船轨道实验站防护罩分离装置、航天飞机救生舱分离装置、日本 H-2 运载火箭卫星整流罩分离装置等。

1964 年美国道格拉斯公司推出一种新型无污染分离装置，即气囊式分离装置，该装置可用于整流罩的纵向分离，它将解锁机构与分离机构合二为一。该种分离装置研制成功后，相继在多种火箭型号中得到应用，如美国的大力神火箭、德尔它火箭以及土星 1B 火箭的天空实验室整流罩均采用气囊式分离装置，后来，欧洲的阿里安系列火箭和日本的 N 系列火箭也相继使用该分离装置。

欧美国家已经开始了非火工品分离装置技术的研究，并得到了应用[6]。与传统的火工分离装置不同，非火工分离装置具有可重复使用的特性，因此装置被允许进行充分的飞行环境测试和全功能检验。同时非火工装置实现了降低解锁冲击，避免了火工品起爆器的防电磁干扰、静电等措施，减轻了点火系统的负担，消除了火药的安全防护问题，避免了火药在制造、运输、贮存等一系列过程中的安全措施，不存在火药燃烧或爆炸时产生有害气体或碎片的问题，不污染周围的环境，可以多次使用，便于进行试验验证，易于保证释放装置的可靠性。

7.3.3　航天分离仿真

分离仿真和虚拟试验是分离设计的重要技术手段，贯穿分离系统研制的全过程，伴随着航天飞行器技术的发展和进步，分离系统日趋复杂，对分离技术和分离可靠性提出了更高的要求，航天分离仿真在分离设计中发挥着愈发重要的作用。分离仿真规模从数学仿真、数字样机仿真逐步向半实物仿真方向发展，仿真方法由单因素分析、宏观动力学仿真向多学科交叉耦合仿真、宏观和微观相结合的精细化仿真方向发展，成为航天分离设计—仿真—试验中不可或缺的重要环节。国内外相关领域开发了多种分离仿真技术，比如：

1）弹性体复杂环境下的分离仿真：如弹性体低空大动压下的分离仿真，分离环境复杂，通过流固耦合等设计和仿真方法，为分离系统设计参数提供依据[7-8]。

2）多学科耦合仿真：低空高超声速气动分离问题，分离体对姿态偏差和稳定性要求高，通过建立姿控系统、分离系统全程联合仿真平台，实现对分离过程的精确预示，指导分离和姿控系统的方案、时序设计，对分离安全性和伺服机构性能要求进行综合平衡。

3）基于碰撞的仿真预示：通过三维数字样机，开发判断碰撞并计算接近程度的仿真计算软件，对分离过程中动态间隙和分离体的相对运动关系进行准确的分析和预示。

4）蒙特卡洛打靶仿真预示：对于各级分离过程进行多因素偏差组合下的蒙特卡洛打靶仿真分析，提高仿真预示的全面性和覆盖性。

5）全飞行过程仿真预示：通过数字样机按实际飞行时序进行全程飞行虚拟仿真，其中各系统均按实际设计过程实施动作。

7.3.4　航天分离试验设计

地面分离试验是验证分离设计的重要途径，试验的充分性和有效性直接影响到飞行试验中分离系统的正常工作，因此，航天国家都十分重视分离地面试验，试图通过设计各种地面试验来验证分离技术方案，修正分离仿真计算模型，进而提高分离系统设计能力。目前地面分离试验还存在以下问题：

1）地面分离试验规模庞大，耗资巨大。由于航天飞行器结构越来越大，分离功能类型越来越多，需要地面试验的项目也越来越多，且这些试验分离用的产品基本上是一次性试用的产品，因此试验费用很高。

2）地面分离试验难以全面模拟飞行中的实际工作环境。分离系统工作时的环境条件对分离的可靠性具有较大影响，而地面分离试验难以模拟飞行的环境条件，如低气压、过载、力热环境、气动干扰等因素组成的综合环境。

分离地面试验设计将朝着提高环境模拟的真实性、试验测量的精确性、试验状态的全面性、试验验证的有效性、天地换算的准确性等方面发展。

7.4　小结

航天分离技术伴随着航天事业的起步逐步发展，经过航天几十年大量型号的设计和研制，形成了比较完善的分离理论，积累了一整套设计方法，研制出了一系列分离系统产品，探索出了各种分离的有效试验方法。本章简要介绍了国内外航天分离技术的发展历程和现状。

随着航天事业的发展和未来航天飞行器的需求，航天分离设计技术也在快速发展，同时结合国内外航天分离的现状以及未来航天飞行器的需求，分别对航天分离技术中的分离方案设计、分离系统产品设计、分离仿真分析和分离试验设计技术的发展方向进行了分析和探讨。

参考文献

[1] 鲁宇，龙乐豪，等．世界航天运载器大全．第2版．北京：中国宇航出版社，2007.

[2] 刘纪原．中国航天事业发展的哲学思想．北京：北京大学出版社，2013.

[3] 朱学昌，李浩远，喻天翔．低空高速飞行器整流罩分离技术研究现状和展望．固体火箭技术，2014，(1)：12－17.

[4] 徐永成，苟永杰，王石刚．某卫星整流罩分离仿真分析．上海航天，2009，(1)：53－56.

[5] 刘竹生，王小军，朱学昌，王国辉，等．航天火工装置．北京：中国宇航出版社，2012.

[6] 白志富，等．新型非火工星箭连接分离技术．导弹与航天运载技术，2009，(1)：35－41.

[7] 马忠辉．大型弹性整流罩分离特点分析．中国科学：E辑，2009，(3)：100－107.

[8] 朱学昌，喻天翔，李浩远．低空高速分瓣式头罩分离仿真分析．计算机辅助工程，2013(6)：65－69.

附录 航天分离设计的相关标准

我国航天分离技术随着运载火箭与导弹技术的发展而不断发展，在借鉴国际先进设计形式与理念的基础上，形成了一系列分离标准，有力地支持着我国航天事业的发展。

附表 1 航天分离标准

序号	标准代号	名称	主要内容
1	GJB 1832—1993	爆炸螺栓通用规范	规定了爆炸螺栓的技术要求、质量保证规定和交货准备等内容。适用于爆炸螺栓的设计、制造和验收
2	GJB 2034—1994	航天飞行器系统电爆分系统的安全要求和试验方法	规定了航天飞行器系统电爆分系统的一般安全要求和试验方法，适用于运载器、导弹、卫星、飞船等航天飞行器系统的电爆分系统的整个使用期
3	QJ 2719.1—1995	地地弹道式导弹与运载火箭分离系统通用规范（头体、级间、助推器分离系统）	规定了地地弹道式导弹与运载火箭头体、级间、助推器分离系统的设计、制造、性能要求、质量保证规定及交货准备。适用于导弹的头体、级间、火箭的级间及助推器分离系统的研制与生产，其他类似的分离系统可参照使用
4	QJ 2719.2—1995	地地弹道式导弹与运载火箭分离系统通用规范（整流罩分离系统）	规定了运载火箭整流罩分离系统设计、制造通用要求、质量保证规定和交货准备。适用于运载火箭整流罩分离学系统的研制和生产
5	QJ 2719.3—1995	地地弹道式导弹与运载火箭分离系统通用规范（星、箭分离系统）	规定了卫星与运载火箭分离系统设计、制造通用技术要求、质量保证规定和交货准备。适用于卫星与运载火箭分离系统的研制和生产
6	QJ 1951A—1998	限制性导爆索通用规范	规定了限制性导爆索的技术要求、质量保证规定和交货准备。适用于限制性导爆索的设计、制造和验收
7	QJ 2246A—1998	爆炸螺栓参数系列	规定了爆炸螺栓的分类、选用原则、承载能力分级和连接螺纹尺寸。适用于爆炸螺栓的设计和使用
8	QJ 3122—2000	非电传爆系统通用规范	规定了非电传爆系统的技术要求、质量保证规定和交货准备。适用于非电传爆系统的设计、制造和验收
9	GJB 2205A—2011	航天器分离试验方法	规定了航天器包带解锁分离试验、自由落体分离试验和摆式分离试验的要求、方法和程序。适用于航天器与运载火箭适配器之间、航天器之间和航天器舱段之间的分离试验。航天器分系统和组件的分离试验可参照使用

续表

序号	标准代号	名称	主要内容
10	QJ 3238—2005	解锁螺栓通用规范	规定了解锁螺栓的通用技术要求、质量保证规定和交货准备。适用于解锁螺栓的设计、制造、检验和验收
11	GJB 2499A—2006	包带弹簧式星箭连接分离装置通用规范	规定了包带弹簧式星箭连接分离装置的结构形式、技术要求、质量保证规定、交货准备等。适用于包带弹簧式星箭连接分离装置的设计、生产、试验、交货、验收。航天器上用的包带弹簧式连接分离装置亦可参照使用
12	QJ 3311—2008	切割器通用规范	规定了切割器的技术要求、质量保证规定和交货准备。适用于切割器的设计、制造、试验、检验和交货
13	GJB 150.27—2009	军用装备实验室环境试验方法 第27部分：爆炸分离冲击试验	规定了军用装备实验室爆炸分离冲击试验的目的与应用、剪裁指南、信息要求、试验要求、试验过程和结果分析的内容。适用于对军用装备进行爆炸分离冲击试验